电子信息前沿技术丛书

CIRCUIT MODELING FOR
ELECTROMAGNETIC COMPATIBILITY

电磁兼容电路
建模方法

［英］伊恩·B. 达尔内（Ian B. Darney） 著

李迎松　姜弢　译

U0363310

清华大学出版社

北京

Translation from the English language edition:

Circuit Modeling for Electromagnetic Compatibility,978-1-61353-020-7 by Ian B. Darney.

Original English Language Edition published by the IET,Copyright © 2013,All rights Reserved.

北京市版权局著作权合同登记号 图字：01-2016-4076

本书封面贴有清华大学出版社防伪标签，无标签者不得销售。

版权所有，侵权必究。举报：010-62782989，beiqinquan@tup.tsinghua.edu.cn。

图书在版编目(CIP)数据

电磁兼容电路建模方法/(英)伊恩·B. 达尔内(Ian B. Darney)著；李迎松，姜弢译. —北京：清华大学出版社，2020.1(2022.1重印)

电子信息前沿技术丛书

书名原文：Circuit Modeling for Electromagnetic Compatibility

ISBN 978-7-302-53740-3

Ⅰ. ①电… Ⅱ. ①伊… ②李… ③姜… Ⅲ. ①电磁兼容性－研究 ②电路设计－系统建模－研究 Ⅳ. ①TN03 ②TN702

中国版本图书馆 CIP 数据核字(2019)第 189442 号

责任编辑：文　怡　李　晔
封面设计：王昭红
责任校对：李建庄
责任印制：杨　艳

出版发行：清华大学出版社
   网　　　址：http://www.tup.com.cn, http://www.wqbook.com
   地　　　址：北京清华大学学研大厦 A 座　　　　邮　　编：100084
   社 总 机：010-62770175　　　　邮　　购：010-83470235
   投稿与读者服务：010-62776969, c-service@tup.tsinghua.edu.cn
   质量反馈：010-62772015, zhiliang@tup.tsinghua.edu.cn
   课件下载：http://www.tup.com.cn, 010-83470236
印 装 者：北京九州迅驰传媒文化有限公司
经　销：全国新华书店
开　　本：185mm×260mm　　印　张：14.5　　　字　　数：351 千字
版　　次：2020 年 1 月第 1 版　　　　印　　次：2022 年 1 月第 3 次印刷
定　　价：69.00 元

产品编号：069270-01

译者序

PREFACE

电磁兼容电路建模方法是电磁场与电磁波领域的一个重要组成部分。对于复杂电磁环境下的电磁兼容设计与分析,电磁兼容电路建模方法比传统经验具有较强的优势,并且可以预测电路板、系统和设备的电磁兼容性。因此,近50年来,电磁兼容电路建模方法在很多领域(如通信、控制、雷达、舰船系统、飞机、电子战、战机隐身、生物医学工程等)获得了广泛应用。

本书作者 Ian B. Darney 长期致力于导弹设备电路设计、电磁兼容设计、电路建模、地基设备、深潜器、飞船等领域的设计和研究工作,是国际上研究电磁兼容电路建模方法的著名学者。他曾在英国航天航空导弹武器装备部、空中客车公司等世界著名科研院所和公司工作。他根据电磁兼容设计经验和建模方法,结合多年从事工程设计的丰富经验,专门针对大学高年级本科生、研究生和从事实际工作的工程师撰写了本书。

本书与其他有关电磁兼容的著作相比,具有如下三个突出特点。

第一,本书适合作为教材。作者在有限篇幅内系统精练地阐明了电磁兼容电路建模的理论基础与方法,深入探讨了基本概念,设计了适当的例子,并对实际应用进行了讨论。为了避免直接给出推导结果又不至于内容重复,同时避免繁杂的数学公式,作者以简洁的风格对电磁兼容的分析进行了简化,采用电路分析方法,便于对复杂电磁兼容问题进行系统的认知,不至于在推导上花太多时间。因此,本书尤其适合作为理工科院校高年级本科生和研究生学习电磁兼容设计和电磁兼容分析的教材。

第二,本书重点介绍了电磁兼容电路建模方法。在分析设备、电路板和系统的电磁兼容时常常面临一个问题,即在电磁兼容性实现中,如何有效地避免或者减小相互干扰以及如何设计有效的电磁兼容预测方法。因此,作者特别针对那些典型的电磁兼容问题进行了重点讲解,对电磁兼容的电路模型方法进行了理论分析。这使读者能够通过学习,尝试电磁兼容电路模型方法的实现和研究。对于从事实际工作的工程师和科技人员来说,这也是非常有益的。

第三,本书内容新颖独特。本书作者具有多年教学经验,他的许多观点都很有独创性。本书除了讨论电磁兼容电路模型方法的基本理论以外,还增加了典型的电路分析、例子和相关的程序等内容,以辅助读者从理论到实践的学习,并结合实例进行分析,涵盖了基本电路、集总参数电路、变压器等,以及近年来国际上的最新研究成果。

正因为如此,本书自出版以来,就受到了读者的一致好评,现已成为世界上许多大学的教材。本书对于雷达工程、通信工程、自动控制、电路与系统、智能系统、系统设计等领域的科研人员以及其他对电磁兼容电路建模方法感兴趣的人来说都很有参考价值。

　　本书由李迎松教授和姜弢教授合作翻译完成。全书由余文华教授统稿审校,哈尔滨工程大学的焦天奇、孔媛媛、于凯、董玥、隋媛、赵宇婷、夏印锋和罗生元等参与了译稿的整理工作。同时,本书得到国家重点研发计划(2016YFE111100)的资助。

　　在本书翻译过程中沿用了英文原书的符号表示,并对原著中的部分错误和不当之处进行了认真校对,但由于译者水平有限,书中难免存在疏漏和不当之处,恳请广大读者和专家批评指正。

译　者

2019 年 11 月

前言

FOREWORD

　　早在 20 世纪 60 年代,作者作为飞行训练器设计团队的一名成员,设计这样的飞行训练器设备:模拟计算机产生一组梯形光栅的波形,并显示在一个飞点扫描器的屏幕上;屏幕的光可以照亮一条 5 英里(1 英里≈1609 米)宽的可连续移动的屏幕,且投射到屏幕上的光通过一个准直透镜聚焦到光电倍增管产生电影;视频输出模拟了安装在低空飞行导弹上的摄像机。

　　该系统运作良好,但从来没有圆满解决被大范围干扰的问题。其事实的根本原因是,在项目初期,客户坚持在设备机架的底部采用单点接地端子和三线编织的方式连接单点地。这些指定的"模拟地""逻辑地"和"电源地",星点与欧姆阻抗点相连。在设备中的其他位置,参考"地"被彼此隔离,这可能是最坏的布局方式。

　　即便如此,"星点接地"的概念已被工程领域广泛接受。其他流行的误导性的概念是"等电位地",并且需要"避免接地环路"。

　　本书作为一份研究报告,提倡使用一套准则取代一些误导性的概念。工程师们持怀疑态度,总有人可以指出推理的缺陷。因此,我们收集了很多背景材料,进行了充分的试验,做出了进一步的分析,最终可以清楚地看出利用电路模型可以有效地分析耦合机制。

　　但仍有批评者指出,这种做法不能用于解决高频模拟问题。所以,电路模型分析方法的深入发展需要分析传输线的影响,且应该考虑电缆作为天线的作用。最终的结果是,需要一种可用于评估和分析电磁干扰(EMI)相关联的问题的技术。这项技术需要解决以下几个方面的问题:

- 公共阻抗;
- 电场(电容感应);
- 磁场(磁感应);
- 电磁场(平面波)。

　　下面将提供一些电路模型模拟各种传导 EMI 和辐射 EMI 问题。这些模型使用简单独特的分析方法,并且很容易实现。

　　这些内容对各类设计工程师是有用的,如电路设计师、印制电路板设计者、电子系统工程师、电力系统工程师、电磁兼容(EMC)工程师和 EMC 顾问。设计者的时间很宝贵,建议设计者首先阅读第 9 章,该章描述了自上而下的方法,并提供了一套简单的指导方案。如果该系统的方法可以实现,那么设计可以基本完成。然后,值得一读的是第 8 章,其大部分技术可以降低 EMI 的耦合程度,并阐述了有关的技术原理。前面几章的内容可以作为详细推荐内容的补充材料进行阅读。

本书讲述了实际设计的基本概念,对电子电路设计(如模拟、数字、切换模式、射频等)相关课程的老师非常有用。

通过阅读本书,电气工程的学生将受益匪浅,因为 EMC 不再是一个可选的课题,以下几章介绍的方法可能是最简单的。

基于本书提出了一种不同的方法来分析电磁干扰问题,因此,对开设电磁兼容课程的大学非常有用。本书不需要具有电磁场理论的数学能力,可以作为工程师的参考书。

书中第 7 章的测试确定了一个事实,即天线模式电流传播比差模电流更快,并且展示了如何进行速度测量,研究员对此将会比较感兴趣。

有很多书描述了各种干扰耦合机制,并找出了切实可行的设计方案。也有部分书深入地研究和分析了电磁场的传播。因为上述内容可以在其他书籍上找到,因此本书没有必要重复分析,这样可以使得本书比较简洁。

以下是本书的主要内容。

第 1 章指出了基本概念,总结了电路模型方法。

第 2 章定义了所有电路模型并派生出熟悉的简单模型的结构,如共模电路和差模电路的耦合,这些模型对了解耦合机制是非常有用的,且这些模型适合使用 SPICE 软件进行分析。当信号波长是电缆长度的十分之一时,仿真响应相当精确地反映响应的频率。

第 3 章开发的分析方法,允许在复杂的部件情况下仿真电磁耦合,如飞机机翼或多层板。虽然这些模型的频率响应与简单结构的限制一样,但是应用范围被大大拓展了。

当信号的波长等于四分之一线长时,开路线将产生一个谐振频率,短路线将谐振在半波频率。在谐振频率,干扰水平将达到峰值。如果希望仿真任何信号链路的干扰耦合特性,那么模型应能够处理信号达到和超越线的半波的频率。

第 4 章通过调用传输线理论关系实现了这一目标。

第 5 章进一步研究了这个分析过程,以模拟电缆作为天线的性能。

第 6 章导出了一个电路模型,可以复制一条双导体电缆作为天线的瞬态特性。

第 7 章阐述了电路模型如何用来模拟实际台架试验的硬件响应,这是联系理论和实践的重要纽带。

第 8 章描述了许多工程师用于提高 EMC 的技术,并与前面章节中的干扰耦合机制设计和识别衔接起来。

第 9 章概述了利用系统的方法分析在研系统的电磁兼容特性。它清晰地建立了正规的 EMC 设计要求和设备的性能之间的联系。S.I. 系统单元贯穿全书。

虽然分析过程比使用电磁场理论简单,但是计算仍需要使用计算机。SPICE 仿真程序可以处理如第 2 章所述的简单结构,但不能处理后面的章节中描述的计算,还需要数学软件来协助分析。

Mathcad 是理想的软件,因为它可以把电磁场传播和电路分析方程结合起来。它可以接收待审查硬件的几何测量数据,并将这些数据和硬件测试数据结合起来。附录 A 给出了该软件的简单介绍,Mathcad 软件的工作表副本可以从 www.designemc.info 网站下载。

本书给出了一个操作实例,把 Mathcad 翻译成 MATLAB 的 .m 文件,这些也可以从网站 www.designemc.info 下载。附录 B 确立了两个软件包之间的关系,可以帮助熟悉

MATLAB 的工程师阅读和理解 Mathcad 工作表的内容。

分析的主要特点之一是采用传输线理论方程得到传输公式。附录 C 提供了分布参数概念的简要介绍,并在第 4 章的开始得到了混合方程。

尽管本书中使用的许多概念是电气和电子工程师熟悉的内容,但也有一些概念是新的。因此,附录 D 提供了一些新概念的定义。

经过进一步测试和分析的报告将在完成后发布在网站 www. designemc. info,读者可以通过该网站进行反馈。

作　者

2019 年 8 月

目录

CONTENTS

简　介

1.1　背景

1.1.1　电磁兼容的必要性

电子管和晶体管问世以来,电子设备的发展经历了漫长的过程。现代社会高度依赖无数系统的平滑功能。在电子设备发展的同时,电磁干扰(Electromagnetic Interference,EMI)也在增加,不仅日常事件的数量在增加,而且可能的严重性后果也在与日俱增。最初,大多数影响是令人讨厌的。例如,由于附近的雷暴,收音机中的爆裂声尚可接受。近来,一些影响可能会危及生命。"突发性非预期加速"现象就是一个很好的例子。

电磁兼容(Electromagnetic Compatibility,EMC)简洁的定义是系统或设备在所处的电磁环境中能正常工作,同时不会对其他系统和设备造成干扰[1.1]。

1.1.2　务实的方法

现在并不缺乏监管要求。事实上,新的或连续的修订条例足以占据一个团队的研究人员的全部时间[1.2]。

然而,满足设计设备的任务要求似乎不是一个简单的、系统的方法。正常做法是把现象分解为四种不同的类型:公共阻抗、电场、磁场和电磁场[1.3]。每种类型的耦合是分开处理的,根据所提供的例子,可以通过不同的设计修复进行预测,目的是帮助读者全面理解物理模型。为了完全理解物理模型,设计师应该能够评估在研设备的电磁兼容特性。

这种务实的做法往往侧重于多种实现方法,主要有一个系统的干扰耦合到另一个系统、结构布局(on layout)、接地,电路布局,电缆和连接器,滤波器,瞬态抑制和屏蔽。本书中许多有用的设计技术都采用这种方法[1.4]。因此,没有必要重复提供材料。

虽然这种做法产生了许多有用的设计技术,但基本上是成功和失败共存。在一个应用中使用效果很好的技术,也可能会在另一个应用中导致灾难性的后果。因为它涉及主观判断,而设计师之间的分歧仍然很大。

这在要求上有着显著的对比,如功能特性、频率响应、功率消耗、可靠性、质量和尺寸,都可以进行严格的分析。在设计过程中的每一阶段都要小心,以确保满足这些要求。台架试验是在原型设备上进行的,现场测试在系统组装时进行。测试结果与预测的性能进行比较,定期进行复查设计。如果有任何问题,需进行相应的修改设计。

1.1.3 学术方法

这种方法是基于计算电磁学的。至少有一本书已经对这一主题进行了相关的研究[1.5]。

这是对各种各样的计算电磁学方法的综述,之后选择一种合适的方法进行分析。这些技术是:线天线的辐射模型、孔径的衍射和散射模型、基于传输线理论的场耦合和屏蔽模型。计算电磁学的关键是需要专业的数学知识,这远远超出了设备工程师的平均数学能力。此外,计算电磁学侧重于电磁场特性。因此,对设备性能的研究不是计算电磁学的主要分析内容。

1.1.4 管理方法

在大型组织中,实现电磁兼容的设计需要建立一套由标准委员会定期更新的设计规则。这样一个管理系统的性质是在过去的几十年里制定的规则被认为是不容置疑的。新设备的开发过程需要遵循这些规定,设备需要进行性能测试、环境测试、可靠性分析、设计评估,并最终交给电磁兼容测试部门进行最终测试。如果最后的测试失败了,那么这一事实要在关键审查会议上讨论,包括急救措施、设计整改,以及设备再次交付电磁兼容测试。最终,将设备改造得混乱不堪。

1.1.5 误导性的概念

工程师们普遍相信结构可以用一个等势面代替。这样的假设固定存在于每一个普遍有"地"符号的电路中。将所观察到的系统干扰与这一概念相协调的尝试被工程师称为"黑魔法"。

另一个令人不安的概念,是由一系列的专家小组定义的"单点地"。结构上的某些点被指定为系统中的所有信号的参考点。英国军队设备的设计手册提出了这个概念,并提出了具体的实施要求[1.6]。如果这个概念用来实现任何电子设备的设计,那么它可以保证设备会面临棘手的干扰问题。与"单点地"概念密切相关的是"避免地环路"。虽然这些概念没有出现在任何电磁理论教科书上,但是在工程界它们已成为根深蒂固的信条。必须有更好的方法实现电磁兼容任务。

1.1.6 电路模型

下面描述的方法将使电子设备的设计满足电磁兼容的要求,主要使用每一个电路工程师都可以理解的数学。电路模型清晰地建立了在研系统性能和系统需求之间的关系。分析耦合机制的能力,可以更好地理解物理基础。为了更易于理解,设计师需要熟悉现有书籍所提供的详细建议,并拒绝工作中普遍存在的误导性概念。

固有电路理论的简化,不可避免地将在仿真中丢失一些精度。如果要求高精度,电路模型得到的结果可以通过计算电磁学进一步提炼。

1.1.7 计算方法

虽然电路建模的简化,使数学复杂性急剧减少,但仍需使用计算机。由于许多计算都超出了 SPICE 仿真程序的能力范围,因此另一类型的通用数学软件是必要的。

Mathcad 工作表可以说明每个计算细节。由于在这些程序中自始至终使用数学符号,因此它们比 Java 语言更容易理解。附录 A 阐述了 Mathcad 的几个特点。阅读附录 A 后,读者能够比较容易地理解工作表,因为每个工作表都有充分的解释,且读者编写程序离不开这些数学关系集。以后,书中的参数坚持使用 SI 系统。

1.1.8 测试

机制分析能力包括参与耦合干扰和抑制的在测链路信号可用来设计测试实际的耦合参数,并将它们与实际的电路模型关联。由此,测试和分析之间建立了一个连接。

由于电路理论可以分析时域或频域信号,因此,它可以确定在产品开发过程中产生的不可预期的干扰的原因。它只是修改设计的信号链,建立一个新的链接原型,使用台式测试设备检查其性能,创建一个有代表性的电路模型,并准备进程报告中的一个小步骤。因此,检查功能特性而不是正式的需求是可能的。

也就是说,电磁兼容可以在每一个性能要求的设计过程中实现。

1.1.9 方法的本质

作者所使用方法的实质是寻找一个可以模拟出结果的电路模型,然后再回顾现有模型与理论相关的文献,完成代表性电路部件的测试。在清楚理解电路模型理论和已经认可的理论之间的关系之后,就可以定义这种关系。由于电磁学理论是基于麦克斯韦方程组的,因此,也可以说电路模型也是基于这些方程的。

由于模型和测试结果之间总是存在偏差,因此有机会把重点放在寻找偏差的修正方法上。重复这个过程,并开发更为复杂的电路模型。尽管如此,练习的目标是使在线测试工程师懂得电磁干扰的机制。一旦找到特定干扰问题的原因,人们就能想出办法解决干扰问题。

构建特定信号电路模型的能力促使用于预测链路的干扰特性,可以用测试的方法测量干扰特性。最终,技术的准确度取决于干扰测量的精度。

1.2 模型发展

1.2.1 基本模型

清楚表述基本假设,每一个导体(包括结构)都具有电感、电容和电阻特性。任何电路模型必须至少代表三个导体才可以仿真干扰。只有一个三导体结构可以模拟两个独立环路之间的耦合。例如,仿真:

- 多导体电缆或印制电路板上两个信号间的交叉耦合(见 4.3 节);
- 差分模式和共模环路之间的耦合(见 4.4 节);
- 传输线与环境之间的耦合(见 5.2 节)。

三平行导体间电感耦合模型如图 1.2.1 所示。同样,电容耦合电路模型如图 1.2.2 所示。

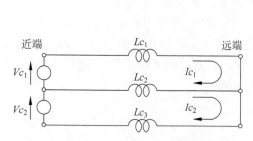

图 1.2.1   三平行导体间电感耦合模型 *

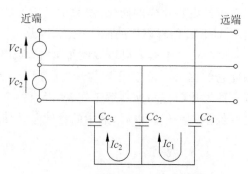

图 1.2.2   三平行导体间电容耦合模型

由于目前电流必须从导体流入电容,因此不管在哪个端口施加电压,电缆的特性都具有同样的形式。模拟电感和电容耦合的最合理的方式是利用如图 1.2.3 所示的电路。

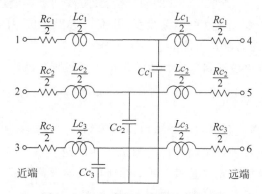

图 1.2.3   电感和电容的组合影响 **

该模型包括电阻代替每个导体的串联阻抗的影响。

1.2.2   参数类型

大部分耦合参数分析主要集中在电磁理论和电路理论之间的关系。

前者的数学模型包括微分、散度和卷积,以及矩形、圆形和球面坐标系统之间的关系。一个基本假设是,在系统中任何地方的电流和电压都会影响系统中其他地方的电流和电压。

电路理论涉及一套完全不同的概念。该系统描述了由节点和分支构成的网络,每个分支的电压是流经该分支的唯一函数。虽然电路理论非常简单,但它包含大量的计算。因此,必须确保在开始的时候,用一个理论推导出的方程区别于其他理论推导出来的方程。可以通过给每个参数定义不同类型,并且给每个参数唯一的符号标识来实现。四种不同类型的参数为原始的、部分的、回路和电路。

- 一个原始参数可以把圆形截面导体中的电流与该电流关联的电磁场能级联系起来。

---

* 译者注:本书的电路保留了英文原书的形式,未进行标准化处理。

** 书中电路图符号保留了英文原书的形式,未做标准化处理

- 部分参数是将导体中的电流与任何横截面的电流与该电流关联的电磁场能级联系起来。
- 环路参数来自于原始参数,并且在方程中将环路电压和环路电流联系起来。它们是可以通过电子测试设备直接测量的参数。
- 电路参数是电路图中体现的参数。

这些参数在第 2、3 章中进行了详细的描述。

电磁理论采用分布参数的概念:每米的电阻,每米的电容、电感,每米的电导。第 4 章确定了一个简单的变换公式,以避免使用这些参数。

反射可以发生在传输线的终端,入射电流沿导体的一个方向流动,而反射电流向相反的方向流动,总电流是这两部分电流的总和。术语"部分"也用来确定相关的电压。

1.2.3　推导过程

电路模型的推导过程是基于教材中描述的三相电力线的等效相电感[1.7]和等效相容[1.8]的推导公式。假定三个导体平行排列,并且假定电流和电压的波形是正弦波形。

这个过程可以概括为:

(1) 定义组件的长度,导线的半径和中心之间的间距。
(2) 建立一组三个原始方程,构建每个导体的电压与三个导体中的电流关系。
(3) 用导体对定义环路。
(4) 推导出一组环路方程。
(5) 用原始方程定义环路电感和电容。
(6) 假定存在一个双网格方程的电路模型。
(7) 将电路模型的元件与环路方程中的参数联系起来。
(8) 将电路模型的元件与原始参数联系起来。

上述过程的关键特征是其存在不连续性。步骤(6)从逻辑上不能从步骤(5)获得,需要横向思维。电路模型的目的是创建一组精确的网格方程组,将这些环路方程关联起来。网格方程的推导采用电路理论,而环路方程的推导则由电磁场理论的关系获得。

建立这样一种关系在概念上与定义 x 作为一个未知变量是相同的。如果对电路理论也这样做,电路理论就可以模拟所有类型的电磁耦合。

必须牢记电路理论没有定义的物理机制这一事实。一些概念,如"等电位接地平面"和"单点参考"是为了使电路模型能方便地模拟信号处理设备中的复杂电路板的性能而作出的假设。这些概念有一些没有说明的假设,即没有电磁干扰。由于网格分析顺应了部分电流可以同时在两个方向上沿一个导体流动的事实,因此后续将采用这种形式的分析方法。

1.2.4　复合导体

事实上,有许多导体的截面不是圆形,如管道和电缆托盘。图 1.2.4 阐述了一种处理任何截面导体的方法,模拟截面作为一套终端短路的元素导体。

卡勒姆实验室的研究者开发了一种新技术,用于分析在雷击发生时的飞机机翼和机身的磁场分布情况。

由于复合导体是由一系列单导体组成阵列,且其电感和电容特性类似于 Lp_{ij} 和 Cp_{ij},

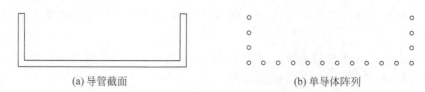

(a) 导管截面   (b) 单导体阵列

图 1.2.4 复合导体概念

因此需要调用部分参数,如部分电感 Lp_{mn} 和部分电容 Cp_{mn},这里 m 和 n 确定复合导体。

可以编译一个计算机程序,使部分参数和原始参数之间有明显的区别。第 3 章将详细介绍这种技术。

1.2.5 邻近效应

单导体最初用于分析雷击对飞机电缆的间接影响。通过研究雷击时雷电电流流经机翼和机身内部的磁场分布,可能确定领域不太集中的区域,这有助于决定电缆走线的布局。

该技术也可以用于分析电缆、导管、管道表面的电流分布,结果如图 3.2.10 和图 3.3.5 所示。可以分析导体表面的电流分布,当流经环电流时,电流主要集中在邻近的表面。这些结果同样可以表明相邻带电表面上的电荷分布。

该技术可用于模拟印制电路板表面的电流分布,结果如图 8.2.1 所示。这些结果对于电路设计师而言,比全波仿真技术获得的彩色图像更加有意义。这些结果非常容易解释,该技术不需要特殊目的的软件,也不需要了解底层数学。

假设电流均匀分布在导体的外表面,正常的趋肤效应分析如图 2.5.4 所示。邻近效应表明,虽然电流集中分布在导体表面,但分布并不是均匀的。即使如此,它并没有改变导体电阻随频率增加而增加的事实。

1.2.6 电气长度

波长 λ 为电磁波改变 360° 相位所传播的距离。如果电磁波的频率为 f,传播速度为 v,则:

$$\lambda = \frac{v}{f}$$

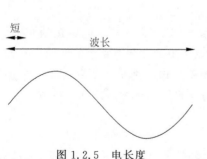

图 1.2.5 电长度

传输线导体上的信号传播速度与相关的电磁波相同。长度为 l 的导体的电长度 k 为:

$$k = \frac{l}{\lambda}$$

通常教科书所定义的短电长度为:

$$k < 0.1$$

图 1.2.5 阐述了短电长度和波长之间的关系。实验表明,如图 1.2.3 所示的电路模型对分析短电长度导体相当精确。同样地,可以说,该模型可以达到一个频率,在这个频率下可以达到十几倍的工作波长。

1.2.7　分布参数

通过调用分布参数的概念,传输线理论符合电流和电压的变化沿导体长度变化的事实。基于参数的推导公式是:

$$\frac{Rc}{l} \text{、} \frac{Lc}{l} \text{、} \frac{Cc}{l} \quad 和 \quad \frac{Gc}{l}$$

式中,l 为导体的长度,Rc、Lc、Cc 和 Gc 分别是线的串联电阻、电感、电容和电导。基于混合方程的分析结果将线的近端电流和电压与远端线的电流和电压联系起来。假定传输线的整个长度可以由如图 1.2.6 所示电路模型代替,那么它的阻抗 $Z1$ 和 $Z2$ 可以由 Rc、Lc、Cc、Gc 定义。

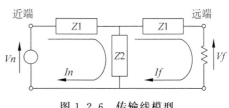

图 1.2.6　传输线模型

将这个概念拓展到如图 1.2.7 所示的三导体传输线电路模型的分析中,可以描述分布参数模型,这是因为所有的阻抗值在整个推导过程中都可以使用分布参数。虽然这些阻抗通过非常规的方式获得,但它们仍然满足 $R + jX$,其中 X 是在频率 f 的电抗值。

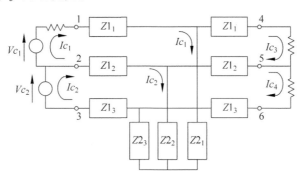

图 1.2.7　分布参数模型

由于图 1.2.3 和图 1.2.7 模型之间存在明确的相关性,所以变换过程是非常简单的。三个导体线可以定义为集总参数模型,也可以使用分布参数模型进行分析。这意味着设计师在整个分析过程中保留了模型可视性属性,这种仿真方法比几十个组合起来的集中参数模型简单得多。

使用分布参数模型,模拟的最大频率不再受电缆长度限制。但仍有一定的限制。假定电缆的任何截面上的相邻导线之间的作用和反应是瞬时的。类似于 1.2.6 节的限制定义,最大频率是指波长为最大导线间距十倍时的频率。

如果电缆的横截面沿着其整个长度是完全均匀的,并且三根导体的长度相同,则可以获得最佳的精度。若因为使用不同类型的电缆,或者因为中间连接器包括在线束中,而不能满足要求,则模拟的精度将会降低。然而,通过在代表性组件上进行在线测试并创建可以复制测试结果的电路模型,将可以恢复精度。

1.3 系统干扰

1.3.1 信号连接

导出了一种模拟三个独立导体之间耦合的方法,使如图1.2.3所示的模型与实际硬件相关联成为可能。图1.3.1表示了将电信号从一个设备传输到另一个设备的一般方法。

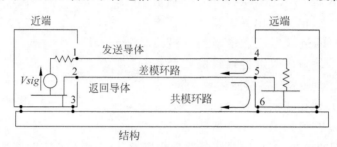

图 1.3.1 信号连接线

比较图1.3.1与图1.2.3,可以明确建立二者之间的相关性。信号链路近端的1、2和3端口可以与电路模型的1、2和3端口相关联。端口4、5和6也有类似的关系。

1.3.2 仿真结构

仿真结构的最简单方法是将其视为一个平面,并采用镜像的方法计算相关参数值。该技术将平面的表面看作一个完美反射镜,然后使用镜像导体的性质来表示实际表面的影响,如图1.3.2所示。

创建一组四个原始方程,以将四根导体(两个真实的,两个镜像的,结构是透明的)上的电压与这些导体中的电流相关联。这些可以简化为双环路方程组。然后使用1.2.3节描述的过程来导出三-T模型的电路电感和电容公式。

导出结构电感和电容值的更准确的方法是使用复合导体,如图1.3.3所示。在这个仿真中,假定发送和返回导体附近的所有其他导体形成单个复合导体,且该导体的属性被分配给该导体结构体。

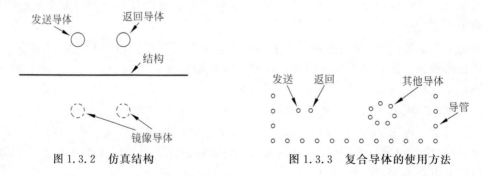

图 1.3.2 仿真结构   图 1.3.3 复合导体的使用方法

就这种仿真方法而言,系统中的其他信号干扰并不重要。重要的是它们如何影响在测链路,以及在测链路中的信号如何与结构耦合。

第3章使用计算机程序来计算图1.2.3中组件的值,并使用结构和电缆几何形状的数据。

1.3.3 等效电路

电路理论中固有的概念之一是"等效电路"。串联的两个电感器可以由单个电感器表示,其值是两者之和。两个并联的电容器可以由单个电容器表示,其价值是原来两者的总和。这意味着可以通过如图1.2.3所示的单个网络来模拟一系列三-T网络。也就是说,无论电缆如何布线,可以使用三-T网络模拟两台设备之间的任何信号链路。

电缆沿着不同结构和不同部分的线路非常复杂,计算模型准确值的任务可能变得相当艰巨。可以进行初步估计,但线路越复杂,计算得到的最后结果可信度越低。

这是测试设备进入图片的入口。给定一个确定的链接,可以由三-T网络表示的知识,设计一系列测试来测量模型每个组件的值,这并不是特别困难,可以使用LCR表,其他方法在第7章中描述。

1.3.4 传导发射

将组件添加到三-T模型的近端和远端,以代替两个设备单元内的接口电路,就可以得到如图1.3.4所示的模型。信号链路的几何形状提供了足够的数据,来估计三-T模型每个组件的初始值。

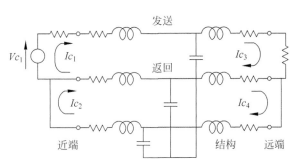

图1.3.4 信号链路的电路模型

基于此信息,可以计算出四个环路电流的值。电流Ic_2是链路近端共模电流的测量值。计算共模环路的电流与差模环路电压的比值为传输导纳YT值:

$$YT = \frac{Ic_2}{Vc_1}$$

在多个点频率下,计算YT的值,可以得到转移导纳与频率之间关系的图形。该图明确给出了该特定链路的传导发射特性。同样有可能创建一个沿着导体结构从一端至另一端电压频率特性图。

1.3.5 传导敏感度

给定多个信号链路沿结构发展的电压的知识,可以使用叠加原理来定义沿着导体结构的总电压。几个干扰源的组合效应可以通过与该结构串联的单个电压源表示为Vc_2。如图1.3.5所示为如何使用电路模型仿真干扰效应的影响。传输导纳特性可以用于定义链路的敏感性：$ZT = \dfrac{Ic_1}{Vc_2}$。

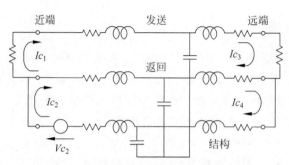

图 1.3.5   传导灵敏度分析的电路模型

1.3.6   变压器

首先建立一种模传导辐射和传导灵敏度的方法，然后对信号链路进行在线测试。比较测试与模拟的结果，可以证实模型的准确性。但首先，有必要提供正确的测试设备。

假设任何负责开发电子设备的人员已经可以使用多种通用测试设备，这些项目包括信号发生器和示波器。

第一个要求是能够在宽范围的频率内将相当恒定的电压引入到测试环路中，而不需要物理上进入环路。这可以使用类似于 EMC 测试机构中使用的分体式环形线圈来完成。第二个要求是最小化由测试设备映射到待测环路中的阻抗。这可以通过在主要线圈上缠绕几圈来完成。信号发生器通常具有 50Ω 的输出阻抗。匝数比为 10∶1 时的反射阻抗为 0.5Ω。第三个要求是监控输出电压。因为变压器的负载可能会发生显著变化。添加一个单独的监视器可以满足满足这一要求。

如果变压器被夹在信号链路的两个导体周围，那么它将对发送和返回导体感应相同的电压。引入差分模式环路的净电压为零。然而，在共模环路中引入了全电压。由于共模环路中的电流通过该结构流动，所以通过在该结构的导体中串联插入电压源可以模拟这种影响。

1.3.7   电流变压器

电流互感器已经广泛使用。然而，在用于测量干扰时，简述这种变压器的结构和使用是有用的。同样，在变压器中使用的芯，对于电流互感器而言是理想选择。将最小阻抗反映到环路测试中的要求仍然适用。必须使用 50Ω 的同轴电缆将变压器连接到监控设备。所以，在线环路测试中十匝次级线圈会反射 0.5Ω。

如果一个 50Ω 电阻与次级绕组平行放置，那么变压器输出可以通过电流源与 50Ω 电阻仿真得到，也可以通过模拟电压源与一个 50Ω 电阻串联得到，这是与同轴电缆连接的理想配置。

1.3.8   典型的电路模型

第 7 章描述了可以在信号链路上进行若干测试，以确定转移导纳的频率响应。当它们与模拟的响应绘制在同一张图上时,两条曲线之间不可避免地会出现一些偏差。

然而,总是可以修改模型组件的几个参数值,以实现两条曲线之间的紧密相关。独立变量的数量远少于组件的数量。经验表明,为了实现这一目标,模拟不需要很多迭代。

这种练习的最终结果是创建一个定义信号链路耦合特性的电路模型。这种模式可以与大多数 SPICE 软件包的可用组件库中的模块之一大致相同。

可以采用以下事实:模型的每个参数(R、L、C 和 G)都是长度的函数。

测试可以在较低频率的长测试台上进行,并用于创建该钻机的模型。知道该钻机的长度可用于修改模型中的组件值,以允许修改的模型模拟更短链接的性能。在较低频率下的测试可用于预测高频的性能。这种方法类似于在小型模型上使用风洞测试来预测实际飞机的行为。

这意味着,一个 10m 线的电路模型,在高达 20MHz 的频率测试,可以用来创建一个 1m 线模型在频率高达 200MHz 时的性能。需要注意的是,测试台的横截面在整个长度上是恒定的,并且接口处的部件适合在设备运行的频率下使用。

该方法可用于模拟两个 50mm 长度的印刷电路线之间的交叉耦合,模拟有效的频率范围可以达到 4GHz。测试这个特定模型的准确性,需要使用复杂的测试设备。

第 7 章中描述的大多数测试仅限于短波段。但这只是因为可用的测试设备被限制在 20MHz。

模型本身仅受传输线理论固有假设的限制。也就是说,假设相邻导体之间的动作和反应是瞬时的。实际上,上限频率是指波长是设备组件最大尺寸的十倍时所对应的频率。

7.7 节表明,电路建模技术可用于表征 200kHz~1GHz 频率范围内的小型元件,如电容器。

1.4 系统间的干扰

1.4.1 偶极子模型

本节开发了一种不限于短电导体模拟的方法,扩展了天线耦合分析方法。对半波偶极子的教科书分析显示,可以将一个新的组件添加到现有的原始参数集,即辐射电阻。

当一个正弦电压施加在两个偶极子天线,并将频率调整为每一个偶极子的四分之一波长频率时,电流沿每个导体的分布是正弦波形。天线中心流过的电流最大,而末端电流为零。电流流经的地方,将会转换成电磁的形式进行辐射。

球形表面的平均辐射功率 Pt 通常认为是:

$$Pt = \frac{1}{2} \cdot Rrad \cdot Ip^2$$

Ip 是峰值电流幅度,参数 $Rrad$ 不是一个传统意义上的电阻,而是源于一个电阻的复杂过程积分的数学参数,对于一个半波天线的辐射电阻,$Rrad = 73\Omega$。

由于单极子天线、一个半波偶极子天线和四分之一开路传输线的电流分布是相同的,图 1.2.6 的 T-网络代表开路传输线在四分之一波长的频率,因此,可以假设这个 T-网络模型可以代替单极子的特性。这就形成了如图 1.4.1 所示模型,其中 Lp 和 Cp 是单极子天线的初始电感和电容。

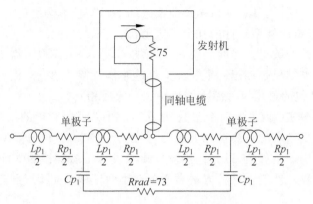

图 1.4.1　半波偶极子的电路模型

对于一个单独长度导体的测试,当它起到一个偶极子的作用时,将在 7.4 节中描述。模型和硬件的响应之间存在密切关联的事实提供了对技术健全性的高度信任。

1.4.2　虚拟导体

为分析系统内干扰而开发的每个模型中的共同因素是每个导体都可以由电感器、电阻器和电容器的 T-网络表示。该概念可以进一步扩展,以模拟双导体电缆和环境之间的耦合。

图 1.4.2 代表一个电压源应用到一个双芯导线的电缆模型。导体作为发射偶极子,邻近导体作为接收偶极子。尽管接收天线获得了大部分发射能量,但很大一部分构成辐射干扰。

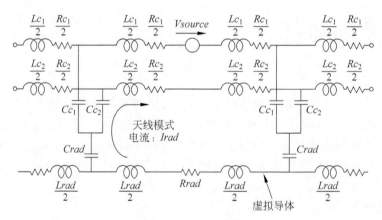

图 1.4.2　虚拟导体

对双芯电缆几何的分析,有可以计算电感 $Lrad$ 和电容 $Crad$ 的公式,其他组件与电缆的传输线模型一致。

由于 $Lrad$、$Crad$ 与 $Rrad$ 形成 T-网络,因此将其命名为"虚拟导体"是合乎逻辑的,因为硬件不能模拟实际的部分,它代表了环境的影响。

辐射到环境 $Irad$ 中的电流幅度是辐射场强度的度量,距离 r 处的最大磁场强度 H 为:

$$H = \frac{Irad}{2\pi r}$$

这个公式可以通过将 Biot-Savart 方程沿无限长的直导体积分而得到,如式(2.2.1)所示。但是,它也可以从天线理论的方程中推导出来。5.7 节显示它与沿结构布线的线传递到环境的最大功率有关。它可用于指示监测天线接收的信号的最大强度来预测设备辐射发射的正式 EMC 测试结果。

1.4.3　威胁电压

如图 1.4.2 所示的模型也可用于模拟双导线电缆暴露于外部电场时的特性。唯一需要做的改变是将电压源的位置移动到如图 1.4.3 所示的位置。

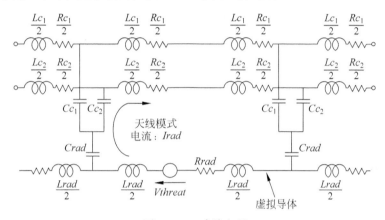

图 1.4.3　威胁电压

威胁电压 $Vthreat$ 的幅度可以通过将电场强度 E 的值在电缆的长度 l 上积分来计算,其中 $l = \lambda / 4$:

$$Vthreat = \frac{\lambda}{\pi} \cdot E$$

$Vthreat$ 是通过电场强度 E 的电磁场注入天线模式环路的最大电压。利用这种分析模式,可以计算出外部磁场引起的差模电流。

1.4.4　最坏情形分析

通过假设导体之间存在最佳耦合,任何分析的最终结果是计算最大干扰电平。通过提供包括四分之一波频率和半波频率的频率范围内响应的精确模拟,分析预测干扰最大的频率。

趋肤效应确保干扰电流的幅度随频率而降低。由于恒定功率密度的外部场引起的威胁电压的幅度随频率而降低,如图 5.3.6 所示。这些因素确保第一个谐振峰始终是最高的,在一种不是天线的设计中。这些因素使设计人员能够专注于最可能出现 EMI 问题的那些频率上的每个信号链路的性能。通过利用最大电平式(5.3.6)和式(5.7.3)的简单关系,设计者无须考虑信号链路区域中的场分布规律。

到目前为止,系统中的大多数信号链路由在导电结构上布线的电缆承载。如果假设结构的屏蔽效能为零,则可以通过与 $Rrad$ 串联的电压源 $Vthreat$ 表示传递到线路的最大功率。模拟威胁环境影响的一种方法是将这两个组件与结构串联。5.5节介绍如何分析这种信号链路的响应。

类似地,如果结构不提供屏蔽,则结构中的电流可以被视为干扰源。由于该导体承载共模电流,因此对共模电流幅度的分析,将是对发射性能的首要评估。

1.5 瞬态

瞬态是电子系统中一直存在的故障源。电源可以是继电器、开关、电机和电源。它们很容易破坏微处理器处理的数据流。根据处理电路的重要性,这些事件可能是无关紧要的、麻烦的、危险的或灾难性的。

由于大多数信号处理现在都是通过数字信号进行的,因此必须将此主题包含在干扰分析中。为频率响应分析所用的集总参数模型也可用于时域分析。这种分析的教科书方法是调用傅里叶变换、拉普拉斯变换,甚至更复杂的技术。这里采用的方法遵循 SPICE 程序,并使用时间步长分析。

然而,在分析传输线的频率响应时遇到的问题也出现在瞬态分析中。信号从线路的一端到另一端需要一段有限的时间。通过频率分析,可以将集总参数模型转换为分布式参数模型。通过瞬态分析,需要另一种解决方案。

从概念上讲,解决方案要简单得多;使用计算机存储器将应用于线路近端的信号存储固定的时间步长,然后将其传送到远端。

关于电磁理论的书籍介绍了部分电流和部分电压的概念,以解释电缆和设备终端之间的接口处的瞬态信号特性。入射电流流向接口,其中一些被设备吸收,一些被反射回。电缆任何部分的总电流是该位置的入射电流和反射电流之和。6.2节更详细地描述了这种现象。

反射信号也被延迟固定的时间步长,然后再回到近端。6.2节还描述了一个模拟入射和反射电流传播的简单过程。

通过 5Ω 电阻将方波施加到双芯电缆的一端进行实验,使远端开路并监测线路中的电流流动。由于近端的阻抗远低于线路的特征阻抗,因此预计会有多次反射。主要在对前沿响应的研究,也就是说,对输入响应的研究是人们最关心的部分。

教科书理论预测,入射电流将被远端的开路端子反转并直接反射回近端。在近端,反向电流的幅度几乎翻倍。对阶跃输入响应预期是幅度缓慢减小的方波。事实并非如此。

在脉冲的前沿进行返回行程期间,电流保持稳定。这符合经典理论。然而,正如人们所预料的那样,下降沿并不尖锐。它采取了指数衰减的形式。这个过程继续进行,波形经历了变质,迅速变化为正弦波。

为了创建一个观察波形的电路模型备份,可以进行试错,并且可以用电磁理论来解释。最终推断,随着阶梯波形沿着线传播,它在导体上留下残余电荷,并且该电荷通过电流流入环境逐渐衰减。可以模拟该充电电流。

此外,它证明可以测量和模拟离开环境的电流量。这些瞬态测试的结果也可以与使用正弦波形进行的测试和分析相关联。6.6节解释了相关推理。

1.6 测试的重要性

第 2～6 章主要涉及开发电路模型的方法,这些方法由电磁理论定义获得。由于电磁理论将电参数与几何参数联系起来,因此,在每个电路模型与其所代表的硬件之间存在一定的理论关系。

电气测试模型的响应和它所代表的信号链路的响应之间具有明确的关系。通过将模型的响应与测试响应相关联,可以使用电路模型来定义链路的特性。可以对未完成配置进行电气测试,并使用结果来定义该配置的电磁耦合特性。该模型可以描述为"等效电路模型"。

测试和分析可以同时进行。这消除了对"尝试-观察"方法的依赖。

前面几章介绍测试所需的数学分析基础,读者可以认为在测试开始之前进行,需要进行理论分析。这不是严格意义上正确的。测试先于分析。

从作者的角度来看,起点是观察电子系统中令人讨厌的故障。来源很容易识别,但耦合机制似乎不适合分析。创建电路模型以模拟观察到的现象以及模拟和观察之间的偏差。这些偏差引发了对可能原因的猜测。当对电磁效应的回顾可以合理的解释时,就有可能在电磁理论和电路模型之间建立牢固的联系。对模型进行改进并进行进一步的测试,以揭示其偏差。

例如,用于表征双导体电缆的测试揭示了天线电流比差模电流以更高的速度传播的事实。7.5 节阐述如何证明这一点。

事后看来,这种现象可以通过天线模式波在空气中传播这一事实来解释,而差模波主要在电缆绝缘体中传播。从场传播的角度来看,很容易想到这种解释。然而,在这种情况下,可以通过对电流和电压行为的观察得到证明或解释,而不是对磁场和电场的分析。

对于那些在系统功能方面进行思考的人来说,这是一种启示。尽管电磁场在介质中传播,但产生的电流在导体中流动。天线模式电流和差模电流是分开的实体,正如传输线中的入射和反射电流彼此独立一样。

7.6 节中描述的瞬态测试分析证明了这一结论。在图 7.6.1 中,用阶跃电压激励信号导体的导体对。这将产生一个天线模式电流,该电流沿着相同的方向沿着这对导体传播,从近端到远端。在信号导体中的电流也会导致电流沿导体返回流。

在天线模式电流阶跃的前沿之后,电流沿着返回导体在两个方向流动。在一对导体中沿相反方向流动的电流构成差模电流。差模的前沿跟天线模式电流的前沿一样,都具有较低的速度。根据 7.5 节的测试结果,两种速度是:

- 天线模式电流:$230\mathrm{m}/\mu\mathrm{s}$;
- 差模电流:$170\mathrm{m}/\mu\mathrm{s}$。

也就是说,使用电路建模技术为用户提供了不断提高干扰耦合机制的理解。

这里的关键点是只有进行测量的工程师才能取得进展。

测试的一个同样重要的方面是它提供了模型有效性的确凿证据。能够通过与其他理论结果进行比较来验证理论结果是令人信服的。但是,当实际测量与理论预测相关时,它不能提供可实现的置信度。

1.7　实用设计技术

基于"等电位接地"的概念,"单点参考"以及"避免接地环路"的建议已获得普遍接受,并作为重要的指导原则,因此第 8 章的前 3 节专门用于解释为什么这些概念会产生误导。其余部分讲述了几代设计人员用来提高电路抗扰度并降低无用发射电平的许多技术。

最重要的是,测试和分析干扰耦合中涉及不同机制的过程,可以对这些机制进行更好的理解。根据基础物理学,任何给定的布线组件和任何给定的接口电路,都可以进行有效的评估。鉴于这种能力,可以归纳具有相同特性的技术指标:

* 共模抑制;
* 差模阻尼;
* 共模阻尼;
* 屏蔽。

接口电路和系统屏蔽的设计关键取决于对电缆耦合机制的理解。第 8 章中描述的每个电路都包括完整信号链路的定义,没有松散的末端,电路终止于一组插头或插座。这使接口电路的设计与电缆的耦合特性相关。例如,可以比较"接地"和"浮地"配置的性能特征。

印制电路板(Printed Circuit Board,PCB)上的封装密度,无法对电路板上的每个信号链路进行详细分析。即便如此,任何理解建模方法的人,都会理解干扰耦合机制,并且会避免大多数明显的错误。

最好在每个 PCB 接口上安装一个缓冲电路,以便将互连电缆上的信号与电路板上存在的多个分支和短截线分离。第 8 章描述了各种缓冲电路。任何干扰都将归因于内部耦合。精心设计的电路板不会遇到这种耦合,这可以在第一次对电路板进行功能检查时确认。

由于有书籍可以提供有关 PCB 的详细设计建议,因此重复其内容是没有意义的。凭借其提供的大量详细设计信息而脱颖而出的一本书是《电子工程师的 EMC 设计技术》[1.10]。另一本值得购买的书是《电磁兼容性介绍》[1.11],它提供了有关电磁场传播理论的详细信息,并将其与实际设计问题联系起来。有关屏蔽和静电放电的章节也提供了有价值的信息。

1.8　系统设计

1.8.1　指导准则

下面列出的一套指导原则是基于电磁耦合分析得出的推论。如果在项目开始时得到设计团队成员的同意,那么它将避免许多以前的电子系统所遭受的陷阱。

(1) 该结构的最佳用途是作为导电屏蔽。它不应该用作系统中任何信号或电源的返环路径,导致在结构中流动的任何电流都将成为干扰源。

(2) 为每个"发送"导体分配一个"返回"导体,并使两个导体尽可能靠近从源到负载的整个路径。

(3) 鼓励使用接地环路,因为这些增强了系统的屏蔽性能。

(4) 设计接口电路,以提高电流在"发送"导体和电流在"返回"导体之间的平衡。在理想情况下,通过任何电缆截面的净电流应为零。

(5) 将每个信号链路视为传输线,尽可能使用与接口电路中的特征阻抗值相似的电阻器。

(6) 在关键信号链路上实现共模阻尼。

(7) 测试和分析关键信号链路。

1.8.2　自上向下分析方法

以下面描述的过程中,首先定义所有电路模型的基本构建模块,然后将模型设计到可以可靠地模拟实际信号链路性能的程度。然后,这些信号链路可以视为完整系统设计中的基本构建块。

在框图的使用中,已经很好地建立了系统设计的模块化方法。在项目开始时定义整个系统的框图,其中每个块标识设备单元,甚至一组相关设备单元,并且用于识别信号和电力线的块之间的线。然后可以将每个块视为单独的实体,并且其功能由单独的框图表示。在最低级别,功能块根据诸如逻辑门、J-K 触发器、带通滤波器或缓冲器电路的电路图来定义。

通过将信号链路的模型应用到设计的过程中,可以调用自上而下的方法来分析系统的EMC。9.2 节描述了不同类型图表之间的关系。

1.8.3　正规的电磁兼容要求

任何正确的 EMC 要求概述都需要用很多章来描述,这超出了本书的范围。但是,仍然需要在这些要求与系统的实际性能之间建立某种关系。

可以通过将外部场强与频率的最大幅度相关联的图来定义威胁环境,分析易感性要求。使用检查链路的电路模型,将差模电流对外部场的响应直接与正在传输的实际信号的特性进行比较。9.4 节提供了一个例子。

可以通过模拟链路检查所携带的信号,并用该信号的模型的差模输入来分析发射特性。然后,可以确定共模模式环路中的电流的频率响应。在最坏的情况下,这是传递给环境的电流。共模电流的频率响应可以直接与定义的最大可接受限值进行比较。

对于磁化率和发射,该分析基于结构的屏蔽效能为零的假设。8.7 节给出了估算屏蔽效能的方法的一些指导。

第2章

集总参数模型

回顾用于计算三相电力线电路元件值的方法,可以确定第一步。公式的推导将隔离导体的电容与其长度和半径相关联。这个公式可以被看作一个基本公式,由此可以导出多导体组件的电容参数。

在计算机术语中,可以从构造更高级别、更复杂的对象或操作中,构建低级对象或操作。因此,使用电容元组确定的基本关系是合理的。

在2.1节中引用的第一个方程出自电磁理论[2.1]。尽管这些推导涉及一些复杂的积分,最终结果是一个定义元电容 $Cp_{i,j}$ 的公式。导体 i 上的电压改变导体 j 上电压。

电感元 $Lp_{i,j}$ 可以认为是电容元 $Cp_{i,j}$ 的对偶,这就是教材大纲[2.2]涉及的推导过程。但是早期的推导并不涉及内部联系的影响,也没有人关心此类事实,即任何电路的分析电流都必须是一个闭合环路。在2.2节中给出的推导中考虑了上述因素。

在早期的教材中,把推导出的参数称作“部分电感”。但是,在第3章的分析中,采用一系列的元素导体来表示复合导体。在这种处理中,由部分参数组成的每个复合参数都可以从原始参数的集合中推导而来。对于任何计算过程,有必要区分这两种类型,并对它们赋予不同的名字。

2.3节确定电感和电容之间的对偶性。这两个参数乘积的平方根是传播时延,这个时间是一个瞬态脉冲沿此导体传播所需的时间。当导体作为天线时,这些参数决定导体的特性。

2.4节描述如何利用这些参数的组合去推导一对平行导体间的电容参数,及该电容参数与终端在远端的环路电感间的联系。环路参数可以用电子测试设备测量得到。

通过 EMC 分析,一个重要的要求是保持每根导线产生的电压以及导体端子之间出现的电压的可视性。2.5节推导出电路模型的元件值,它确保每个导体与其电感和电容特性之间的一对一关系。电路参数是电路图中使用的参数。

对任何电缆来说,导体的阻抗特性也是决定其性能的重要因素。由于该参数可能由于趋肤效应而变化,因此,推导出导体电阻与频率相关的等式。

每一个双导线的导体电缆都可以认为是一个 T-网络,每一水平分支包含一个电感和一个电阻,每一个水平分支仅仅只是一个单一的电容。导体的电路模型形成一个桥接网络,电感和电容的对偶关系意味着该电桥是平衡的。在任何频率处流经每个电容的电压和流经与它相关的电感的电压之间达到平衡。2.6 节阐述了这种关系,并指出这个特性可以利用。

2.7 节描述了一个系统过程,该过程推导出三导体电缆的几何形状与模拟其性能的电路模型的元件值之间的关系。当它作为天线时,这个过程起始于一组方程组,该方程组含有 3 个与电流及电压有关的方程。由于电气系统中的信号由环路电流承载,因此可以导出两个环路方程。

此时,可以创建一个电路模型,该模型产生一对类似的电路方程。将电路方程的参数与环路方程的参数相关联,并与环路参数建立关系。由于循环参数是从基本的电路元件导出的,因此可以根据电路元件公式定义电路组件。

除了能够计算元件值,该过程还确定了电磁场理论和电路理论之间的本质区别。前一理论认识到导体的电压受每个导体中的电流影响的事实。后一理论假设电路支路中的电流与该支路上的电压之间存在一对一的相关性。这导致数学层面的显著简化,也是电路模型如此有用的主要原因。

信号链路的理想特性是使系统中其他信号的影响最小。2.8 节使用上一节中推导的公式来定义互连电缆的重要特征。信号和返回导体应尽可能靠近,这确保了这两个导体之间的最大磁耦合和最大电耦合,并使该导体对附近的其他导体之间的耦合最小化。反过来,这最小化了由信号链路产生的任何共模电流,并降低了链路对外部干扰的敏感性。

2.9 节确定由电磁兼容与转移导纳构成的最重要的参数,此参数是受侵害环路中的电流与原环路电压的比值。这表明,此参数既可以定义传导敏感度,又可以定义传导发射。

这种通用的三导体组件的电路模型,可以用来模拟同轴电缆上的差模信号及屏蔽层环路中的共模信号之间的耦合。2.10 节表明,对于一个理想的同轴电缆,唯一的耦合参数是屏蔽层的阻抗。

然而,同轴电缆的屏蔽层是编织的,电感及电容的高频参数受屏蔽层结构的影响,屏蔽层的结构会极大地影响屏蔽层的阻抗。这种影响可以通过将屏蔽层用一个 T-网络代替来模拟,其中将非常小的值分配给无功分量。这些值可以从制造商的传输阻抗数据或电缆样本测试中获得。

平面导体之间的耦合分析是绝大多数设计者面临的首要问题,或者在其他阶段都要面临的问题。图像法可以用来推导三导体模型中元器件参数的公式,这个公式在 2.11 节中给出。

电路理论中固有的一个基本假设是电阻、电感、电容、电压源和电流源是"集总参数"。也就是说,它们是连接网络节点的分立器件。另一个假设是,在网络中任何地方的作用和响应都是瞬时的。由于传统的电路理论不符合这一事实,即电流沿导体传播需要时间,它的应用主要是有限的低频率响应,此时电缆的长度小于十分之一信号波长。此限制适用于本章和第 3 章中派生的模型。后续章节描述了如何突破此限制。

2.1 原始电容

考虑一长度为 l、半径为 $r_{1,1}$ 的单一导体,假设电荷在长度方向上呈线性分布。如果电荷密度为 ρ,则在点 $P(r,z)$ 处的电场强度就可以计算,如图 2.1.1 所示。

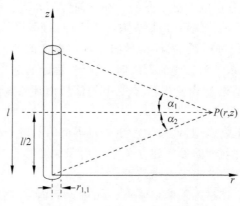

图 2.1.1 在任意一点的电场

点 P 处的电场强度的径向分量是[2.1]:

$$E_r = \frac{\rho}{4 \cdot \pi \cdot \varepsilon} \cdot \frac{1}{r} \cdot \left[\sin(\alpha_1) + \sin(\alpha_2)\right] \quad \left(\frac{\mathrm{V}}{\mathrm{m}}\right) \tag{2.1.1}$$

其中，ε 是介电参数。因为点 P 位于导体的中间平面上，所以 α_1 与 α_2 相等，基于径向和轴向参数，式(2.1.1)可表示为:

$$E_r = \frac{\rho}{2 \cdot \pi \cdot \varepsilon} \cdot \frac{l/2}{r \cdot \sqrt{(l/2)^2 + r^2}} \tag{2.1.2}$$

在平面上所有 $z = \frac{l}{2}$ 的点处，由方程定义的 E_z 分量的场强为零，如果单位电荷沿着该平面从无穷远处到半径 $r_{1,1}$ 处，不包含任何轴向强度，所有的电场强度都只有轴向分量。导体 1 上的单位电荷在导体 1 上所做的功为:

$$Vp_{1,1} = \frac{\rho}{2 \cdot \pi \cdot \varepsilon} \cdot \int_{r_{1,1}}^{\infty} \frac{l/2}{r \cdot \sqrt{(l/2)^2 + r^2}} \cdot \mathrm{d}r \quad (\mathrm{V}) \tag{2.1.3}$$

进行整合:

$$Vp_{1,1} = \frac{\rho}{2 \cdot \pi \cdot \varepsilon} \cdot \ln\left[\frac{l/2 + \sqrt{(l/2)^2 + r_{1,1}^2}}{r_{1,1}}\right] \tag{2.1.4}$$

当 $r_{1,1} \ll l$ 时，

$$Vp_{1,1} = \frac{\rho}{2 \cdot \pi \cdot \varepsilon} \cdot \ln\left(\frac{l}{r_{1,1}}\right) \tag{2.1.5}$$

导体的电容为电荷与电压的比值，表示为:

$$Cp_{1,1} = \frac{\rho \cdot l}{Vp_{1,1}} \quad (\mathrm{F}) \tag{2.1.6}$$

将电压代入得:

$$Cp_{1,1} = \frac{2 \cdot \pi \cdot \varepsilon \cdot l}{\ln\left(\frac{l}{r_{1,1}}\right)} \tag{2.1.7}$$

若第 2 个导体与导体 1 平行放置，如图 2.1.1 所示，则由导体 1 上单位电荷作用于导体 2 轴向的能量为:

$$Vp_{2,1} = \frac{\rho}{2 \cdot \pi \cdot \varepsilon} \cdot \ln\left(\frac{l}{r_{1,2}}\right) \qquad (2.1.8)$$

且初始电容为：

$$Cp_{2,1} = \frac{2 \cdot \pi \cdot \varepsilon \cdot l}{\ln\left(\dfrac{l}{r_{2,1}}\right)} \qquad (2.1.9)$$

初始电容的通式为：

$$Cp_{i,j} = \frac{2 \cdot \pi \cdot \varepsilon \cdot l}{\ln\left(\dfrac{l}{r_{i,j}}\right)} \qquad (2.1.10)$$

其中，i 和 j 取整数，是确定导体的，若 $i=j$，则该值就是导体 i 自身所带的电荷对自身的初始电容。

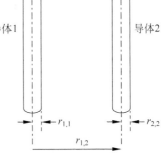

图 2.1.2 导体 1 上的电荷感应到导体 2 上的电压

该公式是在这样的假设基础上，即任何导体的长度都远远大于半径，且电荷在导体长度上均匀分布。这样使计算简单。此公式在实际中有较好的运用，可以作为构成所有电路模型的基础模块，并且推导中的任何误差完全是由相对介电参数数值的不确定性引起的。

电容量是长度、半径和介电参数的函数，长度和半径可以通过物理参数的测量简单地确定，介电参数包含两个参数：

$$\varepsilon = \varepsilon_0 \varepsilon_r \quad (\text{F/m}) \qquad (2.1.11)$$

其中，ε_0 是自由空间中的介电参数，取值为 8.85pF/m；ε_r 是相对介电参数。

在经典理论中，对于不同类型的材料，其相对介电参数也不同。当在处理电磁兼容问题时，绝缘体的相对介电参数体现在与其邻近的导体上，并且用每种介质各自的相对介电参数和整体的截面数据去计算整体的影响，这种近似的"整体值"或者"有效值"在计算中可以使用。本书中定义 ε_r 是实际的相对介电参数，其值可以通过实验确定，具体会在 7.4 节和 7.5 节中介绍。

2.2 初始电感

初始电感的推导和初始电容推导的结构相同，如图 2.2.1 所示，一个半径为 $r_{1,1}$，恒定电流 Ip 沿 z 轴方向的导体。导体周围的磁场分布与沿导体轴向分布的线电流周围磁场分布相同，在 $P(r,z)$ 点处的磁场强度为[2.3]：

$$H = \frac{Ip}{4 \cdot \pi \cdot r} \cdot [\sin(\alpha_1) + \sin(\alpha_2)] \quad (\text{T}) \qquad (2.2.1)$$

将上式转化为关于 Z 轴和 r 的方程：

$$H = \frac{Ip}{4 \cdot \pi \cdot r} \cdot \left[\frac{l-z}{\sqrt{(l-z)^2 + r^2}} + \frac{z}{\sqrt{z^2 + r^2}}\right] \qquad (2.2.2)$$

为了确定这部分导体的电感，需要计算穿过从导体表面到非常远处矩形带的通量值，这意味着通量密度在整个该区域的积分。因为

$$B = \mu \cdot H \quad (\text{Wb/m}^2) \qquad (2.2.3)$$

并且

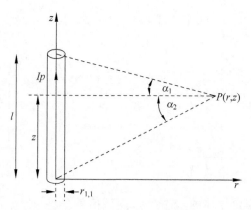

图 2.2.1 在空间一点处的磁场

$$\phi = \int B \cdot \mathrm{d}s \quad (\mathrm{Wb}) \tag{2.2.4}$$

其中 s 是表面,所以

$$\phi = \frac{\mu \cdot Ip}{4 \cdot \pi} \int_{r_{1,1}}^{\infty} \int_0^l \frac{1}{r} \cdot \left(\frac{l-z}{\sqrt{(l-z)^2 + r^2}} + \frac{z}{\sqrt{z^2 + r^2}} \right) \cdot \mathrm{d}z \cdot \mathrm{d}r$$

$$= \frac{\mu \cdot Ip}{2 \cdot \pi} \int_{r_{1,1}}^{\infty} \frac{\sqrt{l^2 + r^2} - r}{r} \cdot \mathrm{d}r$$

$$= \frac{\mu \cdot Ip \cdot l}{2 \cdot \pi} \left[\ln\left(\frac{l + \sqrt{l^2 + r_{1,1}^2}}{r_{1,1}} \right) + \left(\frac{r_{1,1} - \sqrt{l^2 + r_{1,1}^2}}{l} \right) \right]$$

上述的推导可以参考至少一本教材[2.2],电感的定义为电流产生的磁通与电流的比值,磁通 ϕ 是导体外部的磁通。

$$Lexternal = \frac{\phi}{Ip} \quad (\mathrm{H}) \tag{2.2.5}$$

$$Lexternal = \frac{\mu \cdot l}{2 \cdot \pi} \left[\ln\left(\frac{l + \sqrt{l^2 + r_{1,1}^2}}{r_{1,1}} \right) + \left(\frac{r_{1,1} - \sqrt{l^2 + r_{1,1}^2}}{l} \right) \right] \tag{2.2.6}$$

这也是导体内部的磁链。

$$Linternal = \frac{\mu \cdot l}{2 \cdot \pi} \cdot \frac{1}{4} \quad (\mathrm{H}) \tag{2.2.7}$$

因此,总的电感就是 $Lexternal$ 与 $Linternal$ 的和。

$$Lp_{1,1} = \frac{\mu \cdot l}{2 \cdot \pi} \left[\ln\left(\frac{l + \sqrt{l^2 + r_{1,1}^2}}{r_{1,1}} \right) + \left(\frac{r_{1,1} - \sqrt{l^2 + r_{1,1}^2}}{l} \right) + \frac{1}{4} \right] \tag{2.2.8}$$

如果假设 $l \gg r_{1,1}$,则:

$$Lp_{1,1} = \frac{\mu \cdot l}{2 \cdot \pi} \left[\ln\left(\frac{2 \cdot l}{r_{1,1}} \right) - 1 + \frac{1}{4} \right]$$

$$= \frac{\mu \cdot l}{2 \cdot \pi} \left[\ln\left(\frac{l}{r_{1,1}} \right) + \ln 2 - 1 + \frac{1}{4} \right]$$

$$= \frac{\mu \cdot l}{2 \cdot \pi} \left[\ln\left(\frac{l}{r_{1,1}} \right) - 0.057 \right]$$

做第一步近似：

$$Lp_{1,1} = \frac{\mu \cdot l}{2 \cdot \pi} \cdot \ln\left(\frac{l}{r_{1,1}}\right) \qquad (2.2.9)$$

相似的原理可用于两导体，如图 2.2.2 所示。假设导体 1 上的电流为 Ip，由式(2.2.2)可得，导体 1 上的电流通过磁通作用与导体 2 之间的电感为：

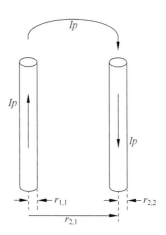

$$Lmutual = \frac{\mu \cdot l}{2 \cdot \pi}\left[\ln\left(\frac{l + \sqrt{l^2 + r_{2,1}^2}}{r_{2,1}}\right) + \left(\frac{r_{2,1} - \sqrt{l^2 + r_{2,1}^2}}{l}\right)\right] \qquad (2.2.10)$$

当分析导体对作为完整环路的一部分时，必须假设电流 Ip 的返环路径沿着导体 2 分布。导体 1 中的电流 Ip 引起的磁通量将连接无穷大和外表面之间的区域。它还将抵消导体 2 中返回电流 Ip 的内部联系。

图 2.2.2　两导体之间的电流

因此，有必要增加内部互感元件的值 $Linternal$。

推导如下：

$$L_{2,1} = Lmutual + Linternal$$
$$= \frac{\mu \cdot l}{2 \cdot \pi}\left[\ln\left(\frac{l + \sqrt{l^2 + r_{2,1}^2}}{r_{2,1}}\right) + \left(\frac{r_{2,1} - \sqrt{l^2 + r_{2,1}^2}}{l}\right) + \frac{1}{4}\right] \qquad (2.2.11)$$

如果 $l \gg r_{2,1}$，则一步近似为：

$$Lp_{2,1} = \frac{\mu \cdot l}{2 \cdot \pi} \cdot \ln\left(\frac{l}{r_{2,1}}\right) \qquad (2.2.12)$$

因为 $r_{1,2} = r_{2,1}$，所以 $Lp_{1,2} = Lp_{2,1}$。

初始电感的通式可以定义如下：

$$Lp_{1,1} = \frac{\mu_0 \cdot \mu_r \cdot l}{2 \cdot \pi}\ln\left(\frac{l}{r_{i,j}}\right) \quad (H) \qquad (2.2.13)$$

其中 i 和 j 是确定导体的整数。

与电容元的推导相同，该公式是在这样假设的基础上，即任何导体的长度都远远大于半径，且电荷在长度上均匀分布。事实上，式(2.2.13)的简约形式弥补了其精度的不足，从工程的角度看，它的结果是足够精确的，可以作为电路模型的一个基础模块。7.4 节和 7.5 节给出的测试证明，测试的数值结果与整体测试几何模型下预测的结果一样。

值得注意的是，当环路参数和电路参数都由公式给出时，计算电感元(电容元)公式的误差就会消失，2.4 节阐述了其原因。

磁介电参数包含两个参数：

$$\mu = \mu_0 \mu_r \quad (H/m) \qquad (2.2.14)$$

其中，$\mu_0 = 4\pi \cdot 10^{-7} H/m$；参数 μ_r 是纯数，和 ε_r 相似，此处可以作为环路观点中相对磁介电参数的有效值。

因为在多数电缆中使用非磁材料，故在本书中，假设 μ_r 是单位值。在磁质材料下，μ_r 可以通过所给材料性质参数估计或者测试得到。

测试中将会包含短环路电流的频率响应量，一个电路模型可以通过物理结构上的参数去构建,这将会产生相似的曲线,两条频率响应曲线的初始斜率为－20dB。通过修改模型中 μ_r 的值,这两条曲线可以在这个范围内进行重合,环路测试中相对磁介电参数的值可以作为该模型的值。

在 7.5 节说明了使用开路线测量 ε_r 的过程,如果将终端短路,相同的过程可以用来测量 μ_r。

2.3 L 与 C 的对偶

一般情况下,原始元件可以定义如下:

$$Cp_{i,j} = \frac{2 \cdot \pi \cdot \varepsilon_0 \cdot \varepsilon_r \cdot l}{\ln\left(\frac{l}{r_{i,j}}\right)} \quad (F) \tag{2.3.1}$$

$$Lp_{i,j} = \frac{\mu_0 \cdot \mu_r \cdot l}{2 \cdot \pi} \ln\left(\frac{l}{r_{i,j}}\right) \quad (H) \tag{2.3.2}$$

其中,i 和 j 是确定导体的整数。例如,$Lp_{i,j}$ 是导体 j 上的电流作用在导体 i 的电感元,如果 $i=j$,那么这个值就是 i 自身携带的电流作用与导体 i 的电感元。

因为 $r_{i,j}=r_{j,i}$,所以

$$Lp_{i,j} = Lp_{j,i}, \quad Cp_{i,j} = Cp_{j,i}$$

乘积如下:

$$Lp_{i,j} \cdot Cp_{i,j} = \mu_0 \cdot \mu_r \cdot \varepsilon_0 \cdot \varepsilon_r \cdot l^2 \tag{2.3.3}$$

在电磁理论中,

$$\sqrt{\mu_0 \cdot \mu_r \cdot \varepsilon_0 \cdot \varepsilon_r} = \frac{1}{v} \tag{2.3.4}$$

$$\sqrt{\mu_0 \cdot \varepsilon_0} = \frac{1}{c} \tag{2.3.5}$$

其中,c 是真空中的光速,v 是电磁场传播的速度。

$$v = \lambda \cdot f \quad (m/s) \tag{2.3.6}$$

其中,λ 是波长,f 是频率。偶极子天线在 1/4 波长频率 fq 时,电流为峰值。如果这个频率对应的波长为 λq,则电缆的长度为:

$$l = \frac{\lambda q}{4} \quad (m) \tag{2.3.7}$$

将式(2.3.3)开方,并用式(2.3.4)替代 $\sqrt{\mu_0 \cdot \mu_r \cdot \varepsilon_0 \cdot \varepsilon_r}$ 得:

$$\sqrt{Lp_{i,j} \cdot Cp_{i,j}} = \frac{l}{v} \quad (s) \tag{2.3.8}$$

$\frac{l}{v}$ 是传播时延,等于一个传输脉冲在导体集合上传播所消耗的时间。也可以定义一个参数 T,该参数用于传输分析中。6.3 节将会推导电感、电容及线性阻抗特性之间的关系。

用式(2.3.6)替代 v,式(2.3.7)替代 l,给出电路元件和第一谐振频率之间的关系:

$$\sqrt{Lp_{i,j} \cdot Cp_{i,j}} = \frac{1}{4 \cdot fq} \tag{2.3.9}$$

这意味着,如果 $Cp_{i,j}$ 和 1/4 波长谐振频率的值可知,则 $Lp_{i,j}$ 的值就可以计算。

重新整理式(2.3.7),可得:

$$\lambda q = 4 \cdot l$$

将 λq 替换成式(2.3.6):

$$\frac{v}{fq} = 4 \cdot l$$

导出:

$$v = 4 \cdot l \cdot fq \tag{2.3.10}$$

由式(2.3.4)与式(2.3.5)可得:

$$\frac{\sqrt{\mu_r \cdot \varepsilon_r}}{c} = \frac{1}{v}$$

导出:

$$\mu_r \cdot \varepsilon_r = \left(\frac{c}{v}\right)^2 \tag{2.3.11}$$

由于大多数电缆都不使用磁性材料,所以可以假设 $\mu_r = 1$。

式(2.3.10)和式(2.3.11)是极其有用的,当已知 1/4 波长谐振频率时,可以有效地估计电波传播速度和相对电导率。图 7.5.8 利用这种关系证明电线模型中电流的传播比微分模型电流的传播更快。由电缆相对介电参数的知识,可以计算联合电容的值。

2.4 环路参数

任何电缆都可以看作一个天线或者一条传输线,如图 2.4.1 所示,导体看作一个天线。假设电流 Ip_1 和 Ip_2 流向相同,都是从左至右。

可以分别处理电感效应和电容效应。电压 Vp_1 和 Vp_2 最初可以定义导体 1 和导体 2 磁效应的能量水平。如果假定电流和电压是正弦函数,那么就可以定义它们之间的关系。不考虑磁效应,两个导体的原始方程是:

$$Vp_1 = j \cdot \omega \cdot Lp_{1,1} \cdot Ip_1 + j \cdot \omega \cdot Lp_{1,2} \cdot Ip_2$$
$$Vp_2 = j \cdot \omega \cdot Lp_{2,1} \cdot Ip_1 + j \cdot \omega \cdot Lp_{2,2} \cdot Ip_2 \tag{2.4.1}$$

原始方程定义了导体作为天线的性能,当其看作部分电路分析其性能时,需要处理环路电流和环路电压,如图 2.4.2 所示。

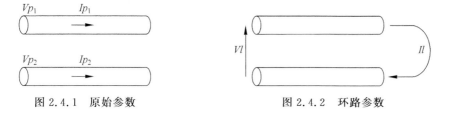

图 2.4.1 原始参数　　　　　　　图 2.4.2 环路参数

电压关系为:

$$Vl = Vp_1 - Vp_2 \tag{2.4.2}$$

电流关系为:

$$Il = Ip_1 - Ip_2 \tag{2.4.3}$$

将式(2.4.3)的环路电流代入式(2.4.1),并调用式(2.4.2),得:

$$Vl = j \cdot \omega \cdot (Lp_{1,1} - Lp_{1,2} - Lp_{2,1} + Lp_{2,2}) \cdot Il \tag{2.4.4}$$

导体的环路电感为:

$$Ll = Lp_{1,1} - 2 \cdot Lp_{1,2} + Lp_{2,2} \tag{2.4.5}$$

考虑到 $Lp_{1,2} = Lp_{2,1}$ 的关系,用式(2.3.2)替换初始电感,得:

$$Ll = \frac{\mu_0 \cdot \mu_r \cdot l}{2 \cdot \pi} \cdot \ln\left(\frac{r_{1,2} \cdot r_{1,2}}{r_{1,1} \cdot r_{2,2}}\right) \tag{2.4.6}$$

式(2.4.5)和式(2.4.6)是非常重要的,其中,长度参数从对数项中消失。电感是任何特定截面上的长度和间距的比值,所以不存在任何误差。假设横截面沿长度 l 的方向是相同的, $l > 10 \cdot r$。如果 $l < 10 \cdot r$,则需要考虑传播时间和电磁场理论模型。但是,任何预测值的误差都不能否认环路电感的存在,此误差和整体测试不相符。

可以用相同的方法推导出环路电容,原始方程为:

$$\begin{cases} Vp_1 = \dfrac{1}{j \cdot \omega \cdot Cp_{1,1}} \cdot Ip_1 + \dfrac{1}{j \cdot \omega \cdot Cp_{1,2}} \cdot Ip_2 \\[3mm] Vp_2 = \dfrac{1}{j \cdot \omega \cdot Cp_{2,1}} \cdot Ip_1 + \dfrac{1}{j \cdot \omega \cdot Cp_{2,2}} \cdot Ip_2 \end{cases} \tag{2.4.7}$$

用式(2.4.3)代替式(2.4.7)中的环路电流,并调用式(2.4.2),得:

$$Vl = \frac{1}{j \cdot \omega} \cdot \left(\frac{1}{Cp_{1,1}} - \frac{1}{Cp_{1,2}} - \frac{1}{Cp_{2,1}} + \frac{1}{Cp_{2,2}}\right) \cdot Il \tag{2.4.8}$$

因此:

$$\frac{1}{Cl} = \frac{1}{Cp_{1,1}} - \frac{1}{Cp_{1,2}} - \frac{1}{Cp_{2,1}} + \frac{1}{Cp_{2,2}} \tag{2.4.9}$$

用式(2.3.1)替换初始电容:

$$\frac{1}{Cl} = \frac{1}{2 \cdot \pi \cdot \mu_0 \cdot \mu_r \cdot l} \cdot \ln\left(\frac{r_{1,2} \cdot r_{1,2}}{r_{1,1} \cdot r_{2,2}}\right)$$

因此:

$$Cl = \frac{2 \cdot \pi \cdot \mu_0 \cdot \mu_r \cdot l}{\ln\left(\dfrac{r_{1,2} \cdot r_{1,2}}{r_{1,1} \cdot r_{2,2}}\right)} \tag{2.4.10}$$

式(2.4.6)和式(2.4.10)定义了一对导体中的环路电容和环路电感,这些值都可以用 LCR 测量仪器测得。

这个推导假设一个导体中的所有电流都由另一导体返回,在实际中,自然耦合决定这样的情况将不会发生,除非式(2.4.6)和式(2.4.10)可以看作是对隔离双导体电缆的良好近似。5.2节将进一步阐述这些关系,并分析将电缆看作天线的性质。

2.5　电路参数

在电磁兼容分析中,一个重要的要求是确保每个导体中电压和两导体终端电压的可视化,以及导体端子间出现的电压。对于如图2.4.1所示的双导体布局,满足此要求几乎没有困难。假设流过导体 1 的所有电流都通过导体 2 返回。

2.5.1　简介

关于电感的原始方程,定义每个导体上的初始电流的电压,写成式(2.4.1):

$$Vp_1 = j \cdot \omega \cdot Lp_{1,1} \cdot Ip_1 + j \cdot \omega \cdot Lp_{1,2} \cdot Ip_2$$
$$Vp_2 = j \cdot \omega \cdot Lp_{2,1} \cdot Ip_1 + j \cdot \omega \cdot Lp_{2,2} \cdot Ip_2$$

(2.4.1)

如果考虑电感,则电路模型如图 2.5.1 所示。

由图 2.5.1 推出的感性耦合为:

$$\begin{cases} Vc_1 = j\omega Lc_1 \cdot Ic_1 \\ Vc_2 = j\omega Lc_2 \cdot Ic_1 \end{cases}$$

(2.5.1)

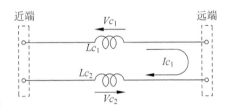

图 2.5.1　磁耦合电路模型

方程组(2.4.1)和方程组(2.5.1)运用不同的准则推导而来,方程组(2.4.1)由电磁理论推导而来,而方程组(2.5.1)由电路理论推导而来。在两个推导中使用了不同的假设条件,上述两个方程可以通过电压关系和电流关系建立联系:

$$Vp_1 = Vc_1$$
$$-Vp_2 = Vc_2$$

(2.5.2)

$$Ip_1 = Ic_1$$
$$Ip_2 = -Ic_1$$

(2.5.3)

进行这些替换,可以从原始参数中获得电路参数:

$$Lc_1 = Lp_{1,1} - Lp_{1,2}$$
$$Lc_2 = Lp_{2,2} - Lp_{1,2}$$

(2.5.4)

使用式(2.3.2)将原始电感与一对导体电路电感的物理参数联系起来,得到下式:

$$Lc_1 = \frac{\mu_0 \cdot \mu_r \cdot l}{2 \cdot \pi} \cdot \ln\left(\frac{r_{1,2}}{r_{1,1}}\right)$$

$$Lc_2 = \frac{\mu_0 \cdot \mu_r \cdot l}{2 \cdot \pi} \cdot \ln\left(\frac{r_{1,2}}{r_{2,2}}\right)$$

(2.5.5)

2.5.2　电容

每个导体的电感参数如图 2.5.2 所示。

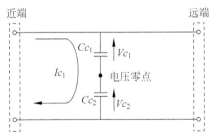

图 2.5.2　容性耦合电路模型

电容的原始方程式根据流入环境或流出环境的电流来定义在每个导体和零电压下的理论表面之间产生的电压。有式(2.4.7):

$$\begin{cases} Vp_1 = \dfrac{1}{j \cdot \omega \cdot Cp_{1,1}} \cdot Ip_1 + \dfrac{1}{j \cdot \omega \cdot Cp_{1,2}} \cdot Ip_2 \\ Vp_2 = \dfrac{1}{j \cdot \omega \cdot Cp_{2,1}} \cdot Ip_1 + \dfrac{1}{j \cdot \omega \cdot Cp_{2,2}} \cdot Ip_2 \end{cases}$$

(2.4.7)

从式(2.5.2)中导出的容性耦合电流方程为：

$$\begin{cases} Vc_1 = \dfrac{1}{j \cdot \omega \cdot Cc_1} \cdot Ic_1 \\ Vc_2 = \dfrac{1}{j \cdot \omega \cdot Cc_2} \cdot Ic_1 \end{cases} \tag{2.5.6}$$

调用式(2.5.2)和式(2.5.3)代替原始方程中的电流参数：

$$\begin{cases} Vc_1 = Vp_1 = \dfrac{1}{j \cdot \omega} \cdot \left[\dfrac{1}{Cp_{1,1}} - \dfrac{1}{Cp_{1,2}} \right] \cdot Ic_1 \\ Vc_2 = -Vp_2 = \dfrac{1}{j \cdot \omega} \cdot \left[\dfrac{1}{Cp_{2,2}} - \dfrac{1}{Cp_{2,1}} \right] \cdot Ic_1 \end{cases} \tag{2.5.7}$$

联合式(2.5.6)和式(2.5.7)，将电路电容用电容元定义为：

$$\begin{cases} \dfrac{1}{Cc_1} = \dfrac{1}{Cp_{1,1}} - \dfrac{1}{Cp_{1,2}} \\ \dfrac{1}{Cc_2} = \dfrac{1}{Cp_{2,2}} - \dfrac{1}{Cp_{1,2}} \end{cases} \tag{2.5.8}$$

使用式(2.3.1)建立导体长度、半径和原始电容间的关系，给出一对导体的电路电容公式：

$$\begin{cases} Cc_1 = \dfrac{2 \cdot \pi \cdot \varepsilon_0 \cdot \varepsilon_r \cdot l}{\ln \dfrac{r_{1,2}}{r_{1,1}}} \\ Cc_2 = \dfrac{2 \cdot \pi \cdot \varepsilon_0 \cdot \varepsilon_r \cdot l}{\ln \dfrac{r_{1,2}}{r_{2,2}}} \end{cases} \tag{2.5.9}$$

2.5.3 二元性维持

由式(2.5.5)和式(2.5.9)，得：

$$Lc_i \cdot Cc_i = \mu_0 \cdot \mu_r \cdot \varepsilon_0 \cdot \varepsilon_r \cdot l^2 \tag{2.5.10}$$

其中，下标 i 代表定义的导体。

2.6 节利用这种对偶进一步简化电路模型的推导，通过消除零点电压偏移的诱导，维持导体电感特性和电容特性的重要关系。

2.5.4 阻抗

每个导体的阻抗都是其横截面和长度的函数，如导体 i 是圆柱截面，则稳态阻抗为：

$$Rss_i = \dfrac{\rho \cdot l}{\pi \cdot (r_{i,i})^2} \text{ohm} \tag{2.5.11}$$

其中，ρ 是导电材料的电阻率，趋肤效应使阻抗为频率的函数。电磁理论教材中导出公式[2.4]：

$$Rskin_i = \dfrac{l}{2 \cdot r_{1,1}} \cdot \sqrt{\dfrac{\mu \cdot f}{\pi \cdot \sigma}} \text{ohm} \tag{2.5.12}$$

其中，σ 是电导率，电导率和电阻率的关系为：

$$\rho = \dfrac{1}{\sigma} \text{ohm/m} \tag{2.5.13}$$

在高频率时,阻抗随频率的平方根增加,频率增加十倍,阻抗增加 10dB。当 $Rskin$ 与 Rss 相等时,电导率曲线和电阻率曲线相交,由式(2.5.11)、式(2.5.12)和式(2.5.13),得:

$$\frac{l}{2 \cdot r_{i,i}} \sqrt{\frac{\mu \cdot \rho \cdot Fx}{\pi}} = \frac{\rho \cdot l}{\pi \cdot r_{i,i}^2}$$

其中,Fx 是交越频率,推导公式为:

$$Fx = \frac{4 \cdot \rho}{\mu \cdot \pi} \cdot \frac{1}{r_{i,i}^2} \qquad (2.5.14)$$

因此,阻抗通式为:

$$Rc_i = Rss_i \cdot \sqrt{1 + \frac{f}{Fx_i}} \qquad (2.5.15)$$

图 2.5.3 给出了阻抗随频率变化的曲线,其中 Rc 曲线和 $Rskin$ 曲线分别由式(2.5.15)和式(2.5.12)导出,给出长度为 15m、直径为 1mm 的铜导体的关系。在这种情况下交越频率为 69kHz,这导致了双导体电缆的第三性能,如图 2.5.4 所示。

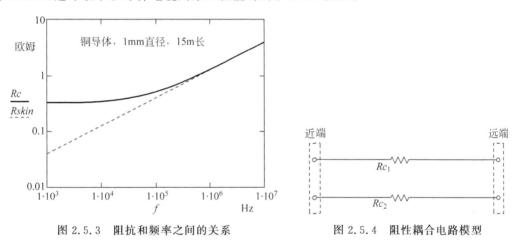

图 2.5.3 阻抗和频率之间的关系　　　　图 2.5.4 阻性耦合电路模型

和电感与电容不同,阻抗是独立的,与其他导体中的电流没有关系,这意味着:

$$Rc_i = Rp_{i,i} \qquad (2.5.16)$$

2.5.5　基本假设

对上述导体电感和电容的公式推导都是基于一个基本假设,即环路导体中的环路电流与提供电流的导体中的电流等大反向。假设条件不关心双导体和流入流出环境电流的速率,但是,当考虑这些因素时,导体的电容及电感公式保持不变。在 5.2 节的"虚拟导体"中将提供更加详细的推导。

2.6　双导体模型

因为干扰现象是一个电磁场,所以试图将电场效应和磁场效应分开是没有意义的,电阻效应在耦合机制中也有重要作用,任何形式的干涉分析都必须考虑电阻、电感和电容的综合效应。由于每个导体都具有这些特性,所以假设在系统中的任何地方都存在零阻抗路径是无效的。

由于双芯电缆是能有效地携带电信号从一个位置传输到另一个位置的最简单的布局形式,所以从分析双芯电缆的特性开始。图 2.6.1 背离传统的方法,表示出两导体具有相同的属性集。

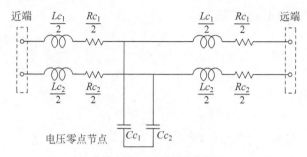

图 2.6.1 双导体电路模型

此模型最显著的特性是电感耦合与电容耦合,如果一个连接到近端和远端终端的电压源短路,则就工作参数而言,该结构表现为桥接网络。

由式(2.5.10)得:

$$Lc_1 \cdot Cc_1 = Lc_2 \cdot Cc_2$$

所以:

$$\frac{Lc_1}{Lc_2} = \frac{Cc_2}{Cc_1} \tag{2.6.1}$$

由如图 2.6.2 所示的电路模型得:

$$V_1 = \frac{I_1 - I_2}{j \cdot \omega \cdot C_1} \tag{2.6.2}$$

$$V_2 = \frac{I_1 - I_2}{j \cdot \omega \cdot C_2} \tag{2.6.3}$$

$$V_3 = j \cdot \omega \cdot \frac{Lc_1}{2} \cdot I_2 \tag{2.6.4}$$

$$V_4 = j \cdot \omega \cdot \frac{Lc_2}{2} \cdot I_2 \tag{2.6.5}$$

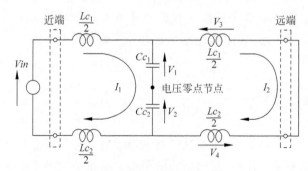

图 2.6.2 桥接网络

因此：

$$\frac{V_1}{V_2} = \frac{Cc_2}{Cc_1} \tag{2.6.6}$$

$$\frac{V_3}{V_4} = \frac{Lc_1}{Lc_2} \tag{2.6.7}$$

由式(2.6.1)得：

$$\frac{V_1}{V_2} = \frac{Cc_2}{Cc_1} = \frac{Lc_1}{Lc_2} = \frac{V_3}{V_4} \tag{2.6.8}$$

由于在电容器的交界处的电压为零,在电感器的交界处的电压也为零,所以桥接电路可以重绘为如图 2.6.3 所示的模型。

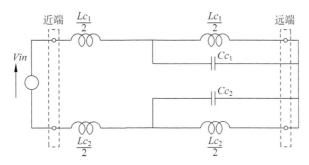

图 2.6.3 等效电路

这种形式的电路模型表明,将每个导体的元件看作单一阻抗是有效的,即电感和电容的并联和电感串联。这样的表示在 2.9 节中的传输导纳和 5.2 节导出虚拟导体的参数值的简化分析中非常有用。

2.7 三导体模型

在前面的章节中建立的过程可以用 Z 参数简化,其中 Z 可以代表各个元器件的阻抗,如电容、电感或电阻。原始阻抗可以定义为 Zp,环路阻抗定义为 Zl,电路阻抗定义为 Zc,图 2.7.1 为一个三导体模型。

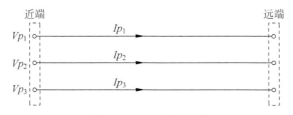

图 2.7.1 三导体部件

三导体的原始方程为：

$$\begin{cases} Vp_1 = Zp_{1,1} \cdot Ip_1 + Zp_{1,2} \cdot Ip_2 + Zp_{1,3} \cdot Ip_3 \\ Vp_2 = Zp_{2,1} \cdot Ip_1 + Zp_{2,2} \cdot Ip_2 + Zp_{2,3} \cdot Ip_3 \\ Vp_3 = Zp_{3,1} \cdot Ip_1 + Zp_{3,2} \cdot Ip_2 + Zp_{3,3} \cdot Ip_3 \end{cases} \tag{2.7.1}$$

图 2.7.2 为一种结构,其中电缆组件的两终端短接,在环路的近端接入两电压源 Vl_1 和 Vl_2。比较图 2.7.1 和图 2.7.2,可以定义原始参数和环路参数,电压关系如下:

$$\begin{cases} Vl_1 = Vp_1 - Vp_2 \\ Vl_2 = Vp_2 - Vp_3 \end{cases} \tag{2.7.2}$$

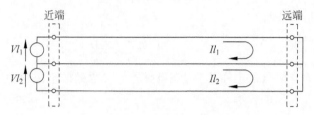

图 2.7.2　环路电压和电流

电流关系为:

$$\begin{cases} Ip_1 = Il_1 \\ Ip_2 = Il_2 - Il_1 \\ Ip_3 = -Il_2 \end{cases} \tag{2.7.3}$$

将式(2.7.1)的初始电流用环路电路替换,有:

$$Vp_1 = Zp_{1,1} \cdot Il_1 + Zp_{1,2} \cdot (Il_2 - Il_1) - Zp_{1,3} \cdot Il_2$$
$$Vp_2 = Zp_{2,1} \cdot Il_1 + Zp_{2,2} \cdot (Il_2 - Il_1) - Zp_{2,3} \cdot Il_2 \tag{2.7.4}$$
$$Vp_3 = Zp_{3,1} \cdot Il_1 + Zp_{3,2} \cdot (Il_2 - Il_1) - Zp_{3,3} \cdot Il_2$$

将式(2.7.4)相邻行相减,得:

$$Vp_1 - Vp_2 = (Zp_{1,1} - Zp_{2,1} - Zp_{1,2} + Zp_{2,2}) \cdot Il_1 + (Zp_{1,2} - Zp_{1,3} - Zp_{2,2} + Zp_{2,3}) \cdot Il_2$$
$$Vp_2 - Vp_3 = (Zp_{2,1} - Zp_{2,2} - Zp_{3,1} + Zp_{3,2}) \cdot Il_1 + (Zp_{2,2} - Zp_{2,3} - Zp_{3,2} + Zp_{3,3}) \cdot Il_2$$

$$\tag{2.7.5}$$

环路方程的定义如下:

$$Vl_1 = Zl_{1,1} \cdot Il_1 + Zl_{1,2} \cdot Il_2$$
$$Vl_2 = Zl_{2,1} \cdot Il_1 + Zl_{2,2} \cdot Il_2 \tag{2.7.6}$$

其中:

$$Zl_{1,1} = Zp_{1,1} - Zp_{2,1} - Zp_{1,2} + Zp_{2,2}$$
$$Zl_{1,2} = Zp_{1,2} - Zp_{1,3} - Zp_{2,2} + Zp_{2,3}$$
$$Zl_{2,1} = Zp_{2,1} - Zp_{2,2} - Zp_{3,1} + Zp_{3,2} \tag{2.7.7}$$
$$Zl_{2,2} = Zp_{2,2} - Zp_{2,3} - Zp_{3,2} + Zp_{3,3}$$

因为 $Zp_{i,j} = Zp_{j,i}$,所以:

$$Zl_{1,2} = Zl_{2,1} \tag{2.7.8}$$

电路模型可以模拟环路方程,如图 2.7.3 所示,三导体电路方程为:

$$Vc_1 = (Zc_1 + Zc_2) \cdot Ic_1 - Zc_2 \cdot Ic_2$$
$$Vc_2 = (Zc_3 + Zc_2) \cdot Ic_2 - Zc_2 \cdot Ic_1 \tag{2.7.9}$$

比较式(2.7.6)和式(2.7.9),可以清楚地看到环路方程和电路方程之间有一一对应的关系,因此,环路参数和电路参数之间有如下关系:

$$Zl_{1,1} = Zc_1 + Zc_2$$
$$Zl_{1,2} = -Zc_2$$
$$Zl_{2,2} = Zc_2 + Zc_3$$

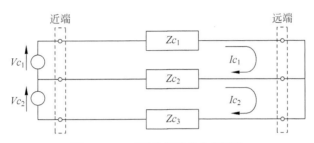

图 2.7.3 三导体部件的电路阻抗

依据环路阻抗的电路阻抗为:

$$Zc_1 = Zl_{1,1} + Zl_{1,2}$$
$$Zc_2 = -Zl_{1,2} \tag{2.7.10}$$
$$Zc_3 = Zl_{2,2} + Zl_{1,2}$$

用式(2.7.7)的初始阻抗替代环路阻抗,给出三导体的电路阻抗:

$$Zc_1 = Zp_{1,1} - Zp_{2,1} - Zp_{1,3} + Zp_{2,3}$$
$$Zc_2 = Zp_{2,2} - Zp_{1,2} - Zp_{2,3} + Zp_{1,3} \tag{2.7.11}$$
$$Zc_3 = Zp_{3,3} - Zp_{3,1} - Zp_{2,3} + Zp_{2,1}$$

如果导体组件的半径分布如图 2.7.4 所示,则电路元器件可以由空间参数定义。

如果假设阻抗是纯电感,电感 $Zp_{i,j} = j \cdot \omega \cdot Lp_{i,j}$,则式(2.3.2)可以用三导体电路电感定义:

$$Lc_1 = \frac{\mu_0 \cdot \mu_r \cdot l}{2 \cdot \pi} \cdot \ln \frac{r_{1,2} \cdot r_{1,3}}{r_{1,1} \cdot r_{2,3}}$$
$$Lc_2 = \frac{\mu_0 \cdot \mu_r \cdot l}{2 \cdot \pi} \cdot \ln \frac{r_{1,2} \cdot r_{2,3}}{r_{2,2} \cdot r_{1,3}} \tag{2.7.12}$$
$$Lc_3 = \frac{\mu_0 \cdot \mu_r \cdot l}{2 \cdot \pi} \cdot \ln \frac{r_{1,3} \cdot r_{2,3}}{r_{3,3} \cdot r_{1,2}}$$

其中,l 是组件的长度。

此处建立的组件电感值如图 2.7.4 所示。

将图 2.7.3 重绘为如图 2.7.5 所示,则可以用相同的过程推导电容值,方程(2.7.11)对两幅图都适用。

但是,此时假设阻抗是纯电容,阻抗可以由电容表示:

$$Zp_{i,j} = \frac{1}{j \cdot \omega \cdot Cp_{i,j}}$$

对式(2.7.11)进行替代,并调用式(2.3.1),导出三导体电路电容的公式:

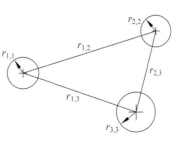

图 2.7.4 导体部件截面

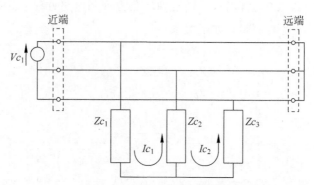

图 2.7.5　容性耦合电路模型

$$Cc_1 = \frac{2 \cdot \pi \cdot \varepsilon_0 \cdot \varepsilon_r \cdot l}{\ln \dfrac{r_{1,2} \cdot r_{1,3}}{r_{1,1} \cdot r_{2,3}}}$$

$$Cc_2 = \frac{2 \cdot \pi \cdot \varepsilon_0 \cdot \varepsilon_r \cdot l}{\ln \dfrac{r_{1,2} \cdot r_{2,3}}{r_{2,2} \cdot r_{1,3}}} \qquad (2.7.13)$$

$$Cc_3 = \frac{2 \cdot \pi \cdot \varepsilon_0 \cdot \varepsilon_r \cdot l}{\ln \dfrac{r_{1,3} \cdot r_{2,3}}{r_{3,3} \cdot r_{1,2}}}$$

电阻和导体之间的关系是不言而喻的,式(2.5.11)、式(2.5.14)和式(2.5.15)可以用来估计任意频率的阻抗。导出的三导体组件的三 T 电路模型,如图 2.7.6 所示。

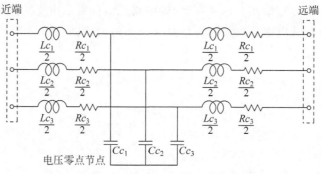

图 2.7.6　三导体组件的三 T 电路模型

式(2.7.12)和式(2.7.13)将三相线的相电感[1.7]和相电容[1.8]用公式联系起来。事实上,上述的推导是基础教材推导的一种简化形式。

2.8　耦合优化

在 2.7 节中推导得到的公式,为在设计过程中减少干扰提供了有用的导向,将组合件的剖视图 2.7.4 与式(2.7.12)和式(2.7.13)的电路图比较,可以建立一些基本关系。

起初的网格分析而非节点分析已经建立了相关公式,其中有两个相互依存的环路,如图 2.8.1 所示。导体 1 和导体 2 携带从近端到远端的电流,信号链可以被定义成差模环路模型。在环路中,假设所有流过导体的电流信号都由导体返回,如图 2.8.2 所示。

图 2.8.1　导体功能定义

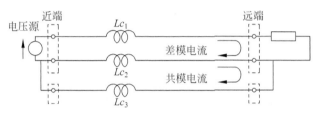

图 2.8.2　环路电流的定义

不可避免地,返回导体中的差模电流在其电感上产生电压。这会在环路导体和结构——共模环路形成的环路中产生电流,如图 2.8.2 所示。共模电感结构的共模电流会在导体的任意两点间产生电压,而该电压是我们不想要的。

类似地,任何由外部源作用于共模环路结构的电压都会在共模环路中产生电流,相反,这也会减少差模环路中我们不想要的信号。

在其他情况下,任何共模环路中的电流都是不理想的,因为它构成了干扰。然而,这种干扰等级是可以接受的,或者对整个系统是没有影响的。

低频结构的仿真模型可以看作如图 2.8.2 所示的电路模型。如果考虑电磁兼容,那么将最大限度地提高差分模式电流和最大限度地减少共模电流。在物理设计中,应确保差分模式环路的阻抗尽可能低。这意味着,电感 Lc_1 和电感 Lc_2 的值应尽可能小,电感 Lc_3 的值应尽可能大。

如果导体的横截面是对称的,如图 2.8.3 所示,则电感值可以由式(2.7.12)定义,有:

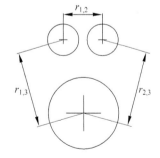

$$Lc_1 = \frac{\mu_0 \cdot \mu_r \cdot l}{2 \cdot \pi} \cdot \left(\ln \frac{r_{1,2}}{r_{1,1}} + \ln \frac{r_{1,3}}{r_{2,3}} \right)$$

$$Lc_2 = \frac{\mu_0 \cdot \mu_r \cdot l}{2 \cdot \pi} \cdot \left(\ln \frac{r_{1,2}}{r_{2,2}} + \ln \frac{r_{2,3}}{r_{1,3}} \right) \quad (2.8.1)$$

$$Lc_3 = \frac{\mu_0 \cdot \mu_r \cdot l}{2 \cdot \pi} \cdot \left(\ln \frac{r_{1,3}}{r_{1,2}} + \ln \frac{r_{2,3}}{r_{3,3}} \right)$$

图 2.8.3　导体部件的截面积

从给出的方程中可以看出,减少 r_{12} 将会减少 Lc_1 和 Lc_2 的值,然而 Lc_3 的值将会增加。仅仅改变一个物理尺寸会影响三个电感的值,减少信号和环路导体之间的间距,将对提高电磁兼容性产生显著的影响。

可以通过布局导体 1 和导体 2 与导体 3 距离相等的位置，可以进一步改善 EMC（电磁兼容）。

$$\text{若} \quad r_{1,3} = r_{2,3}$$

$$\text{则} \quad \ln \frac{r_{1,3}}{r_{2,3}} = \ln \frac{r_{2,3}}{r_{1,3}} = 0$$

如果导体承载的差模电流来自等距的结构，那么这些对数因子将从式（2.8.1）中抵消，这意味着，Lc_1 和 Lc_2 的值将进一步减少。另外，如果信号和环路导体的半径是相同的，则：

$$\frac{r_{1,2}}{r_{1,1}} = \frac{r_{1,2}}{r_{2,2}}$$

上式给出了 $Lc_1 = Lc_2$ 的关系。

这是一个理想的特性，可在配置平衡的驱动程序和平衡接收机中使用。

当图中考虑电容耦合时，电路模型的变化如图 2.8.4 所示。

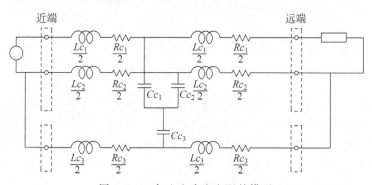

图 2.8.4　加入电容和电阻的模型

如果减少 Lc_1 和 Lc_2 的值，则 Cc_1 和 Cc_2 的值将增加。如果增加 Lc_3 的值，那么 Cc_3 的值减小。从图 2.8.4 可以看出，电容值的改变和电感值的改变一样，在信号环路中有更多的电流，在共模环路中有更少的电流。

这意味着，当信号导体和环路导体之间的间隔减少时，所有的元件将以一种提高电磁兼容的方式改变。

因此，耦合优化的基本要求是：沿着信号驱动到信号接收的整个路径的信号导体和返回导体应尽可能靠近。

2.9　转移导纳

如 2.6 节所述，反应元器件的模型将会是一个桥接电路。如图 2.9.1 所示，一个自然平衡存在于三导体模型中，如果远端传输线短路，那么三电感连接处的电压和三电容连接处的电压相同。

如果在这两个节点的电压有相同的电位，那么将它们连接在一起是有效的。因此，如图 2.9.2 所示的模型是有效的。

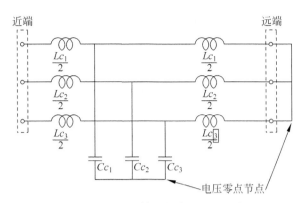

图 2.9.1　三导体组件中的电压平衡

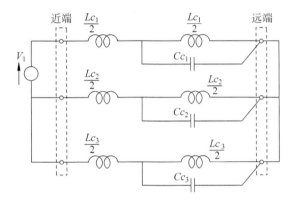

图 2.9.2　图 2.9.1 的等效电路图

在任何特殊的频率上,此模型又可以进一步简化成如图 2.9.3 所示的结构,其中 $Z1$、$Z2$ 和 $Z3$ 代表每个导体的阻抗。

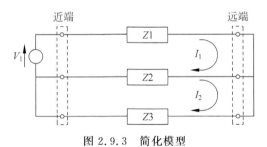

图 2.9.3　简化模型

由图 2.9.3 可得电路方程为:

$$V_1 = (Z1 + Z2) \cdot I_1 - Z2 \cdot I_2 \tag{2.9.1}$$

$$0 = (Z2 + Z3) \cdot I_2 - Z2 \cdot I_1 \tag{2.9.2}$$

由式(2.9.2)得:

$$I_1 = \frac{Z2 + Z3}{Z2} \cdot I_2 \tag{2.9.3}$$

替换式(2.9.1)中的 I_1:

$$V_1 = \frac{(Z1+Z2) \cdot (Z2+Z3)}{Z2} \cdot I_2 - Z2 \cdot I_2$$

展开上式：

$$V_1 = \frac{Z1 \cdot Z2 + Z1 \cdot Z3 + Z2 \cdot Z2 + Z2 \cdot Z3 - Z2 \cdot Z2}{Z2} \cdot I_2$$

得出：

$$\frac{I_2}{V_1} = \frac{Z2}{Z1 \cdot Z2 + Z1 \cdot Z3 + Z2 \cdot Z3} \tag{2.9.4}$$

如图 2.9.4 所示，如果将电压源加载在第二个环路中，那么由相同的过程可以导出：

$$\frac{I_1}{V_2} = \frac{Z2}{Z1 \cdot Z2 + Z1 \cdot Z3 + Z2 \cdot Z3} \tag{2.9.5}$$

这确定了一个事实，即在任何电路网络中这都是对偶的，比较式(2.9.3)和式(2.9.4)，得：

$$YT = \frac{I_1}{V_2} = \frac{I_2}{V_1} \tag{2.9.6}$$

在不同的环路中电流与电压的比值是导纳，式(2.9.4)和式(2.9.5)描述的是传输导纳 YT。

传输导纳提供了一个直接测量受扰电路的电流信号与源电路电压信号的比值，这是一个基本的参数，它可以定义任何组件的干扰特性。

图 2.9.3 是工程师经常在 EMC 测试中使用的有效的传导发射测试的电路模型，它是在一个频率范围内模拟的共模电流与输入电压的比值。图 2.9.4 是用于传导敏感度测试的模型，它定义了在共模环路中不需要的电流信号与电压源的比值。

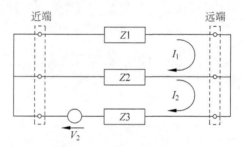

图 2.9.4   环路 2 中的电压源

这种推理可以给出转移导纳的定义：

转移导纳是当环路中没有其他电压源时，受害者环路中的电流与源环路中的电压之比。

最重要的是，转移导纳对传导骚扰具有相同的传导敏感度。这意味着，对电缆组件传导敏感度的测试可以预测传导骚扰的结果，反之亦然。它还确定了一个用于分析任何电路模型的完整流程：

交换源电压和监视电流的位置，并重新运行流程。如果两次运行的结果是不相同的，那么一定有一个错误的地方。

在实践中，有许多因素会影响转移导纳的分析。最值得注意的是，在两种类型的测试中，使用的方法和测试设备不同。即使如此，公正地说，在特定的频率下，在具有高磁化率的电缆中，将在该频率产生一个高电平的干扰。

2.10 同轴耦合

同轴线的特殊性质是：内导体的轴线与外导体上任意点之间的隔离是外导体的半径。内部和外导体共用一个轴,这也意味着内部导体和最外层之间的分离与中间导体和最外层导体的分离是完全相同的。图 2.10.1 是一个典型的同轴横线截面。

因此有

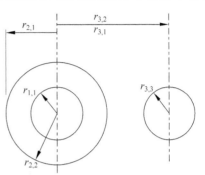

图 2.10.1 具有外导体的同轴电缆

$$r_{1,2} = r_{2,1} = r_{2,2} \qquad (2.10.1)$$

和

$$r_{1,3} = r_{3,1} = r_{2,3} = r_{3,2} \qquad (2.10.2)$$

三导体电缆的电路模型如图 2.7.6 所示,电感值的公式由式(2.7.12)给出。将式(2.10.1)和式(2.10.2)代入电感值,得:

$$Lc_1 = \frac{\mu_0 \cdot \mu_r \cdot l}{2 \cdot \pi} \cdot \ln \frac{r_{2,2}}{r_{1,1}}$$

$$Lc_2 = 0 \qquad (2.10.3)$$

$$Lc_3 = \frac{\mu_0 \cdot \mu_r \cdot l}{2 \cdot \pi} \cdot \ln \frac{r_{3,2} \cdot r_{2,3}}{r_{3,3} \cdot r_{2,2}}$$

Lc_1 的值是同轴电缆环路电感的常用公式。Lc_2 的值是 0,而 Lc_3 的值为导体 2 和导体 3 作为导体对的环路电感。由于 Lc_2 是零,所以这种电感从电路模型中消失。

电路模型的电容值与式(2.3.3)的电感有关。这意味着 Cc_2 的理论价值是无限的。事实上,它变成了短路。当修改图 2.7.6 中的模型时,修改后的同轴耦合电路模型如图 2.10.2 所示。

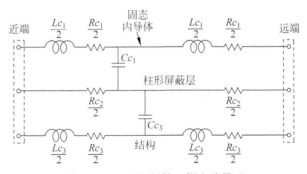

图 2.10.2 理想同轴互耦电路模型

如图 2.10.2 所示的电路模型是一个理想的同轴电缆,在屏幕上用固体导电材料构建。理想情况下,共模循环和差模循环接口间的唯一组件是屏幕电阻。这意味着使用同轴电缆的信号链接使转移导纳的值非常小。换句话说,共模抑制将是非常高的。

然而,使用这种电缆通常是不切实际的。在绝大多数的组件中,屏蔽电缆的外屏蔽由细线相互缠绕形成柔性编织物。编织物中的间隙允许外电场和内部电场的发射。在高频率下,屏蔽效能变差。

一个更实用的编织同轴电缆模型如图 2.10.3 所示。Lc_2 模拟内部和外部之间的磁场耦合循环,而 Cc_2 代表电场耦合的影响。有效模型如图 2.7.6 所示,且有显著差异。屏蔽导体相关联的反射参数的值远小于 2.7 节中派生的单独环路导体的值。

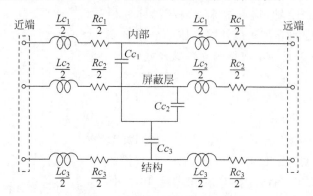

图 2.10.3　同轴电缆屏蔽层电路模型

这些参数值的经验法则估计是

$$Lc_2 = \frac{Lc_1}{10} \quad 和 \quad Cc_2 = \frac{Cc_1}{10}$$

建立更准确值的最佳方法是对代表性装配进行测试。这种测试通常产生被描述为传输阻抗的参数,并且由与频率的阻抗相关的频率响应来定义。传输导纳和传输阻抗之间的关系表明图 2.9.3 中的 $Z2$ 可以定义为待查器件的传输阻抗。

一些制造商以 1m 频率响应曲线的形式提供传输阻抗的数据。创建一个模型复制这条曲线并获得电阻、电感和电容的值,应该不难。

无论如何,可以说同轴电缆将提供比双芯电缆好得多的 EMC,因为其传输阻抗要小得多。屏蔽双绞线可能可以提供更好的抗干扰性,然而,它更难以获得此类配置的参数值。相关内容将在下一章详细讨论。

2.11　接地平面

导电平面的概念可以在每本关于电磁理论的教科书中找到。它利用了这样的事实:在两个带电导体之间的非导电平面上,电场与该表面正交。如果该表面导电,则电场分布不会改变。图 2.11.1 为接地平面上两个导体的横截面。

相反,扁平导电表面可以由两个导体之间的非导电表面和第二对相同的导体表示。也就是说,图 2.11.1 的配置可以用图 2.11.2 的配置代替。

如果这四个导体连接成两个独立的电路环路,则图像变为图 2.11.3 所示。这里,耦合存在于两个隔离的环之间。就磁耦合而言,这本质上是一个变压器。该变压器的初级和次级线圈各有一匝且没有磁性材料。

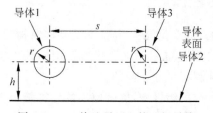

图 2.11.1　接地平面上的两根导线

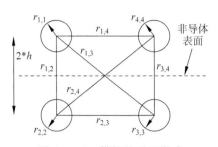
图 2.11.2 模拟的平面影响

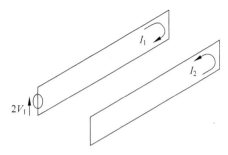
图 2.11.3 变压器耦合

如此配置的电路模型如图 2.11.4 所示,这是人们所熟悉的变压器模型。这里,Lc_1 表示最初的泄漏电感,Lc_2 表示互感,Lc_3 表示二次泄漏电感。

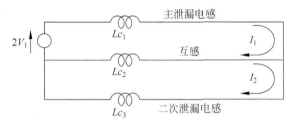
图 2.11.4 变压器耦合的电路模型

由 2.7 节中讲述的过程,三个电感可以定义其组件的长度 l 为:

$$Lc_1 = \frac{\mu_0 \cdot \mu_r \cdot l}{2 \cdot \pi} \cdot \ln \frac{r_{1,2} \cdot r_{2,1} \cdot r_{1,4} \cdot r_{2,3}}{r_{1,1} \cdot r_{2,2} \cdot r_{1,3} \cdot r_{2,4}}$$

$$Lc_2 = \frac{\mu_0 \cdot \mu_r \cdot l}{2 \cdot \pi} \cdot \ln \frac{r_{1,3} \cdot r_{2,4}}{r_{1,4} \cdot r_{2,3}} \qquad (2.11.1)$$

$$Lc_3 = \frac{\mu_0 \cdot \mu_r \cdot l}{2 \cdot \pi} \cdot \ln \frac{r_{3,2} \cdot r_{4,1} \cdot r_{3,4} \cdot r_{4,3}}{r_{3,1} \cdot r_{4,2} \cdot r_{3,3} \cdot r_{4,4}}$$

下一步是使用变压器耦合模型来推导一个模型,来模拟如图 2.11.1 所示导体之间的耦合。图 2.11.2 的径向参数和图 2.11.1 的尺寸之间的关系是:

$$r_{1,2} = r_{2,1} = r_{4,3} = r_{3,4} = 2 \cdot h$$

$$r_{1,3} = r_{3,1} = r_{2,4} = r_{4,2} = \sqrt{s^2 + 4 \cdot h^2}$$

$$r_{1,4} = r_{4,1} = r_{2,3} = r_{3,2} = s \qquad (2.11.2)$$

$$r_{1,1} = r_{2,2} = r_{3,3} = r_{4,4} = r$$

在图 2.11.3 中,将电压源定义为 $2V_1$。因为任何导体及其图像之间的电压是导体和接地平面之间存在电压的两倍。由于式(2.11.1)是针对 $2V_1$ 的电压源导出的,因此电感值是平面上导体的两倍。

式(2.11.1)电感参数除以 2,调用式(2.11.2),得出:

$$Ld_1 = \frac{Lc_1}{2} = \frac{\mu_0 \cdot \mu_r \cdot l}{2 \cdot \pi} \cdot \ln \frac{2 \cdot h \cdot s}{r \cdot \sqrt{s^2 + 4 \cdot h^2}}$$

$$Ld_2 = \frac{Lc_2}{2} = \frac{\mu_0 \cdot \mu_r \cdot l}{2 \cdot \pi} \cdot \ln \frac{\sqrt{s^2 + 4 \cdot h^2}}{s} \qquad (2.11.3)$$

$$Ld_3 = \frac{Lc_3}{2} = \frac{\mu_0 \cdot \mu_r \cdot l}{2 \cdot \pi} \cdot \ln \frac{2 \cdot h \cdot s}{r \cdot \sqrt{s^2 + 4 \cdot h^2}}$$

根据电感和电容之间对偶性可以用于计算相关的电容值：

$$Cd_i = \frac{\mu_0 \cdot \mu_r \cdot \varepsilon_0 \cdot \varepsilon_r \cdot l^2}{Ld_i} \qquad (2.11.4)$$

如果已知设置的空间尺寸是已知的,则可以在如图 2.11.1 所示的导体与如图 2.7.6 所示的三 T 电路模型的组件之间建立一对一的相关性。电感 Ld_1 和电容 Cd_1 可以分配给导体 1,而电感 Ld_3 和电容 Cd_3 可以分配给导体 3。

式(2.11.3)最显著的特点是：一个值可被分配到 Ld_2,这是地面的电感。接地平面的电容是 Cd_2。

LC_1 的存在意味着在平面上沿着表面的任何瞬变电流将产生一个端到端电压。如果一个电压沿着表面存在,那么该表面上的电压不可能是等电位的。要假设导电平面是一个等势面是电磁理论忽略的经验。

间距和电感值之间的关系可以通过式(2.11.3)来确定。导体 1 和导体 2 之间的间隔减小,Ld_1 和 Ld_3 的值减少,而 Ld_2 的值增加。当该间隔为最小值时,所述的结构就像一个变压器。相反,随着间距的增大,两个环路之间的耦合减小,Ld_2 的值减小。

对电感值的推理也可以应用到电容值。导体之间的间距增大,电容耦合减小。

这意味着,如果接地平面作为导体 1 和导体 3 中信号的环路导体(与印制电路板一样),则可以通过尽可能多地分离导体 1 和导体 3,并尽可能降低这些导体和接地平面之间的耦合。推理适用于电感效应和电容效应。8.2 节和 9.3 节进一步分析了印制电路板中接地层的作用。

如果接地平面用来表示一个具有屏蔽特性的结构,那么理想条件下的导体 1 和导体 3 最好是尽可能靠近在一起。这将增加发送和环路导体之间的耦合,并增强在这些导体中电流之间的平衡,同时减少在接地导体中共模电流的幅度。

第3章

其他横截面

寻求一种方法研究导体组件的任何横截面是可能的，也是必要的。研究工作的起始点是由卡勒姆的研究人员为估算航空钢丝绳的感应电压而设计的一种方法[1,9]。

在该技术中，待研究组件由平行导体阵列表示。假设导体两端短路。因此，每根导线的端到端电压是相同的。由于沿该阵列的一个导体长度的电压由所有导体中的电流确定，因此，可以定义一组基本方程。求解这组方程，计算每个导体中的电流。当电流已知时，可以计算附近任何点的磁势，这就使得该区域的电磁模型得以确定。

复合导体可以被抽象为导体元素的集合，这使得实际可以模拟导体的电流和电压。

导体元素定义为复合导体中一小段导体的表面。

在这种方法中，可以建立一组初始方程，计算导体元素的电流。但我们关注的焦点仍然集中在电流特性上。

3.1节将圆管的横截面表示为元件导体阵列来说明该过程。计算每个元素中的电流，将所有这些电流加在一起得出该部分中的总电流。电压与总电流之比给出了复合导体的部分电感。

图3.1.1选择了圆形截面，因为这样很容易检查结果的准确性。

由于该过程必然涉及使用计算机程序，因此使用Mathcad软件来说明计算的细节。由于整个过程中使用数学符号，因此该程序比用Java语言编写的程序更容易理解。附录A中描述了Mathcad的一些特殊功能。

3.2节开发了处理两个导体中差模电流的方法，以得出环路电感的值。然后，使用电感和电容之间的对偶性来确定环路电容的值。该值与调用"图像方法"时获得的值相同，有效地验证了该技术的正确性和有效性。

3.3节进一步讨论该方法，以便为三导体组件创建电路模型。选择的示例是屏蔽线缆的示例。

该程序定义了三个复合导体的元素导体的几何形状，创建一组初始电感器，并将此转换为一组环形电感器。假设1V的正弦电压施加在内芯和屏蔽层之间，就可以计算出元素导体的环路电流。

　　然后,计算每个元素导体的初始电流。也就是说,电流从左到右流动的方向为正方向。负电流方向为从右向左。对元素导体中的电流求和,将计算得到每个复合导体中的电流。

　　对电流和阻抗值的认知确定了一个 3×3 的部分电压矩阵。由此可以计算出 3×3 的部分电感器阵列的值。然后,计算复合导体的环路电感值,这是一个 2×2 的矩阵。

　　依靠这些信息,就可以计算得到三导体的电路模型电感值。利用电容和电感的二元性,可以计算出每一电容值。由此,可以构建 10m 长的双芯屏蔽电缆的电路模型。

　　再现执行所有必要计算的 Mathcad 工作表,可以由读者手动复制到新的工作表中。或者从网站 www.designemc.info 下载工作表文件。在每个工作表中复制计算的 MATLAB 文件也可供下载。修改此程序,几乎可以对任何横截面进行建模。唯一的变化是重新定义横截面的几何形状和电缆的长度。

　　计算的中间结果用于创建气泡图,该气泡图定义电缆中的电流分布。这对于电路设计者来说比磁场分布图更有意义。它还说明了趋肤效应不均匀的事实。差模电流集中在相邻表面上。

　　图 3.3.5 说明了共模电流趋向于在尽可能远的信号承载导体表面上流动的事实。这是因为线对中的共模电流在相同方向上流动。由于该电流通过外屏蔽返回,因此它集中在屏蔽的最接近电线对中的电流浓度的那部分上。

　　任何导体中的电流都会产生与该导体同时具有内部和外部连接的磁场,并且针对原始电感导出的公式考虑了两者。通过将导体表面表示为元件导体阵列,这种处理能够包括内部连接的效果,即使它们集中在该表面上。

3.1　单一复合导体

　　为了得到对应于任何非圆形导体的原始电感和电容的值,第一步是将横截面表示为平行导体阵列。通过使用它来表示圆形截面导体,将它们与已知值进行比较,来确认结果值。

　　图 3.1.1 为待分析导体的横截面,图 3.1.2 为仿真和模拟方法。

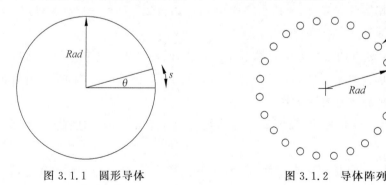

图 3.1.1　圆形导体　　　　　　　　　图 3.1.2　导体阵列

每个元素导体代表表面的一小段。因此：

$$2 \cdot \pi \cdot r = s = \theta \cdot Rad$$

给出每个元素导体半径的一般计算公式：

$$r = \frac{\theta \cdot Rad}{2 \cdot \pi} \tag{3.1.1}$$

在这种特殊的情况下，模拟的导体是圆形的。所以，在圆周上有 n 个等间距的元素导体，由此，可以导出关系式：

$$n \cdot \theta = 2 \cdot \pi \tag{3.1.2}$$

用它代替式(3.1.1)中 2π，可以得到：

$$r = \frac{Rad}{n} \tag{3.1.3}$$

由于这些导体都有一个确定的半径，因此不能被称为"细丝"。

假设元素导体 i 中的电流为 Ip_i，由此可以建立一系列原始方程组。每一导体的电压都是其他导体及其自身电流的函数。2.7 节的三导体模型建立了三个方程。对于 n 个导体组件，这里将会有 n 个方程：

$$Vp_i = \sum_{j=1}^{n} Zp_{ij} \cdot Ip_j \tag{3.1.4}$$

用向量代数定义元素导体的初等方程：

$$\boldsymbol{Vp} = \boldsymbol{Zp} \cdot \boldsymbol{Ip} \tag{3.1.5}$$

其中，$\boldsymbol{Vp}$ 和 $\boldsymbol{Ip}$ 为 n 个元素的向量，$\boldsymbol{Zp}$ 为 n^2 元素的方阵。

如果阻抗是感性的，两端端子是短接在一起的，那么沿着每一个元素导体长度的电压将会是相同的。阻抗和电感值的关系由下式决定：

$$\boldsymbol{Zp} = \mathrm{j}\omega \boldsymbol{Lp}$$

无论 ω 的值是多少，通过计算，它们都保持一样的结果。如果选为 1，则

$$\boldsymbol{Zp} = |\boldsymbol{Lp}|, \quad 其中 \omega = 1$$

因为沿着每个元素导体的长度电压是一个固定值，所以可以定义 $\boldsymbol{Vp}$ 向量的每一个分量值。也就是说，这里有足够的信息去计算每一个元素导体的 $\boldsymbol{Ip}$ 向量值。利用计算机，在很短的时间内就可以计算出这些值。在 Mathcad 中，相关计算公式为：

$$\boldsymbol{Ip} = \mathrm{lsolve}(\boldsymbol{Zp}, \boldsymbol{Vp}) \tag{3.1.6}$$

复合导体的总电流是元素导体中电流的和，即：

$$Iq = \sum_{i=1}^{n} Ip_i \tag{3.1.7}$$

复合导体的阻抗为：

$$Zq = \frac{Vq}{Iq} \tag{3.1.8}$$

假设沿着复合导体长度的电压是为 1，则：

$$Zq = \frac{1}{|Iq|}, 其中 Vq = 1$$

如果 ω 的值为 1，则：

$$Lq = \frac{1}{|Iq|}, \quad 其中 \, Vq = 1 \, 且 \, \omega = 1 \tag{3.1.9}$$

参数 Lq 可以与式(2.2.9)定义的基元电感 Lp 相关联,因为它是导体充当天线时复合导体的电感。为避免两个术语之间的混淆,将 Lq 为部分电感。同样地,Vq、Iq、Zq 分别为部分电压、部分电流、部分阻抗。

上面开发的方程组适合于创建计算机程序,以计算几乎任何横截面的部分电感。涉及两个阶段:

- 定义元素导体的坐标;
- 计算电参数值。

图 3.1.3 是 Mathcad 工作表的副本,它执行第一阶段的计算。在这种情况下,过程非常简单。对于更复杂的横截面,坐标的定义可能采用三列表的形式。

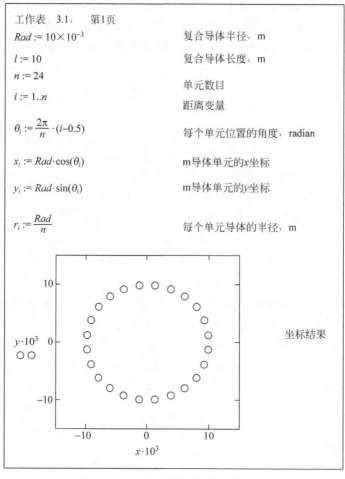

图 3.1.3　定义复合导体的物理参数

图 3.1.4 调用式(3.1.4)~式(3.1.9)确定 Lq 的值,即复合导体的部分电感。然后进行检查,以确认结果值与复合材料相同半径的导体的原始电感相同。此检查是该过程有效的置信水平。

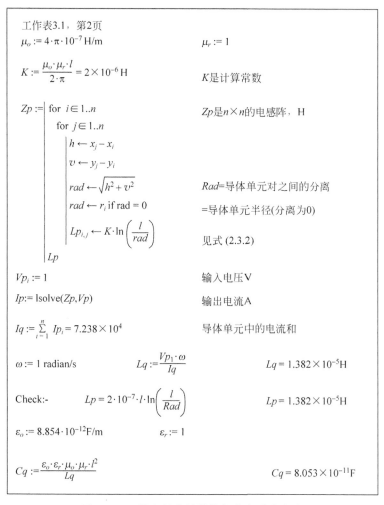

工作表3.1，第2页
$$\mu_o := 4 \cdot \pi \cdot 10^{-7} \text{ H/m} \qquad\qquad \mu_r := 1$$

$$K := \frac{\mu_o \cdot \mu_r \cdot l}{2 \cdot \pi} = 2 \times 10^{-6} \text{ H} \qquad\qquad K\text{是计算常数}$$

$$Zp := \quad \text{for } i \in 1..n \qquad\qquad\qquad Zp\text{是}n\times n\text{的电感阵，H}$$
$$\qquad\quad \text{for } j \in 1..n$$
$$\qquad\qquad h \leftarrow x_j - x_i$$
$$\qquad\qquad v \leftarrow y_j - y_i$$
$$\qquad\qquad rad \leftarrow \sqrt{h^2 + v^2} \qquad\qquad Rad\text{=导体单元对之间的分离}$$
$$\qquad\qquad rad \leftarrow r_i \text{ if } rad = 0 \qquad\qquad \text{=导体单元半径(分离为0)}$$
$$\qquad\qquad Lp_{i,j} \leftarrow K \cdot \ln\left(\frac{l}{rad}\right) \qquad\qquad \text{见式 (2.3.2)}$$
$$\qquad Lp$$

$$Vp_i := 1 \qquad\qquad\qquad\qquad\qquad \text{输入电压V}$$

$$Ip := \text{lsolve}(Zp, Vp) \qquad\qquad\qquad \text{输出电流A}$$

$$Iq := \sum_{i=1}^{n} Ip_i = 7.238 \times 10^4 \qquad\qquad \text{导体单元中的电流和}$$

$$\omega := 1 \text{ radian/s} \qquad Lq := \frac{Vp_1 \cdot \omega}{Iq} \qquad\qquad Lq = 1.382 \times 10^{-5}\text{H}$$

$$\text{Check:-} \qquad Lp = 2 \cdot 10^{-7} \cdot l \cdot \ln\left(\frac{l}{Rad}\right) \qquad Lp = 1.382 \times 10^{-5}\text{H}$$

$$\varepsilon_o := 8.854 \cdot 10^{-12}\text{F/m} \qquad\qquad \varepsilon_r := 1$$

$$Cq := \frac{\varepsilon_o \cdot \varepsilon_r \cdot \mu_o \cdot \mu_r \cdot l^2}{Lq} \qquad\qquad\qquad Cq = 8.053 \times 10^{-11}\text{F}$$

图 3.1.4 单个复合导体的部分电感和电容

最后，使用式(2.3.3)定义的电感和电容之间的关系计算部分电容的值。

3.2 复合导体对

元件导体阵列的概念可以扩展到对任何横截面的一对导体的建模。下面假设横截面为圆形。

图 3.2.1描述了一对复合导体的横截面，而图 3.2.2说明了原始电流如何与环路电流相关。在复合导体之间只有一个环路具有电压，其余环路电压全部为零。

按照2.7节的方法，第一步是建立复合导体的初始方程组，使用向量表示法：

$$VP = ZP \cdot IP \qquad\qquad (3.2.1)$$

假设复合导体 1 有 $n1$ 个元素导体，复合导体 2

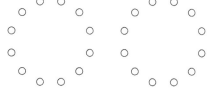

图 3.2.1 复合对的横截面

有 $n2$ 个元素导体,电压源在环路 $n1$。总的导体数量是 N,即:

$$N = n1 + n2 \tag{3.2.2}$$

式(2.7.7)清晰地定义了初始阻抗和环路阻抗的关系,环路阻抗的一般性公式为:

$$Zl_{i,j} = Zp_{i,j} - Zp_{i,j+1} - Zp_{i+1,j} + Zp_{i+1,j+1} \tag{3.2.3}$$

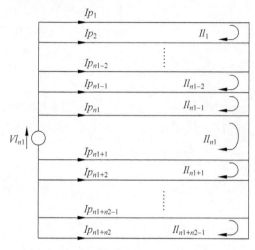

图 3.2.2　初始电流和环电流

利用这个关系,可以创建一个环路阻抗 $\boldsymbol{Zl}$ 的矩阵。由此,可以得到环路方程,其向量形式为:

$$\boldsymbol{Vl} = \boldsymbol{Zl} \cdot \boldsymbol{Il} \tag{3.2.4}$$

从图 3.2.2 可以清晰地看到,向量 $\boldsymbol{Vl}$ 和 $\boldsymbol{Il}$ 的元素个数是 $N-1$。

每个环路电压为:

$$Vl_i = 1, \quad i = n1$$
$$Vl_i = 0, \quad i \neq n1 \tag{3.2.5}$$

由于已经为环路方程定义了所有电压和阻抗,因此可以确定环路电流。Mathcad 中的相关函数是:

$$\boldsymbol{Il} = \text{lsolve}(\boldsymbol{Zl}, \boldsymbol{Vl}) \tag{3.2.6}$$

一旦计算出环路电流值,初始电流值的计算就是一个较为简单的问题,可以从图 3.2.2 中得到。

$$Ip_1 = Il_1$$
$$Ip_i = Il_i, \qquad 对于 i = 2 \sim N-1$$
$$Ip_N = -Il_{N-1} \tag{3.2.7}$$

现在,就可以计算每一个元素导体的电压分量。

$$v_{i,j} = Zp_{i,j} \cdot Ip_j \tag{3.2.8}$$

如果以表格形式列出变量,则结果将是 $N \times N$ 值的数组。由于只有两个复合导体,所以目标是将其减少到 2×2 的阵列。这可以通过将阵列分成四个部分来完成,每个部分代表复合导体中电流的贡献。图 3.2.3 为所得子矩阵的图片,由于复合材料 1 中有 $n1$ 个单元导体。因此,这些导体中的电流对复合材料 1 所经受的电压的贡献的平均值为:

$$
\begin{array}{|ccc|ccc|}
\hline
v_{1,1} & & v_{1,n1} & v_{1,n1+1} & & v_{1,N} \\
& & & & & \\
v_{n1,1} & & v_{n1,n1} & v_{1,n1+1} & & v_{1,N} \\
\hline
v_{n1+1,1} & & v_{n1+1,n1} & v_{n1+1,n1+1} & & v_{n1+1,N} \\
& & & & & \\
v_{N,1} & & v_{N,n1} & v_{N,n1+1} & & v_{N,N} \\
\hline
\end{array}
$$

图 3.2.3　把电压矩阵划分为四个子矩阵

$$vq_{1,1} = \frac{1}{n1} \cdot \sum_{i=1}^{n1}\sum_{j=1}^{n1} v_{i,j} \qquad (3.2.9)$$

类似的理论可以运用到图 3.2.2 的其他三个区域,可以得到:

$$vq_{1,2} = \frac{1}{n1} \cdot \sum_{i=1}^{n1}\sum_{j=n1+1}^{n1+n2} v_{i,j} \qquad (3.2.10)$$

$$vq_{2,1} = \frac{1}{n2} \cdot \sum_{i=n1+1}^{n1+n2}\sum_{j=1}^{n1} v_{i,j} \qquad (3.2.11)$$

$$vq_{2,2} = \frac{1}{n2} \cdot \sum_{i=n1+1}^{n1+n2}\sum_{j=n1+1}^{n1+n2} v_{i,j} \qquad (3.2.12)$$

计算每个导体中的电流平均值为:

$$Iq_1 = \sum_{i=1}^{n1} Ip_i \qquad (3.2.13)$$

$$Iq_2 = \sum_{i=n1+1}^{n1+n2} Ip_i \qquad (3.2.14)$$

四个电压分量以如图 3.2.4 所示的阵列形式表现出来。这里:

$vq_{1,1}$ 是由 Iq_1 产生的复合导体 1 中的电压。
$vq_{1,2}$ 是由 Iq_2 产生的复合导体 1 中的电压。
$vq_{2,1}$ 是由 Iq_3 产生的复合导体 2 中的电压。
$vq_{2,2}$ 是由 Iq_4 产生的复合导体 2 中的电压。

部分阻抗值可以通过下式得到:

$$Zq_{h,k} = \frac{vq_{h,k}}{iq_k} \qquad (3.2.15)$$

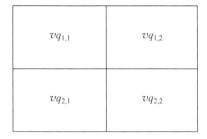

图 3.2.4　图 3.2.3 的电压分量

整数 h、k 定义两个复合导体。

现在,方程的数量从 N 减少到 2:

$$Vq_1 = Zq_{1,1} \cdot Iq_1 + Zq_{1,2} \cdot Iq_2$$
$$Vq_2 = Zq_{2,1} \cdot Iq_1 + Zq_{2,2} \cdot Iq_2 \qquad (3.2.16)$$

将上式与式(2.4.1)或式(2.4.7)对比可以得出,参数 Vq、Iq、Zq 可以作为初始值处理。3.1 节已经表明,可以通过调用描述相关参数的"偏微分"项来区别元素导体和复合导体的性质。因此,式(3.2.16)可以表示为复合导体对的偏微分方程。

假设阻抗 $Zq_{i,j}$ 会受到电感的影响,式(2.5.4)的关系就可以用来计算每个导体的环路电感。

$$Zc_1 = j \cdot \omega \cdot Lc_1 = j \cdot \omega \cdot (Lq_{1,1} - Lq_{1,2})$$
$$Zc_2 = j \cdot \omega \cdot Lc_2 = j \cdot \omega \cdot (Lq_{2,2} - Lq_{2,1})$$

因此,

$$Lc_1 = Lq_{1,1} - Lq_{1,2}$$
$$Lc_2 = Lq_{2,2} - Lq_{2,1}$$

$$(3.2.17)$$

总的来说,上面的方法建立了每个元素导体的初始参数和复合导体对的电路的电感值之间的关系。

由于基本导体的基本参数可以与半径和长度的参数相关,因此,可以从组件结构的知识中导出电感分量。通过调用 2.3 节中描述的电感和电容之间的对偶性,可以得到电路电容。图 3.2.5~图 3.2.7 为从这组方程导出的三页工作表,这里假设导体直径为 2mm,中心间隔 4mm,电缆长度为 1m。

图 3.2.5 为第一页工作表的内容,主要是元素导体的坐标。

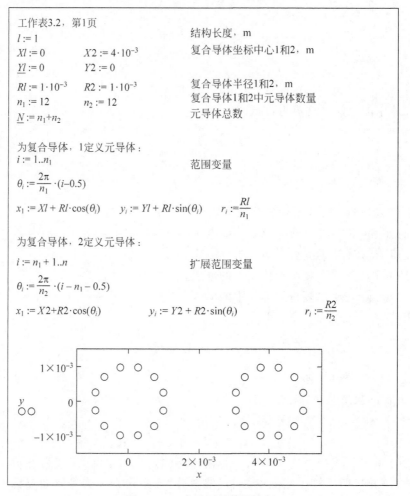

图 3.2.5　获取元导体的坐标

图 3.2.6 为第二页工作表的内容,主要是计算每一个元素导体中的电流值。

$$\mu_o := 4\cdot\pi\cdot10^{-7}\text{H/m} \qquad \mu_r := 1 \qquad \underline{K} := \frac{\mu_o\cdot\mu_r\cdot l}{2\cdot\pi} = 2\times10^{-7}\text{H}$$

工作表3.2, 第2页

$$Zp := \begin{array}{|l} \text{for } i\in1..N \\ \quad \text{for } j\in1..N \\ \qquad \begin{array}{|l} h \leftarrow x_j - x_i \\ v \leftarrow y_j - y_i \\ rad \leftarrow \sqrt{h^2+v^2} \\ rad \leftarrow r_i \text{ if } rad=0 \\ Lp_{i,j} \leftarrow K\cdot\ln\left(\dfrac{l}{rad}\right) \end{array} \\ \quad Lp \end{array}$$ 见图3.1.4

$$Zloop := \begin{array}{|l} \text{for } i\in1..N-1 \\ \quad \text{for } j\in1..N-1 \\ \qquad Lloop_{i,j} \leftarrow Zp_{i,j}-Zp_{i,j+1}-Zp_{i+1,j}+Zp_{i+1,j+1} \\ \quad Lloop \end{array}$$ 见式(3.2.3)

$$Vloop := \begin{array}{|l} \text{for } i\in1..N-1 \\ \quad \begin{array}{|l} V_i \leftarrow 0 \\ V_i \leftarrow 1 \text{ if } i=n_1 \end{array} \\ \quad V \end{array}$$ 见式(3.2.5)

$$Iloop = \text{lsolve}(Zloop, Vloop)$$ 见式(3.2.6)

$$Ip := \begin{array}{|l} I_1 \leftarrow Iloop_1 \\ \text{for } i\in2..N-1 \\ \quad I_i \leftarrow Iloop_i - Iloop_{i-1} \\ I_N \leftarrow -Iloop_{N-1} \\ I \end{array}$$ 见式(3.2.7)

图 3.2.6　计算元导体中的电流

图 3.2.7 为第三页工作表的内容,主要是处理电路模型得到的元件的值。

输出计算的中间值结果是非常有用的。如果程序中有任何错误,那么结果将变得难以置信。例如,向量 **Iq** 中的电流总和应始终为零。

电压向量 **Vq** 表明输入电压平均地分配在两导体之间。因为两导体的定义是一样的,所以,直觉上是正确的。由于 Iq_2 是负的,所以 Vq_2 也是负的。图 3.2.8 是一个电路模型,它有效地总结了计算结果。

可以通过将其与电磁理论教科书[3.1]中得出的结果进行比较来检查这一结果。图 3.2.9 是 Mathcad 工作表中最后三个步骤的副本,小数点后三位的事实为该方法提供了较高的置信度。环路电容值是要计算的最后一个参数,表明前面的所有结果也是正确的。

然而,值得牢记的是,相对介电参数和相对磁导率均被认为是统一的,最好的方式是通过电磁测试去确认组件值。另外,这些参数的估计值可以在程序开始处进行定义。

工作表3.2，第3页

$$Start := \begin{pmatrix} 1 \\ n_1+1 \end{pmatrix} \qquad End := \begin{pmatrix} n_1 \\ n_1+n_2 \end{pmatrix}$$

见图3.2.3

$$h := 1..2 \qquad k := 1..2$$

子阵的指针

$$vq_{h,k} := \begin{vmatrix} v \leftarrow 0 \\ \text{for } i \in Start_h..End_h \\ \quad \text{for } j \in Start_k..End_k \\ \qquad v \leftarrow v + Zp_{i,j} \cdot Ip_j \\ \dfrac{v}{n_h} \end{vmatrix}$$

见式(3.2.8)和式(3.2.12)

$$vq = \begin{pmatrix} 2.622 & -2.122 \\ 2.122 & -2.622 \end{pmatrix} \qquad V$$

$$vq_h := \begin{vmatrix} v \leftarrow 0 \\ \text{for } k \in 1..2 \\ \quad v \leftarrow v + vq_{h,k} \\ v \end{vmatrix}$$

查看沿导体的电压

$$Vq = \begin{pmatrix} 0.5 \\ -0.5 \end{pmatrix} \qquad V$$

$$Iq_h := \begin{vmatrix} I \leftarrow 0 \\ \text{for } i \in Start_h..End_h \\ \quad I \leftarrow I + Ip_i \\ I \end{vmatrix}$$

见式(3.2.13)和式(3.2.14)

$$Iq = \begin{pmatrix} 1.898 \times 10^6 \\ -1.898 \times 10^6 \end{pmatrix} \qquad A$$

$$Lq_{h,k} := \frac{vq_{h,k}}{Iq_k}$$

见式(3.2.15)

$$Lq = \begin{pmatrix} 1.382 \times 10^{-6} & 1.118 \times 10^{-6} \\ 1.118 \times 10^{-6} & 1.382 \times 10^{-6} \end{pmatrix}$$

$$Lc_1 := Lq_{1,1} - Lq_{1,2}$$
$$Lc_2 := Lq_{2,2} - Lq_{2,1}$$

见式(2.5.4)

$$\frac{Lc}{2} = \begin{pmatrix} 1.317 \times 10^{-7} \\ 1.317 \times 10^{-7} \end{pmatrix} \qquad H$$

$$\varepsilon_o := 8.854 \times 10^{-12} \qquad \varepsilon_r := 1$$

$$Cc := \frac{\mu_o \cdot \mu_r \cdot \varepsilon_o \cdot \varepsilon_r \cdot l^2}{Lc}$$

见式(2.3.3)

$$Cc = \begin{pmatrix} 4.224 \times 10^{-11} \\ 4.224 \times 10^{-11} \end{pmatrix} \qquad F$$

图 3.2.7　计算复合导体的电路器件

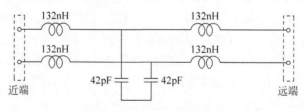

图 3.2.8　组合对的电路模型

一个值得注意的特征是导体中的电流分布，如图 3.2.10 的气泡图所示。每个圆的直径与该导体中的电流幅度成比例。假设左侧导体中的电流向下流入页面，而右侧导体中的电流假定向上流出页面。

工作表3.2，第4页

$$Cloop := \frac{Cc_1 \cdot Cc_2}{Cc_1 + Cc_2}$$　　　　　$Cloop = 2.112 \times 10^{-11}$

$$b := \frac{X2}{2}$$　　　　$r := R1$　　　　电磁概念和应用

$$Ctheory := \frac{\pi \cdot \varepsilon_o \cdot \varepsilon_r \cdot l}{\ln\left(\dfrac{b + \sqrt{b^2 - r^2}}{r}\right)}$$　　柱状导体间电容

　　　　　　　　　　　　　　　　$Ctheory = 2.112 \times 10^{-11}$

图 3.2.9　与教科书的结果对比

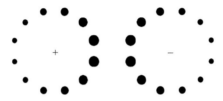

图 3.2.10　复合对的电流分布气泡图

　　图 3.2.6 显示电流集中在两个相对的表面上。这种不对称分布意味着导体电阻的频率可能会比 2.5 节中的预测增加得更快。然而，测试表明，通过假设稳态电阻值略高于式(2.5.11)，并保留使用式(2.5.15)，可以满足这一方面的响应。

　　假定两个导体在远端是孤立的，该图为导体上的电荷分布，左手边导体假定是正电荷，右手边导体假定是负电荷。

3.3　屏蔽对

　　为了正确利用复合导体进行电磁兼容分析，模型中的导体数量需要三个。因此，有必要建立一个双导体模型，以获得组件的值，包括三个复合导体组件的值。由于屏蔽对是一个广泛使用的概念，因此在这里对它进行仿真。所选择的用于模拟的特定电缆，其导体直径为 0.8mm，空间间隔为 1.2mm，由 3mm 直径的屏蔽层所包围。假定电缆的长度为 10m。

　　图 3.3.1 是四页工作表第一页的副本。它说明了用于定义导体坐标的计算。这只是图 3.2.5 工作表所示过程的一小部分。定义了三个导体，而不是两个。这里，屏幕被定义为复合导体 1，而信号和返回导体标识为导体 2 和导体 3。

　　为了分析共模导体电流，假设所有导体在远端是短接的，信号和环路导体在近端是短接的，1V 的正弦电压源施加在近端的屏蔽层和信号导体之间。我们的目标是计算三个电感参数，并用它们去计算电容值。

　　工作表的第二页是计算每个元素导体中的电流。因为这一页与图 3.3.2 一样，因此就不给出图的详细信息了。

　　一旦定义了元素导体中的电流，下一阶段就是计算复合导体中的电压和电流值，这套程

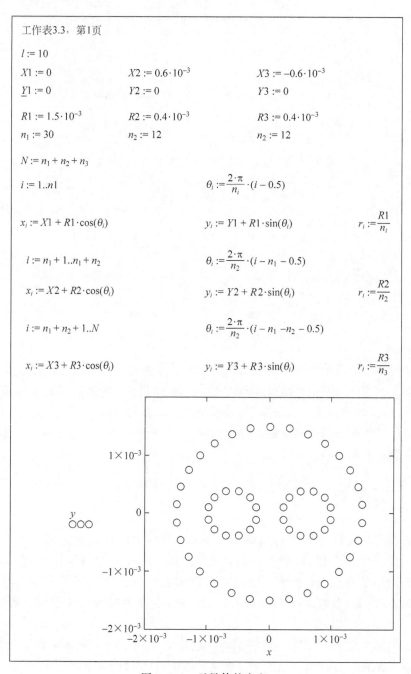

工作表3.3，第1页

$l := 10$

$X1 := 0$ $X2 := 0.6 \cdot 10^{-3}$ $X3 := -0.6 \cdot 10^{-3}$

$Y1 := 0$ $Y2 := 0$ $Y3 := 0$

$R1 := 1.5 \cdot 10^{-3}$ $R2 := 0.4 \cdot 10^{-3}$ $R3 := 0.4 \cdot 10^{-3}$

$n_1 := 30$ $n_2 := 12$ $n_2 := 12$

$N := n_1 + n_2 + n_3$

$i := 1..n1$ $\theta_i := \dfrac{2 \cdot \pi}{n_i} \cdot (i - 0.5)$

$x_i := X1 + R1 \cdot \cos(\theta_i)$ $y_i := Y1 + R1 \cdot \sin(\theta_i)$ $r_i := \dfrac{R1}{n_i}$

$i := n_1 + 1..n_1 + n_2$ $\theta_i := \dfrac{2 \cdot \pi}{n_2} \cdot (i - n_1 - 0.5)$

$x_i := X2 + R2 \cdot \cos(\theta_i)$ $y_i := Y2 + R2 \cdot \sin(\theta_i)$ $r_i := \dfrac{R2}{n_2}$

$i := n_1 + n_2 + 1..N$ $\theta_i := \dfrac{2 \cdot \pi}{n_2} \cdot (i - n_1 - n_2 - 0.5)$

$x_i := X3 + R3 \cdot \cos(\theta_i)$ $y_i := Y3 + R3 \cdot \sin(\theta_i)$ $r_i := \dfrac{R3}{n_3}$

图 3.3.1 　元导体的定义

序在图 3.3.2 中予以说明。这个过程类似于图 3.2.7 的过程，主要的不同是复合导体的数量由 2 变为 3。有两组中间结果值得关注：局部电压向量 **Vq** 和局部电流向量 **Iq**。

    Vq1 的值说明了屏蔽层中诱导电压总和为 0。并且内部生成的电磁场都在屏蔽范围内。

    三个导体中电流的净效应是平衡屏幕中感应的电压。对外部电路来说，屏蔽层处于零电压。屏蔽层的特点与同轴电缆的外导体完全相同。

工作表3.3，第3页　　　　　　　　工作表3.3，第2页与图3.2.6一致

$$n := \begin{pmatrix} 30 \\ 12 \\ 12 \end{pmatrix}$$ 　　　　　　　　每个复合导体中导体单元的数量

$$Start := \begin{pmatrix} 1 \\ n_1+1 \\ n_1+n_2+1 \end{pmatrix} \qquad End := \begin{pmatrix} n_1 \\ n_1+n_2 \\ N \end{pmatrix}$$ 　　9个子矩阵的指针

$h := 1..3 \qquad k := 1..3$ 　　　　　　　　范围变量

$$vq_{h,k} := \begin{vmatrix} v \leftarrow 0 \\ \text{for } i \in Start_h..End_h \\ \quad \text{for } j \in Start_k..End_k \\ \qquad v \leftarrow v + Zp_{i,j} \cdot Ip_j \\ \dfrac{v}{n_h} \end{vmatrix}$$

子矩阵的电压分量

$$vq = \begin{pmatrix} 12.667 & -6.334 & -6.334 \\ 12.694 & -7.284 & -6.41 \\ 12.694 & -6.41 & -7.284 \end{pmatrix}$$

$$vq_h := \begin{vmatrix} v \leftarrow 0 \\ \text{for } k \in 1..3 \\ \quad v \leftarrow v + vq_{h,k} \\ v \end{vmatrix}$$

复合导体上的电压

$$Vq = \begin{pmatrix} -5.874 \times 10^{-8} \\ -1 \\ -1 \end{pmatrix}$$

$$Iq_h := \begin{vmatrix} I \leftarrow 0 \\ \text{for } i \in Start_h..End_h \\ \quad I \leftarrow I + Ip_i \\ I \end{vmatrix}$$

复合导体上的电流

$$Iq = \begin{pmatrix} 7.193 \times 10^5 \\ -3.597 \times 10^5 \\ -3.597 \times 10^5 \end{pmatrix}$$

$Itotal := Iq_1 + Iq_2 + Iq_3 = 0$ 　　　　　　导体上的电流和

图 3.3.2　计算复合导体汇总电压和电流的值

　　因为三个导体短接在一起,源电压设置为1V。因此,导体 2 和导体 3 上的电压均为 1V。由于电流 Iq_1 和 Iq_2 都是负的,所以符号是负的。

　　一个重要的检测步骤是对所有复合导体中部分电流求和,如果电流和不为 0,那么后续的计算都不具有任何意义。环路电流在导体 2 和导体 3 之间是分离的,所以这是一种有效的检测方法。

　　图 3.3.3 是工作表中的最终计算结果。部分电感值是由电压电流得到的,这些电感值可以用来创建一个环路电感矩阵。对于这个特殊的横截面,电感环路矩阵是对称的,所以进行最后两个阶段是没有问题的,即电感和电容值的确定。部分电感值将用在电路模型中以得出这些值,由此可导出如图 3.3.4 所示的模型。

　　剩下唯一需要定义的参数是电阻,它可以通过一般的测试设备测量得到,或者通过调用式(2.5.11)得到。

工作表3.3，第4页

$$Lq_{h,k} := \frac{vq_{h,k}}{Iq_k}$$

从电压和电流数据获得初始
电感值，见式(3.2.15)

$$Lq = \begin{pmatrix} 1.761\times10^{-5} & 1.761\times10^{-5} & 1.761\times10^{-5} \\ 1.765\times10^{-5} & 2.025\times10^{-5} & 1.782\times10^{-5} \\ 1.765\times10^{-5} & 1.782\times10^{-5} & 2.025\times10^{-5} \end{pmatrix}$$

从三导体结构获得环路电感，
见式(3.2.3)

$$L\_loop := \begin{vmatrix} \text{for } h\in 1..2 \\ \quad \text{for } k\in 1..2 \\ \quad\quad L_{h,k} \leftarrow Lq_{h,k} - Lq_{h,k+1} - Lq_{h+1,k} + Lq_{h+1,k+1} \\ L \end{vmatrix}$$

$$L\_loop := \begin{pmatrix} 2.606\times10^{-6} & -2.432\times10^{-6} \\ -2.432\times10^{-6} & 4.864\times10^{-6} \end{pmatrix}$$

$Lc_1 := L\_loop_{1,1} + L\_loop_{1,2}$

$Lc_2 := -L\_loop_{1,2}$

$Lc_3 := L\_loop_{2,2} + L\_loop_{1,1}$

从三导体结构获得电路电感，
见式(2.7.10)

$$\frac{Lc}{2} = \begin{pmatrix} 8.711\times10^{-8} \\ 1.216\times10^{-6} \\ 1.216\times10^{-6} \end{pmatrix} \ \text{H}$$

$\varepsilon_o := 8.854\times10^{-12}\text{F/m}$

$\varepsilon_r := 1$

$$Cc := \frac{\mu_o\cdot\mu_r\cdot\varepsilon_o\cdot\varepsilon_r\cdot l^2}{Lc}$$

获得电容值，见式(2.3.3)

$$Cc = \begin{pmatrix} 6.386\times10^{-9} \\ 4.575\times10^{-10} \\ 4.575\times10^{-10} \end{pmatrix} \ \text{F}$$

图 3.3.3　计算电路元件的值

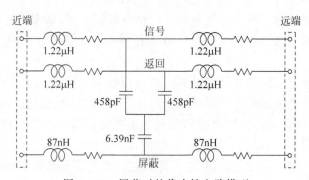

图 3.3.4　屏蔽对的代表性电路模型

如果电缆组件的横截面是不对称的,则环路矩阵也将是不对称的,从而导致电路模型的构建难题。由于电路理论的性质,从网格方程得到的阻抗矩阵总是对称的。在环路阻抗的非对称矩阵和电路阻抗的对称矩阵之间实现一对一的相关是不可能的。这并不排除电路模型的产生,但它确实意味着易感性和发射的模型会有所不同。

计算合理性检查的一种有效方式是绘制一幅导体组件电流分布的泡泡图。这基本与图 3.3.1 阐述的横截面一样,但是每个位置的半径都与电流幅度成比例,而不是实际上的半径。

图 3.3.5 为所得结果的详细细节。假设外部屏蔽层中的电流流出页面,而内导体中的电流流入页面。由于信号和返回导体在每一端都短接在一起,所以出现的图像为共模电流分布的图像。与图 3.2.10 相反,电流集中在线对的外表面上。

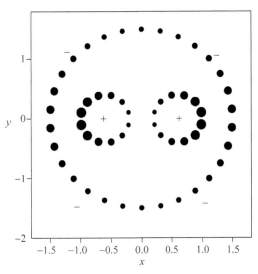

图 3.3.5 屏蔽对的电流分布气泡图

第4章

传输线模型

它通常需要拓展模型的频率，使之远大于集总元件模型十分之一波长的限制。这个目标可以通过使用传输线理论来完成。这个需要以 Ω/m、F/m、H/m、S/m 的形式来定义电路元件。

使用这种方法，传输线理论推出了关于传输线发送端和远端的电压和电流的一对混合方程。

虽然一些电磁理论书籍得到了方程式[4.1]，但很多都没有。附录 C 给出了相关过程。

在 4.1 节，假定 T-网络电路模型可以替代混合方程的关系。通过这个模型，可以得到一对环路方程。假定两组方程的电压和电流之间存在一对一的关系。这可以导出一些关于 T-网络模型阻抗的公式。基于前面的假设，R、L、C 沿线缆分布，这些阻抗就为分布参数。

因为电路模型定义了长度线缆，支路的阻抗就可以以集总参数的形式定义，也就是说，电容、电阻、电感、频率在电路理论的教科书中均有使用。我们可以建立分布参数和集总参数模型元件之间一对一的联系。分布参数模型通过图 4.1.2 定义，它们之间的关系可通过式(4.2.1)、式(4.2.2)定义。这个关系集合的关键性质是减少了电路设计者使用单位长度参数的需求。

这里仍有基本的限制。公式假定了相邻导体之间的作用与反作用是瞬时的。电磁波需要一段有限的时间来跨越这些导体之间的间隙。4.1 节介绍了一种减少模型最大可用频率的方法。

4.2 节将这个模型扩展为三个导体的传输线模型，每个导体用 T-网络代替。虽然每个支路的阻抗值不是简单的电感、电容、电阻的函数，但是依靠电路理论仍可以分析其参数模型（这意味着可以开发 SPICE 软件来处理这个方法）。

在 4.3 节中，一个 Mathcad 程序可以模拟地上两个导体之间的耦合。这里有三个限制条件：测试的远端是开路，或短路，并与负载特征阻抗匹配。在比较接地结构和悬浮结构的频率响应特性时，结果图非常有用。

4.4 节说明了电路模型如何运用在导体组的敏感性测试中。

4.1　S-T 模型

如图 2.6.1 所示的双 T 模型可以简化成如图 4.1.1 所示的 T-网络模型。组件值为：

$$Rc = Rc_1 + Rc_2 \tag{4.1.1}$$

$$Lc = Lc_1 + Lc_2 \tag{4.1.2}$$

$$Cc = \frac{Cc_1 \cdot Cc_2}{Cc_1 + Cc_2} \tag{4.1.3}$$

这里 Lc_1 和 Lc_2 由式(2.5.5)定义，Cc_1 和 Cc_2 由式(2.5.8)定义。

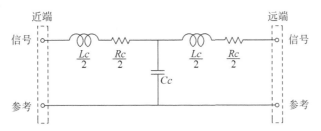

图 4.1.1　基于集总参数的单 T 模型

　　对模型的这种简化并不意味着近端和远端的参考端子处于相同的电压。它只是减少了数学必须处理的参数数量。

　　可以通过串联连接大量这样的模型来模拟双导体传输线。但有一种更好的方法，可以使用分布式参数构建模型，如图 4.1.2 所示。

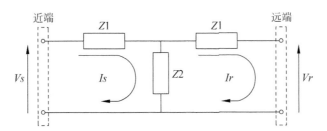

图 4.1.2　基于分布参数的单 T 模型

这里，Vs 和 Is 是发送端电流，Vr 和 Ir 是接收端电压和电流。

附录 C 说明了如何从基本概念推导出一对与这四个参数相关的混合方程：

$$Vs = Vr \cdot \cosh(\gamma \cdot l) + Zo \cdot Ir \cdot \sinh(\gamma \cdot l) \tag{4.1.4}$$

$$Is = \frac{Vr}{Zo} \cdot \sinh(\gamma \cdot l) + Ir \cdot \cosh(\gamma \cdot l) \tag{4.1.5}$$

　　每个接口的电路可以是从短路到开路的任何电路，它可以是电阻式、电容式、电感式或三者的任意组合。它也可以是另一条传输线。附录 C 非常值得一读，因为它详细地阐述了导体环路的相关等式。它假设不存在零伏表面。

　　传播参数 γ 是分布参数的函数，即阻抗每米、电感每米、电导每米、电容每米的函数：

$$\gamma = \sqrt{\left(\frac{Rc}{l} + \frac{j \cdot \omega \cdot Lc}{l}\right) \cdot \left(\frac{Gc}{l} + \frac{j \cdot \omega \cdot Cc}{l}\right)}$$

简化以后,可以得到:

$$\gamma = \frac{1}{l} \cdot \sqrt{(Rc + j \cdot \omega \cdot Lc) \cdot (Gc + j \cdot \omega \cdot Cc)} \qquad (4.1.6)$$

特征阻抗 Zo 也是分布参数的函数:

$$Zo = \sqrt{\frac{Rc + j \cdot \omega \cdot Lc}{l} \cdot \frac{l}{Gc + j \cdot \omega \cdot Cc}}$$

这也能被简化:

$$Zo = \sqrt{\frac{Rc + j \cdot \omega \cdot Lc}{Gc + j \cdot \omega \cdot Cc}} \qquad (4.1.7)$$

参数 Gc 为绝缘电导。也就是说,绝缘阻抗的逆。因为大多数线缆使用高质量的绝缘层,由此可以假定在 $Gc = 0$ 处。但是,这仅仅是一个初始假设。

电路理论给出了图 4.1.2 中电压和电流的关系:

$$Vs = (Z1 + Z2) \cdot Is - Z2 \cdot Ir \qquad (4.1.8)$$

$$Vr = Z2 \cdot Is - (Z1 + Z2) \cdot Ir \qquad (4.1.9)$$

变换式(4.1.9),可以得到:

$$Is = \frac{Vr}{Z2} + \left(1 + \frac{Z1}{Z2}\right) \cdot Ir \qquad (4.1.10)$$

将式(4.1.10)代入式(4.1.8),可以得到:

$$Vs = (Z1 + Z2) \cdot \left[\frac{Vr}{Z2} + \left(1 + \frac{Z1}{Z2}\right) \cdot Ir\right] - Z2 \cdot Ir$$

$$= \left(1 + \frac{Z1}{Z2}\right) \cdot Vr + \left[Z1 + Z2 + \frac{Z1^2}{Z2} + Z1 - Z2\right] \cdot Ir$$

进一步化简

$$Vs = \left(1 + \frac{Z1}{Z2}\right) \cdot Vr + Z1 \cdot \left(2 + \frac{Z1}{Z2}\right) \cdot Ir \qquad (4.1.11)$$

式(4.1.11)和式(4.1.10)构成了一对与式(4.1.4)、式(4.1.5)相关的方程组。

对比式(4.1.4)和式(4.1.11),可以得到:

$$1 + \frac{Z1}{Z2} = \cosh(\gamma \cdot l) \qquad (4.1.12)$$

和

$$Z1 \cdot \left(2 + \frac{Z1}{Z2}\right) = Zo \cdot \sinh(\gamma \cdot l) \qquad (4.1.13)$$

对比式(4.1.10)和式(4.1.5),可以得到:

$$\frac{1}{Z2} = \frac{1}{Zo} \cdot \sinh(\gamma \cdot l) \qquad (4.1.14)$$

重复式(4.1.12):

$$1 + \frac{Z1}{Z2} = \cosh(\gamma \cdot l)$$

为了使后续方程看起来没有上面那么繁杂,令:

$$\theta = \gamma \cdot l \qquad (4.1.15)$$

因为 θ 能有效描述传输线输入和输出信号的相位变化,且其随频率而变化。因此 θ 定义为相位变量。由式(4.1.12)和式(4.1.15)可得到:

$$\frac{Z1}{Z2}=\cosh\theta-1$$

代替式(4.1.13)中的 $\frac{Z1}{Z2}$ 可以得到:

$$Z1\cdot(1+\cosh\theta)=Zo\cdot\sinh\theta$$

经化简可得:

$$Z1=\frac{\sinh\theta}{1+\cosh\theta}\cdot Zo$$

使用半角公式:

$$Z1=\frac{2\cdot\sinh\frac{\theta}{2}\cdot\cosh\frac{\theta}{2}}{\cosh^2\left(\frac{\theta}{2}\right)+\sinh^2\left(\frac{\theta}{2}\right)+\cosh^2\left(\frac{\theta}{2}\right)-\sinh^2\left(\frac{\theta}{2}\right)}\cdot Zo$$

这经过化简可以得到:

$$Z1=Zo\cdot\tanh\left(\frac{\theta}{2}\right) \tag{4.1.16}$$

对式(4.1.14)化简可得:

$$Z2=Zo\cdot\mathrm{cosech}\theta \tag{4.1.17}$$

式(4.1.16)和式(4.1.17)将图4.1.2的 Z 参数与传输线的特征阻抗和相位变量联系起来。

最后,由式(4.1.16)和式(4.1.15),可以得到:

$$\theta=\sqrt{(Rc+j\cdot\omega\cdot Lc)\cdot(Gc+j\cdot\omega\cdot Cc)} \tag{4.1.18}$$

基于式(4.1.7)和式(4.1.18),可以计算得到 Zo 和 θ。然后可以在式(4.1.16)和式(4.1.17)中使用它们来获得图4.1.2中组件的值。这意味着图4.1.1的集总参数模型可以很容易地转换分布参数的模型。这个转化是:

$$\frac{1}{2}\cdot(Rc+j\cdot\omega\cdot Lc)\rightarrow Zo\cdot\tanh\left(\frac{\theta}{2}\right)$$
$$\frac{1}{(Gc+j\cdot\omega\cdot Cc)}\rightarrow Zo\cdot\mathrm{cosech}\theta \tag{4.1.19}$$

调用此变换,图4.1.2的电路模型可以模拟在混合方程有效的频段上的传输线响应。

特征阻抗 Zo 和传输线的长度没有关系。如果知道了 Rc、Lc、Gc、Cc 的值,相位变量 θ 也与传输线长度没有关系。变量 l 并没有在式(4.1.18)中出现。为了得到混合方程,必须使用分布参数的概念。但是,计算图4.1.2中模型的阻抗值,并不一定要使用分布参数的概念。

电磁波可以在有限时间内穿过导体间任何电缆形式的间隙。就像 SPICE 模型受限于组件的电磁长度,分布参数模型受限于相邻导体的间隔半径。可以推断,如果 $rmax$ 是待检测组件横截面中两个导体中心间距的最大值,那么分布参数模型上的最大频率用 $fmax$ 来表示,有:

$$fmax = \frac{vmin}{10 \cdot rmax} \tag{4.1.20}$$

$vmin$ 是电磁波在绝缘且具有高相对介电参数的介质中的传播速度。

也就是说,如果传播速度是 $200\mathrm{m/\mu s}$,导体之间的最大间隔是 $10\mathrm{mm}$,分布参数模型的最大频率是 $2\mathrm{GHz}$。

理论上,如果使用分布参数,这里对建模的线缆没有长度的限制。假定线缆的横截面是恒定的,那么导体的长度是一致的。

4.2 三 T 模型

下一步是为三导体传输线建立一个分布参数模型。图 4.2.1 为起始点;集总参数模型在 2.7 节中介绍过。

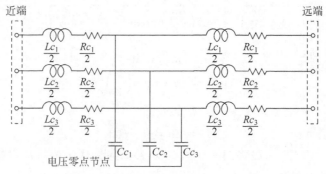

图 4.2.1 基于集总参数的三 T-网络

用 4.1 节中的 T-网络代替每个导体,将得到图 4.2.2。两个模型元件之间的关系如下。

$$Zo_i = \sqrt{\frac{Rc_i + j \cdot \omega \cdot Lc_i}{Gc_i + j \cdot \omega \cdot Cc_i}} \tag{4.2.1}$$

$$\theta_i = \sqrt{(Rc_i + j \cdot \omega \cdot Lc_i) \cdot (Gc_i + j \cdot \omega \cdot Cc_i)} \tag{4.2.2}$$

$$Z_{1,i} = Zo_i \cdot \tanh\left(\frac{\theta_i}{2}\right) \tag{4.2.3}$$

$$Z_{2,i} = Zo \cdot \mathrm{cosech}(\theta_i) \tag{4.2.4}$$

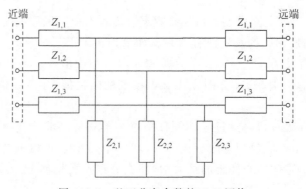

图 4.2.2 基于分布参数的三 T-网络

这四个方程组合起来,由 R、L、C、G 的系列值计算出 Z 参数对的值。指数可以用来获得参数和导体之间的关系。

根据上面的定义,计算的结果将是一个 $2×3$ 的矩阵,第一行用于存储图 4.2.2 中水平支路的相关值,第二行存储垂直支路的相关值。每一列都与一个导体关联。电导参数 G_i 包括在公式里面,用来模拟绝缘层中的损耗。可以做一个初始假设,所有的电导值均为 0。

三 T 模型的一个特点是仅包括电缆组件的元件。在任何模拟前,电缆测试端的元件必须包括在内,也是可能的。这导出了如图 4.2.3 所示的完整模型。

近端的单位阻抗被定义为 Zn_i,远端的单位阻抗被定义为 Zf_i。

可以建立四个独立的循环。定义每个环路中的电流,以及所有可能的电压源。假设导体 1 和导体 2 承载差模信号电流。因此,电压源 V_1 和 V_3 位于设备单元内。电压源 V_2 和 V_4 表示共模环路中可能的干扰源。

图 4.2.3 中环路模型的四个环路方程为:

$$V_1 = Z11 \cdot I_1 + Z12 \cdot I_2 + Z13 \cdot I_3 + Z14 \cdot I_4$$
$$V_2 = Z12 \cdot I_1 + Z22 \cdot I_2 + Z23 \cdot I_3 + Z24 \cdot I_4$$
$$V_3 = Z13 \cdot I_1 + Z23 \cdot I_2 + Z33 \cdot I_3 + Z34 \cdot I_4 \qquad (4.2.5)$$
$$V_4 = Z14 \cdot I_1 + Z24 \cdot I_2 + Z34 \cdot I_3 + Z44 \cdot I_4$$

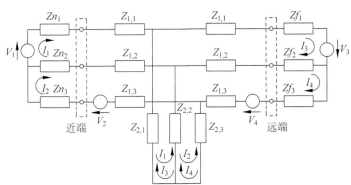

图 4.2.3　基于集总参数和分布参数的全电路模型

环路阻抗是:

$$Z11 = Zn_1 + Z_{1,1} + Z_{2,1} + Z_{2,2} + Z_{1,2} + Zn_2$$
$$Z12 = -(Z_{1,2} + Z_{2,2} + Zn_2)$$
$$Z13 = -(Z_{2,1} + Z_{2,2})$$
$$Z14 = Z_{2,2}$$
$$Z22 = Zn_2 + Z_{1,2} + Z_{2,2} + Z_{2,3} + Z_{1,3} + Zn_3$$
$$Z23 = Z_{2,2} \qquad (4.2.6)$$
$$Z24 = -(Z_{2,2} + Z_{2,3})$$
$$Z33 = Zf_2 + Z_{1,2} + Z_{2,2} + Z_{2,1} + Z_{1,1} + Zf_1$$
$$Z34 = -(Z_{1,2} + Z_{2,2} + Zf_2)$$
$$Z44 = Zf_3 + Z_{1,3} + Z_{2,3} + Z_{2,2} + Z_{1,2} + Zf_2$$

环路阻抗可以通过观察图 4.2.3 获得。例如，$Z11$ 是运载电流 I_1 环路的阻抗值之和，$Z34$ 是运载电流 I_3 和 I_4 环路阻抗值的总和。负号表明两电流的流向相反。

式(4.2.1)~式(4.2.6)为传统电路元件和环路阻抗阵列之间的可追踪关系。如果定义了所有元件值，并且定义了所有源电压，则可以使用向量代数来导出所有电流。

在任何特定频点，计算任何两点间电压或元件之间电流就变得较为重要。

由于集总参数和分布参数网络的分支之间存在一对一的相关性，因此，可以根据集总参数定义电路模型，使用式(4.2.6)的环路阻抗对其进行分析。这就是图 4.2.4 的通用电路模型，完全可以用检查设备的接口电路的组件替换近端和远端的电路。

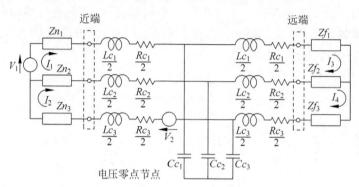

图 4.2.4 三导体信号链路的通用模型

在该模型中，三 T-网络的组件值可以由电缆和结构的几何数据导出，而电缆的近端和远端的接口电路的组件值由设计师给定。

通过对实际组件进行电气测试，还可以为模型的所有组件分配值。第 7 章描述了如何做到这一点。

4.3 交叉耦合

现在有足够的分析工具可以对各种系统内干扰问题进行初步评估。也许最简单的过程在于分析接地平面上两个导体之间的交叉耦合。

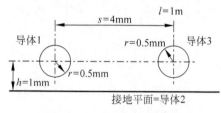

图 4.3.1 地面上的双导体

图 4.3.1 为分析模型。假设导体的直径均为 1mm，并且每个导体在平面上方间隔 1mm。它们之间的间距设定为 4mm，组件的长度假定为 1m。

图 4.3.2 列出了确定电路模型元件值所涉及的计算。它是四页 Mathcad 工作表的第一页副本，第一行记录了派生中涉及的物理参数的值：透气性、介电参数和光速。假设相对介电参数和磁导率的值都是一致的，另一个物理参数是 ρ，即铜的电阻率。

工作表的第二行定义了组态的空间参数值，与图 2.11.1 的参数有关。

使用式(2.5.11)确定两个圆形截面导体的稳态电阻值 Rss。将 5mW 的猜测值分配给接地平面。在一定频率上，趋肤效应将导致导体的电阻增加。使用式(2.5.14)确定交叉频率 Fx，并且 Rc 和 f 之间的关系由式(2.5.15)定义。

工作表4.3，第1页

$\mu_o := 4\pi \cdot 10^{-7}$H/m $\qquad \varepsilon_o := 8.854 \cdot 10^{-12}$F/m $\qquad c_o := 2.998 \cdot 10^8$m/s

$\rho := 1.7 \cdot 10^{-8}\Omega$m $\qquad l := 1$m $\qquad h := 1 \cdot 10^{-3}$m

$s := 4 \cdot 10^{-3}$m $\qquad r := 0.5 \cdot 10^{-3}$m $\qquad$ 见图4.3.1

$Rss_1 := \dfrac{\rho \cdot l}{\pi \cdot r^2}$ $\qquad Rss_3 := Rss_1$ $\qquad Rss_2 := 0.005\Omega$ $\qquad$ 见式(2.5.11)

$Fx := \dfrac{4 \cdot \rho}{\mu_o \cdot \pi \cdot r^2} = 6.89 \times 10^4$Hz $\qquad$ 见式(2.5.14)

$Lc_1 := \dfrac{\mu_o \cdot l}{2 \cdot \pi} \cdot \ln\left(\dfrac{2 \cdot h \cdot s}{r \cdot \sqrt{s^2 + 4 \cdot h^2}}\right)$ H

$Lc_2 := \dfrac{\mu_o \cdot l}{2 \cdot \pi} \cdot \ln\left(\dfrac{\sqrt{s^2 + 4 \cdot h^2}}{s}\right)$ H $\qquad$ 见式(2.11.3)

$Lc_3 := Lc_1$

$Cc := \dfrac{1}{Lc} \cdot \left(\dfrac{l}{c}\right)^2$ F $\qquad$ 见式(2.3.8)

$Fq := \dfrac{1}{4 \cdot \sqrt{Lc_1 \cdot Cc_1}} = 7.495 \times 10^7$Hz $\qquad$ 见式(2.3.9)

图4.2.3电路模型的元件值

$\dfrac{Rss}{2} = \begin{pmatrix} 0.011 \\ 2.5 \times 10^{-3} \\ 0.011 \end{pmatrix}$ $\qquad \dfrac{Lc}{2} = \begin{pmatrix} 1.275 \times 10^{-7} \\ 1.116 \times 10^{-8} \\ 1.275 \times 10^{-7} \end{pmatrix}$ $\qquad Cc = \begin{pmatrix} 4.364 \times 10^{-11} \\ 4.986 \times 10^{-10} \\ 4.364 \times 10^{-11} \end{pmatrix}$

$Zn = \begin{pmatrix} 0 \\ 0 \\ 0 \end{pmatrix} \Omega$ $\qquad Zf = \begin{pmatrix} 10^7 \\ 0 \\ 10^7 \end{pmatrix} \Omega$ $\qquad Gc = \begin{pmatrix} 0 \\ 0 \\ 0 \end{pmatrix}$ S

图 4.3.2 获得电路参数

电路模型的电感值可以从式(2.11.3)获得。因为两导线到接地板的距离是相等的，故 Lc_3 等于 Lc_1。三个值存储在向量 **Lc** 中，电容值的获得相当简单，通过调用式(2.3.8) 获得。

另一个有重要意义的参数是 Fq，该频率是1/4波长出现谐振的点。可以由式(2.3.9) 计算出来。该频率已知后，后续的分析就包括响应曲线的峰值。

由于电阻和电感的1/2体现在如图4.2.1所示的电路模型中，在工作表中列出这些值，增加三个电容值，具有足够的信息来绘制导体组件的代表性电路模型。

在分析响应之前，必须包括图4.2.4中接口器件的值。在最差的条件下，假设近端的元件是短路的，而远端的导线端子是开路的。按照SPICE分析中使用的常规做法，开路由10MΩ电阻表示。为了模拟绝缘中的损耗，还定义了电导值 Gc。在这个模型中三个值都假定为0。

从工作表第1页派生的数据，可以通过如图4.3.3所示的电路模型来说明。假设如

图 4.3.1 所示的组件为一对传输线，接地平面作为两个信号的返回导体。假设在导体 1 和接地平面之间仅存在一个电压源。在这种模型下，原电路是导体 1，受影响电路是导体 3。

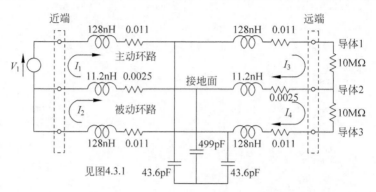

图 4.3.3　交叉耦合的代表性电路模型

分析的目的是模拟一系列频率上在干扰环路中流动的电流。由于远端是开路的，只有近端的电流才有意义。因此，目标是在施加电压 V_1 时模拟电流 I_2。如果 V_1 保持在 1V 的恒定值，结果将是转移导纳的频率响应。

图 4.3.4 列出了 4.2 节中派生的两个程序功能。它构成了 Mathcad 工作表的第 2 页。

函数 Zbranch(f') 提供一个输入变量：频率 f。得到与每个导体相关的两个分布阻抗的值，并将这些值组合存储在输出阵列 Z 中。如 4.2 节所示，它包含 2 行 3 列。值得注意的一个特征是，每个电阻的值是在每个频率上计算的。这样趋肤效应就可以引入到分析中。

除了将频率作为输入变量，函数 Zloop(f,Zf) 还将包含远端接口元件值的向量作为输入变量。使得这些组件可以变化，后续可以定义一个序列函数。

函数 Zloop(f,Zf) 的第一步是调用函数 Zbranch(f)，并将结果存放在局部变量 Z 中。这使得需要计算环路阻抗值时，可以调用单个分支的组件值。在子程序结束时，将这些阻抗值存放在 4×4 的阵列中。

创建涉及两个向量定义的响应图表：频率和输出变量，这是工作表第 3 页执行的任务。图 4.3.5 说明了该过程。

在第一行中定义一组点频率。整数 n 用于设定零点与四分之一波谐振频率 Fq 之间的频率点数。为了覆盖全波长的范围，控制变量 s 设置为该步数的四倍。使每个点频率 Fs 是四分之一波频率的倍数。使用这种方法定义点的频率可以确保所有的谐振频率被选中，而且响应中的每一峰值和最低值的振幅都可以计算进去。

在图 4.3.3 中，源电压位于第一环内，设置第一个环的电压峰值为 1V，并且设置其他三个源为 0V，可以定义电压向量 V。

因为已经定义了所有的输入变量，就可以创建一个主程序了，这些在如图 4.3.5 所示的工作表的第三行中已经说明。

第一步是在向量 F 中选择一个点的频率然后把它赋值给局部变量 f。第二步就是调用函数 Zloop(f,Zf)。Zf 已经定在图 4.3.2 中进行定义，这两个参量对于函数都是可见的，而且输出存储在局部变量 Z 中。

下一步是计算四个环路电流的值，并构成向量 I。

工作表4.3，第2页

$$\text{Zbranch}(f) := \begin{vmatrix} \omega \leftarrow 2 \cdot \pi \cdot f \\ \text{for } i \in 1..3 \\ \quad \begin{vmatrix} Rc_i \leftarrow Rss_i \cdot \sqrt{1 + \dfrac{f}{Fx}} & \text{见式(2.15.5)} \\ \theta \leftarrow \sqrt{(Rc_i + j \cdot \omega \cdot Lc_i) \cdot (Gc_i + j \cdot \omega \cdot Cc_i)} & \text{见式(4.2.1)} \\ Zo \leftarrow \sqrt{\dfrac{Rc_i + j \cdot \omega \cdot Lc_i}{Gc_i + j \cdot \omega \cdot Cc_i}} & \text{见式(4.2.2)} \\ Z_{1,i} \leftarrow Zo \cdot \tanh\left(\dfrac{\theta}{2}\right) & \text{见式(4.2.3)} \\ Z_{2,i} \leftarrow Zo \cdot \operatorname{csch}(\theta) & \text{见式(4.2.4)} \end{vmatrix} \\ Z \end{vmatrix}$$

$$\text{Zloop}(f, Zf) := \begin{vmatrix} Z \leftarrow \text{Zbranch}(f) & \text{见式(4.2.6)} \\ Z11 \leftarrow Zn_1 + Z_{1,1} + Z_{2,1} + Z_{2,2} + Z_{1,2} + Zn_2 \\ Z12 \leftarrow -(Z_{1,2} + Z_{2,2} + Zn_2) \\ Z13 \leftarrow -(Z_{2,1} + Z_{2,2}) \\ Z14 \leftarrow Z_{2,2} \\ Z22 \leftarrow Zn_2 + Z_{1,2} + Z_{2,2} + Z_{2,3} + Z_{1,3} + Zn_3 \\ Z23 \leftarrow Z_{2,2} \\ Z24 \leftarrow -(Z_{2,2} + Z_{2,3}) \\ Z33 \leftarrow Zf_2 + Z_{1,2} + Z_{2,2} + Z_{2,1} + Z_{1,1} + Zf_1 \\ Z34 \leftarrow -(Z_{1,2} + Z_{2,2} + Zf_2) \\ Z44 \leftarrow Zf_3 + Z_{1,3} + Z_{2,3} + Z_{2,2} + Z_{1,2} + Zf_2 \\ \begin{pmatrix} Z11 & Z12 & Z13 & Z14 \\ Z12 & Z22 & Z23 & Z24 \\ Z13 & Z23 & Z33 & Z34 \\ Z14 & Z24 & Z34 & Z44 \end{pmatrix} \end{vmatrix}$$

图 4.3.4　计算支路和环路阻抗

工作表4.3，第3页

$n := 100 \qquad s := 1..4 \cdot n \qquad F_s = s \cdot \dfrac{Fq}{n}$　　　定义标准频率

$$V := \begin{pmatrix} 1 \\ 0 \\ 0 \\ 0 \end{pmatrix} \text{V}$$　　　定义电压源

$$Yoc_s := \begin{vmatrix} f \leftarrow F_s \\ Z \leftarrow \text{Zloop}(f, Zf) \\ I \leftarrow \text{lsolve}(Z, V) \\ |I_2| \end{vmatrix}$$

主程序

当远端开路时，定义被动线

近端的电流，见图4.3.3

图 4.3.5　计算开路传输导纳的频率响应

　　主程序的最后一步是选择干扰环路末端附近的电流 I_2，决定它的振幅。通过输入电压给出的导纳值来划分电流值，因为 V_1 的值是统一的，所以电流的值和导纳的值是相同的。最后输出在线路中是开路时，存储在向量 **Yoc** 的相关位置和转移导纳中，如图 4.3.6 所示。

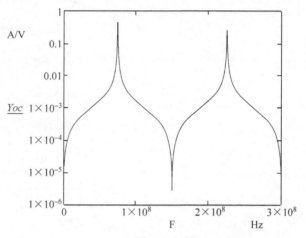

图 4.3.6　开路终端下的传输导纳

　　虽然正常的约定是使用对数刻度来显示这样的函数参数，频率是线性的，这样凸显了对称响应的性质。0~150MHz 的响应和 150MHz~300MHz 的响应基本上是相同的，由此，对称响应是显而易见的。几乎相同但不是完全相同，趋肤效应会使阻抗增加，减小第二峰值的幅值，增加第二谷值的幅值。

　　通过重置阻抗向量 Zf 为 0 然后重新运行主程序。当终端短路时，可以用 Ysc 定义组件响应。当组件完全阻尼时，也可以确定组件的响应。图 4.3.7 为这个过程的步骤。

```
工作表4.3，第4页

              ⎛0⎞
      Zf :=  ⎜0⎟                    Ysc_s := | f ← Fs
              ⎝0⎠                            | Z ← Zloop(f, Zf)
                                             | I ← lsolve(Z, V)
短路终端时的传输导纳                           | |I_2|


              ___           ⎛76.432⎞
      Zf := √(Lc/Cc)   Zf = ⎜ 6.69 ⎟        Ycrit_s := | f ← Fs
                            ⎝76.432⎠                    | Z ← Zloop(f, Zf)
                                                        | I ← lsolve(Z, V)
完全阻尼时的传输导纳                                       | |I_2|
```

图 4.3.7　计算短路和完全阻尼时的频率响应

　　通过对比开路响应和远端终端短路响应，图 4.3.8 提供了对对称响应的进一步说明。在短路情况下，转移导纳 Ysc 通过虚线表示。

　　当每一个导体被它的特性阻抗短路时，在整个频率范围内的响应是完美的，这可以由弯

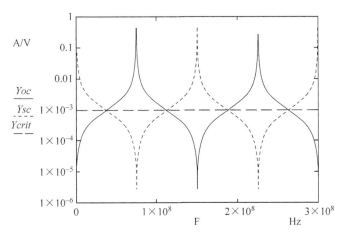

图 4.3.8 开路、短路和完全阻尼的传输导纳

曲的虚线 $Ycrit$ 表示。

在图形的下半部分,在曲线 $Ycrit$ 的下面,几乎是最高镜像的一半。

从这组曲线中可以得出许多经验,在传输导纳中没有峰值的唯一配置也是在信号传输方面提供最高效率的配置,而且也是就信号传输而言能够提供最大传输效率的结构。

在实践中,峰值将比图示的峰值低得多且更圆滑,因为该模型没有考虑由辐射发射造成的损失。第 5 章开发考虑该影响的模型。

4.4 在线测试模型

在线测试是产品开发过程中的一个重要过程。它确保设计满足要求。将观察到的性能与预测的性能相关联,可以验证理论分析中使用的假设或者根据更准确的信息进行修改。对设计进行修正以改善其性能,这对于诸如系统功能、响应时间、可靠性、大小和成本等要求都是一样的。

它也适用于电磁兼容性的要求。由于 EMC 测试机构在满足法规要求方面获得了广泛的经验,因此利用经验来确定相关的测试设备和测试方法是合乎逻辑的做法。

两个问题立即就摆在了面前:第一个是设备昂贵,第二个是测试设备需要高技能工程师服务,这对于小的团队来说是如此的昂贵,以至于无法去仿效这种方法。

但是,产品设计师也有一个优势:一个很大的优势。可以设计和使用正在处理的信号的接口设备。这不是测试机构可用的,因为任何一个对正在测试设备的特殊修改都会使得测试结果无效。

另一个优势就是因为测试设备就在手头,所以可以用它来进行装配功能的测试。这也可以用在电磁兼容的实验中,而且,频率的变化范围可以调整到正在测试的设备正常工作的频率范围内。而且没有必要去覆盖测试仪覆盖的频率范围。

最简单的在线测试用来分析互连电缆的性能。特别地,测量频率响应的传输导纳。这个结果可以直接与电路模型得到的结果相比较。但是,首先应该建立一个有代表性的电路模型。

图 4.4.1 介绍了一种可用于测量任何线结构的传导发射的设置。在这种情况下,假定

正在测试的是离地面 5mm 上方的一个 10m 长的导体对。

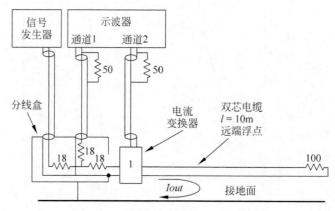

图 4.4.1   辐射测试装置——浮点结构

输入信号可以通过分路器施加到近端终端。在示波器的通道 1 上监视输入电压,通道 2 用于监视共模电流。电缆远端的 100Ω 负载是浮动的。

输出与输入的比率是信号发生器输出频率处的传输导纳。在一定范围的频率上,重复测量,确定传导发射的频率响应特性。

如果信号链路的物理几何结构如图 4.4.2 所示,那么可以通过调用如图 4.3.2 所示工作表中记录的结果得出电路模型。与 SPICE 建模一样,有必要将开路模拟为高阻值电阻:这种情况下为 10MΩ。

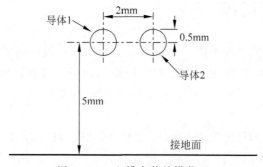

图 4.4.2   电缆安装的横截面

结果模型如图 4.4.3 所示。值得注意的是,源电压处于差模环路,而输出电流处于共模环路。

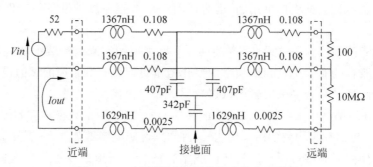

图 4.4.3   辐射测试装置的代表性电路模型

　　进行磁敏度测量将涉及类似于如图 4.4.4 所示的设置,这里,输入电压通过变压器施加到共模环路。由于任何变压器都具有输出阻抗,因此,随着负载电流的增加,施加的电压会降低。通过在变压器上单独来监控施加的实际电压。示波器的一个通道提供测量手段,以确定输入电压的幅度。

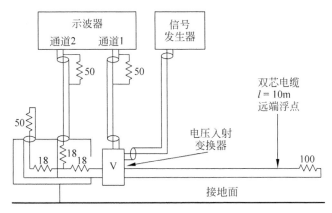

图 4.4.4　易感性测试装置

　　示波器的第二个通道测量差分模式环路中的合成电流。同样,输出与输入的比率为传输导纳。在一定范围的点频率上的测量,为传导磁化率特性的频率响应。

　　使用如图 4.4.5 所示的模型可以预测这种模型的响应。由于未经安装许可的组件与用于传导发射测试的组件完全相同,因此两个模型的无源组件是相同的。唯一的区别在于电压源现在处于共模环路,而输出电流现在处于差模环路中。可以利用如图 4.3.4 和图 4.3.5 所示的程序对任一模型的频率响应进行分析。但是,需要重新定义元件值、输入电压、输出电流和频率范围。

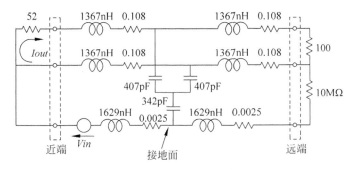

图 4.4.5　易感性测试装置的代表性电路模型

　　分析图 4.4.3 的响应,给出了如图 4.4.6 所示的特性。分析图 4.4.5 的响应,得出完全相同的特性。这说明了传导磁化率的转移导纳与传导发射完全相同。对于电路模型,响应是相同的。这证实了 2.9 节的结论。

　　因为一些测试设备和辐射发射的影响,实际测试会显示出一些差异。

　　响应曲线也说明,虽然浮动配置在较低的频率提供了优异的性能,但是它在四分之一波长时却提高了干扰的水平。

　　如果正在测试的设备发生了改变,则在接地平面和远端的返回导体之间添加一个连接,

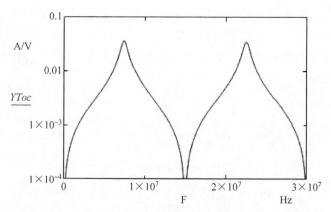

图 4.4.6　浮点结构的传输导纳

图 4.4.7 为电路模型的磁化率测试的变化。

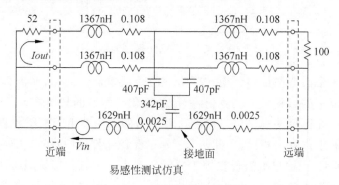

图 4.4.7　接地结构电路模型

　　此设置的响应是由图 4.4.8 决定的。这说明了对于接地配置,最小干扰发生在四分之一波频率处,峰值电平发生在半波频率处。

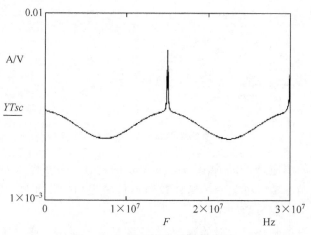

图 4.4.8　接地结构的传输导纳

　　该响应可以与图 4.4.6 中的响应进行比较,其中浮动配置的峰值干扰在四分之一波频率处,而最小值在半波频率处发生。

还有另一个关于响应的显著差异：接地结构的最大值响应与最小值响应直接的差值比理论要小很多。这是因为100Ω的负载电阻减小了共模与差模的响应振幅。但是，使用浮动配置时，共模环路中无任何阻尼。

可以得出结论，接地和浮动配置的性能趋于相互补充。在某个频率点一个表现得差，那么另一个就会表现得好。在所有的频率点都给出好的效果是不可能的。

本节已经确定了在线测试设备、未完成配置和一般电路模型之间的关系。已经开发出了一种计算机程序，可用于分析该模型在干扰问题最关键的频率范围内的响应。实际测试的实例将在第 7 章讨论，处理干扰问题将在第 8 章介绍。

第5章

天 线 模 型

电磁干扰远远超出了审查组装的范围。辐射发射和辐射敏感性分析要求对天线的特性进行审查。幸运的是,本章采用了许多简单假设。

5.1节简要概述了半波偶极子的教科书分析,并确定了一个非常重要的参数。当连接到产生半波频率信号的无线电发射机的输出时,偶极子表现出与电阻性负载相同的特性。这个电阻是辐射电阻,其值为73Ω。

将辐射电阻与每个单极子的原始电容和原始电感相结合,可以建立这个天线的电路模型。这个模型可以计算偶极子和环境的耦合。

开发模型以模拟双导体电缆的天线模式耦合涉及与2.7节中用于推导三导体模型相同的过程。这将每个导体表示为T-网络,将环境表示为另一个T-网络。由于现在必须为环境分配电感、电容和电阻值,可以说它的特性类似于虚拟导体。5.2节给出推导电路模型所有组件的公式。

在暴露于外部辐射的任何电缆中都能感应出天线模式电流。模拟这种辐射的影响需要引入与虚拟导体串联的电压源。5.3节将这种"威胁电压"与辐射的电场强度联系起来。

如果外部辐射的功率密度是恒定的,但频率变化,那么威胁电压的幅度图将呈现一系列峰值和谷值。就干涉耦合的分析来说,"最坏情况"的条件可以定义为接触峰值的包络曲线。

5.4节描述了当外部辐射频率在很宽的范围内变化时,在双芯电缆中会产生差模电流。

如果结构被视为一个完美的反射接地平面,那么这将代表最坏的条件。由于电路模型可以创建这种结构,因此可以使用该模型来模拟该结构。5.5节提供了一个为该模型的组件分配值的示例。通过将电压源和50Ω电阻器与结构串联连接,可以模拟外部场的影响。与偶极子接收天线不同,接收机把75Ω的电阻用作输入的能量,将输入的能量存储起来。由于更多的能量传递,辐射电阻的有效值减小。在7.5节中所描述的测试值为50Ω,这个值是一个很好的整数,经验表明:如果这个值不太理想,可以进行修改。

对于辐射敏感性评估,可以将测试发射机的功率输出与施加到被测设备的威胁电压相关联。5.6节提供了相关的公式。由于数学软件不限于电路模型的分析,因此可用于计算设备对电磁环境的响应。

还可以将被测设备产生的天线模式电流与辐射发射测试期间测试接收机接收的功率相

关联。相关公式由 5.7 节提供。

由于本章中使用的方法总是假设最坏情况,因此模拟结果可能会谨慎。使用最坏情况得出的最显著的好处是相关公式比导出场分布模式所需的公式简单得多。

5.1 半波偶极子

天线的设计涉及很多理论,并且有许多教科书中都涉及这个主题。不需要重复各种公式的推导。但是,总结用于得出更重要的方程的方法是有用的。下面仅考虑半波偶极子[5.1]。

5.1.1 辐射功率

图 5.1 阐述了一个由射频发射机驱动的半波偶极子结构。这种设置将导致垂直定向导体中的振荡电流。偶极子和传输线之间的节点处的电流幅度将很大,并且在天线的尖端处将为零。电流和时间之间的关系定义为:

$$I = Io \cdot \cos(\omega \cdot t) \quad (A) \tag{5.1.1}$$

电流在一个小的微量 dz 中,将会在 P 点产生一个磁势 A,这个磁势 A 是一个向量,它的方向和电流的方向轴平行,可以建立向量 A 和电流在微量 dz 中的关系。

球面坐标的圆心在天线的中点,然后用以天线为中心的球面坐标来分析传播场所涉及的向量,图 5.1.3 说明了这一点。由于向量 A 与电流相同的方向上对齐,因此没有纵向分量,即,$A_\phi = 0$。导出径向和纬度分量 A_r 和 A_q 的等式。然后,可以定义磁场向量 H_ϕ 的公式,这是一个纵向向量。在图 5.1.1 中,它将被引导到页面中。然后,使用麦克斯韦方程,计算电场分量。

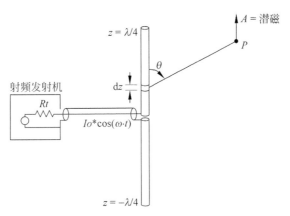

图 5.1.1 半波偶极子分析

因为总的电场能够传播能量的仅仅是那些角度正好的部分,分析集中在横向电场 E_0 和纵向磁场 H_ϕ 区域。将这些分量的幅度乘在一起,得到功率密度向量。在球面上整合这些向量的值,就会给出总的辐射功率的值 Pt。

$$Pt = \frac{1}{2} \cdot Rrad \cdot Io^2 \quad (W) \tag{5.1.2}$$

参数 $Rrad$ 为辐射阻抗,它并不是传统意义上的电阻,而是一个数学参数,碰巧具有电阻的尺度,且它的值可以计算。对于半波偶极子来说

$$Rrad = 73\Omega \tag{5.1.3}$$

$Rrad$ 的计算是通过假定介质是无耗媒质来计算的,这就意味着总的辐射功率不会随着到达天线的距离而衰减,同样也不会随着距离而增加。由式(5.1.2)可以看出,辐射电阻 $Rrad$ 为 73Ω,这个值是由偶极子天线可以传输到环境的最大功率来计算的。

引用军械委员会章程的摘录是有用的:

在距离单个线性天线大约两个波长的距离处,辐射场伴随有电和磁分量,其强度下降为距天线的距离的二次方或三次方。这些组件与 Zo 无关,也不会从天线辐射出来。尽管可以通过非常接近的接收天线从它们提取功率,但是这种功率总是小于远场理论的外推所预测的结果[5.2]。

这意味着式(5.1.2)给出了一个监控天线最差的能量估计模型,无论天线位于近场还是远场。对于电磁兼容分析,最坏情况的做法是可取的。

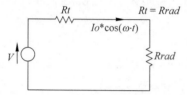

图 5.1.2　半波阵子谐振时的
等效电路模型

这导出如图 5.1.2 所示的电路模型,其中天线充当同轴传输线的电阻负载。应该强调的是,这种关系只适用于一个频率,一个略高于半波谐振的一个。在所有其他非谐振频率下,天线阻抗是与电抗串联的电阻。

式(5.1.2)定义了在能量达到最大值时,可以通过天线的平均功率。在其他全部条件下,这个通过能量将比这个最大值小。

如果 $Irms$ 是均方根电流值,那么

$$Irms = \sqrt{2} \cdot Io \quad (\text{A}) \tag{5.1.4}$$

并且

$$Pt = Rrad \cdot Irms^2 \quad (\text{W}) \tag{5.1.5}$$

因为最佳的传输功率是在外部传输电阻和负载电阻阻抗相等时得到的。Rt 的最佳值和电缆的特性阻抗值为 73Ω。对于在射频设备和天线之间连接的同轴电缆,选择 75Ω 也是一个很好的选择。

5.1.2　功率密度

根据如图 5.1.3 所示的球的表面的说明,能量密度 S 和传输能量之间的关系为

$$S = \frac{Gt \cdot Pt}{4 \cdot \pi \cdot r^2} \quad (\text{W/m}^2) \tag{5.1.6}$$

考虑到功率在所有方向上不均匀辐射的事实,Gt 被定义为:

$$Gt = \frac{\dfrac{\text{最大辐射功率}}{\text{单位固定角度}}}{\dfrac{\text{传输到天线的总功率}}{4 \cdot \pi}} \tag{5.1.7}$$

它描述的是天线的增益,用来测量给定方向上辐射波前的能量密度的集中度。

$$Gt = 1.64 \tag{5.1.8}$$

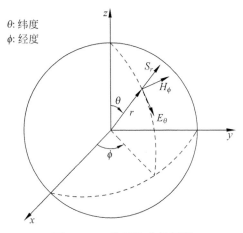

图 5.1.3 球面的功率密度

5.1.3 场强

电场 E 和磁场 H 都是球面的切向分量,而且相互垂直,功率密度向量 S 是径向的,而且方向向外。

自由空间的特征阻抗为

$$Zo = \frac{E}{H} = \sqrt{\frac{\mu_0}{\varepsilon_0}} = 377\Omega \tag{5.1.9}$$

E 是电场强度,H 是磁场强度。E、H 和功率密度的关系是

$$S = E \cdot H \quad (\text{W/m}^2) \tag{5.1.10}$$

因此

$$S = \frac{E^2}{Zo} \quad (\text{W/m}^2) \tag{5.1.11}$$

且

$$S = Zo \cdot H^2 \quad (\text{W/m}^2) \tag{5.1.12}$$

这意味着,如果使用任一电场或磁场的值来指定电磁场在远场的强度,它总是能够确定功率密度。

5.1.4 接收功率

偶极子也可以作为接收天线。如图 5.1.4 所示,由 RF 接收机接收到入射波的波前与功率密度 Sr 有关,公式如下

$$Pr = Aeff \cdot Sr \quad (\text{W}) \tag{5.1.13}$$

$Aeff$ 是偶极子接收的有效区域。

可以建立有效的接收区域、偶极子天线的增益 Gr 和波长 λ 之间的关系

$$Aeff = \frac{Gr \cdot \lambda^2}{4 \cdot \pi} \quad (\text{m}^2) \tag{5.1.14}$$

发射偶极子的 Gr 是 1.64。在最佳条件下,接收端的功率是:

$$Pr = \frac{Gr \cdot \lambda^2 \cdot Sr}{4 \cdot \pi} \quad (\text{W}) \tag{5.1.15}$$

对于接收机的最大灵敏度,输入阻抗和输出阻抗匹配是很重要的。因此,天线的电压可以由图 5.1.5 来推导。

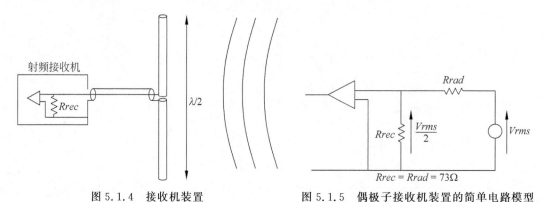

图 5.1.4 接收机装置   图 5.1.5 偶极子接收机装置的简单电路模型

因为接收的输入功率是电阻 $Rrec$ 上的电流和流过电阻上的电压形成的

$$Pr = \frac{1}{Rrec} \cdot \left(\frac{Vrms}{2}\right)^2 \quad (\text{W})$$

用 $Rrad$ 更换 $Rrec$,有:

$$Vrms = \sqrt{4 \cdot Rrad \cdot Pr} \quad (\text{V}) \tag{5.1.16}$$

对于一个半波偶极子天线,辐射电阻是 73Ω;对于发射天线来说,这个数值完全相同。

5.2 虚拟导体

上一节分析的重点是导体在设计用作天线时的特点。分析的范围限于频率处于或接近谐振的有限带宽。当天线不工作时,完全相同的机制适用于导体。但是,分析的范围需要扩大到涵盖所有频率的情况。

在非谐振的频率上,导体电抗性发挥了主导作用。包括在模型中的参数有原始电感和原始电容。

图 5.2.1 给出了一个发射偶极子模型。这两个单极子是由两个串联电容和两个电感和辐射电阻共同组成的。在谐振时,该电路作为一个串联调谐电路,其中电流唯一的限制就是阻抗。

图 5.2.2 说明了与发射机的同轴连接被移除,并且偶极子的两臂短路在一起形成单个导体的情况。通过将其穿过铁氧体磁芯作为降压变压器,可以将信号引入该导体中。在该图中,表示为电压源 V。

根据这种结构,电流将沿着导体向前和向后流动。流入右边单极天线的任何电流,只能来自左侧单极天线,反之亦然。由于偶极子的两臂中的电流和电压是平衡的,因此重绘模型是有用的,如图 5.2.3 所示。

这是一个有效的桥电路,一个臂的电压去平衡另一个臂上的电压,如果导体的中心电压被定义为零伏,那么在 $Rrad$ 的中点处电压也为零。

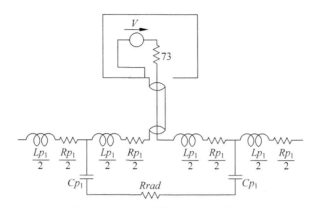

图 5.2.1 半波偶极子的电路模型

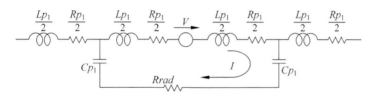

图 5.2.2 隔离导体的通用电路模型

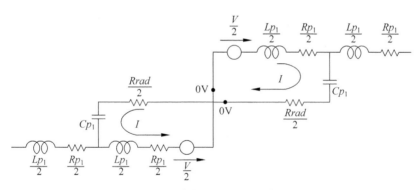

图 5.2.3 偶极子两臂的平衡电路

因此在模型中加入两个点是合理的。如果这样做,主要集中在右边的单极子天线上,模型简化如图 5.2.4 所示。

现在,如果单个导体被中间点连接在一起的一对平行导体和两个导体串联插入的电压源所取代,那么右侧单极天线的电路模型将如图 5.2.5 所示。

与此密切相关的是图 2.7.6,随着环境转换为第三导体,环境将作为一个虚拟导体。

导出该导体组件的公式只是重复第 2 章中介绍的过程。列出两个导体的原始方程:

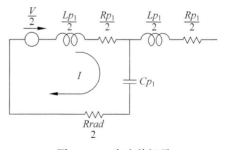

图 5.2.4 右边单极子

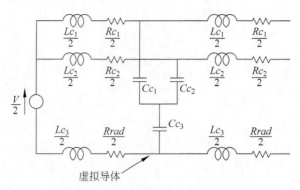

图 5.2.5　右边导体对的电路模型

$$Vp_1 = Zp_{1,1} \cdot Ip_1 + Zp_{1,2} \cdot Ip_2$$
$$Vp_2 = Zp_{2,1} \cdot Ip_1 + Zp_{2,2} \cdot Ip_2 \tag{5.2.1}$$

这些都如图 5.2.6 所示,其中也涉及原始电流和电压环路的电流和电压之间的关系。根据图示,

$$Ip_1 = Il_1$$
$$Ip_2 = Il_2 - Il_1 \tag{5.2.2}$$

且

$$Vl_1 = Vp_1 - Vp_2$$
$$Vl_2 = Vp_2 \tag{5.2.3}$$

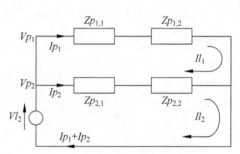

图 5.2.6　初始方程的图形表示

用式(5.2.2)替代式(5.2.1)中的 Ip_1 和 Ip_2:

$$Vp_1 = Zp_{1,1} \cdot Il_1 + Zp_{1,2} \cdot (Il_2 - Il_1)$$
$$Vp_2 = Zp_{2,1} \cdot Il_1 + Zp_{2,2} \cdot (Il_2 - Il_1)$$

重新排列:

$$Vp_1 = (Zp_{1,1} - Zp_{1,2}) \cdot Il_1 + Zp_{1,2} \cdot Il_2$$
$$Vp_2 = (Zp_{2,1} - Zp_{2,2}) \cdot Il_1 + Zp_{2,2} \cdot Il_2$$

用式(5.2.3)来确定环路电压:

$$Vl_1 = (Zp_{1,1} - Zp_{1,2} - Zp_{2,1} + Zp_{2,2}) \cdot Il_1 + (Zp_{1,2} - Zp_{2,2}) \cdot Il_2$$
$$Vl_2 = (Zp_{2,1} - Zp_{2,2}) \cdot Il_1 + Zp_{2,2} \cdot Il_2$$

定义环路阻抗为:

$$Zl_{1,1} = Zp_{1,1} - Zp_{1,2} - Zp_{2,1} + Zp_{2,2}$$
$$Zl_{1,2} = Zp_{1,2} - Zp_{2,2}$$
$$Zl_{2,1} = Zp_{2,1} - Zp_{2,2}$$
$$Zl_{2,2} = Zp_{2,2} \tag{5.2.4}$$

得到环路方程为:

$$Vl_1 = Zl_{1,1} \cdot Il_1 + Zl_{1,2} \cdot Il_2$$
$$Vl_2 = Zl_{2,1} \cdot Il_1 + Zl_{2,2} \cdot Il_2 \tag{5.2.5}$$

如果导体的横截面是对称的,那么

$$Zp_{1,2} = Zp_{2,1}$$

由式(5.2.4),有

$$Zl_{1,2} = Zl_{2,1} \tag{5.2.6}$$

图 5.2.7 为相似对方程的电路模型：

$$Vc_1 = (Zc_1 + Zc_2) \cdot Ic_1 - Zc_{1,2} \cdot Ic_2$$
$$Vc_2 = -Zc_{1,2} \cdot Ic_1 + (Zc_2 + Zc_3) \cdot Ic_2 \tag{5.2.7}$$

由式（5.2.5）和式（5.2.7）得到：

$$Zl_{1,1} = Zc_1 + Zc_2$$
$$Zl_{1,2} = -Zc_2$$
$$Zl_{2,2} = Zc_2 + Zc_3$$

根据环路阻抗定义的电路阻抗为：

$$Zc_1 = Zl_{1,1} + Zl_{1,2}$$
$$Zc_2 = -Zl_{1,2}$$
$$Zc_3 = Zl_{2,2} + Zl_{1,2}$$

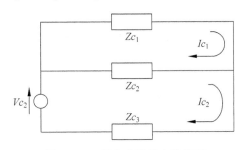

图 5.2.7 耦合参数的电路模型

用式（5.2.4）的方程来代替环路阻抗的原始阻抗：

$$Zc_1 = (Zp_{1,1} - 2 \cdot Zp_{1,2} + Zp_{2,2}) + (Zp_{1,2} - Zp_{2,2})$$
$$Zc_2 = Zp_{2,2} - Zp_{1,2}$$
$$Zc_3 = Zp_{2,2} + (Zp_{1,2} - Zp_{2,2})$$

得到：

$$Zc_1 = Zp_{1,1} - Zp_{1,2}$$
$$Zc_2 = Zp_{2,2} - Zp_{1,2} \tag{5.2.8}$$
$$Zc_3 = Zp_{1,2}$$

设 $Zp_{i,j} = \mathrm{j} \cdot \omega \cdot Lp_{i,j}$，调用式（2.3.2），得到：

$$Lc_1 = \frac{\mu_o \cdot \mu_r \cdot l}{2 \cdot \pi} \cdot \ln \frac{r_{1,2}}{r_{1,1}}$$

$$Lc_2 = \frac{\mu_o \cdot \mu_r \cdot l}{2 \cdot \pi} \cdot \ln \frac{r_{1,2}}{r_{2,2}} \tag{5.2.9}$$

$$Lc_3 = \frac{\mu_o \cdot \mu_r \cdot l}{2 \cdot \pi} \cdot \ln \frac{l}{r_{1,2}}$$

将这组方程和方程（2.5.5）比较，揭示每个导体相关的电感值是相同的。无论导体对为传输线还是天线都是实用的。式（5.2.9）引入新的参数是虚拟导体 Lc_3 触发的电感，因为导体之间的隔离是具有相同半径的导体所触发的原始电感。

设 $Zp_{i,j} = \dfrac{1}{\mathrm{j} \cdot \omega \cdot Lp_{i,j}}$，并调用式（2.3.1）得出：

$$Cc_1 = \frac{2 \cdot \pi \cdot \varepsilon_o \cdot \varepsilon_r \cdot l}{\ln \dfrac{r_{1,2}}{r_{1,1}}}$$

$$Cc_2 = \frac{2 \cdot \pi \cdot \varepsilon_o \cdot \varepsilon_r \cdot l}{\ln \dfrac{r_{1,2}}{r_{2,2}}} \tag{5.2.10}$$

$$Cc_3 = \frac{2 \cdot \pi \cdot \varepsilon_o \cdot \varepsilon_r \cdot l}{\ln \dfrac{l}{r_{1,2}}}$$

将这组方程与方程(2.5.9)比较,揭示每个导体相关的电感值是相同的。无论导体对为传输线还是天线都是实用的。由式(5.2.10)引入的新参数是由虚拟导体 Cc_3 触发的电路电容。

正如预期的那样,在原始的电容和电缆组件的原始电感间存在二元性。

导出辐射阻抗的必要条件是导体的长度 $Rrad$ 远远大于导体的半径。由于一个传输线的导体间的间隔远小于导体长度,因此同样的条件也满足于天线的情况。在这一点上,它是合理的假设,该电缆的辐射电阻为73Ω,定义为式(5.1.3)。

通过推导出与导体对相关的所有参数的公式,可以构建一个通用电路模型,模拟隔离长度的双导体电缆与环境之间的耦合(见图5.2.8)。

在创建该模型之后,可以将虚拟导体定义为虚拟导体,使得能够模拟电缆和环境之间的耦合。它表现为天线模式电流的返回导体。

它也具有实际导体所有的特性:电容、电感和电阻。电抗参数的数值可以由电缆的物理结构推导。初步的假设就是和半波偶极子的值相同为73Ω。如第7章中所述,可以设计测试来细化三个参数的值。

就差模信号传输而言,电路模型的无功分量的值与一对导体的值完全相同。就天线模式耦合而言,电缆可以作为单个导体,其半径与导体对之间的间距相同。

图5.2.8中假定两个相同的电压源作为电缆输入信号。这种结构可以通过在其中点处围绕电缆,用环形变压器来实现。

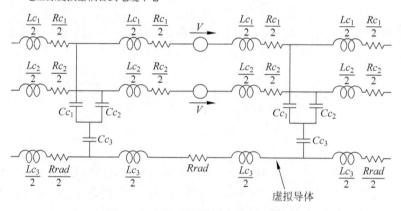

图 5.2.8　隔离电缆的通用电路模型

5.3　威胁电压

对任何电子系统的最严重的威胁发生在当它完全暴露在环境中的情况下。

图5.3.1为这种结构,远程传感器和信号处理单元之间唯一的连接是一个双芯电缆。一个例子是接近传感器和信号处理单元的输入电路之间的链接。一个导体承载信号电流,而另一个导体承载返回电流。正常接线的做法是将返回导体连接到处理单元中的零伏参考电位,并将此参考导体连接到结构。

电缆导体可以用图5.2.8的右侧部分表示。由于该结构基本上是单个导体,虽然具有复杂的横截面,但它可以用图5.3.2左侧的单极子表示。如果该结构以与电缆相同的频率谐振,那么将是最坏情况。

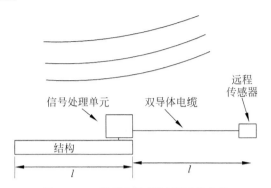

图 5.3.1 暴露在外部辐射下的电缆

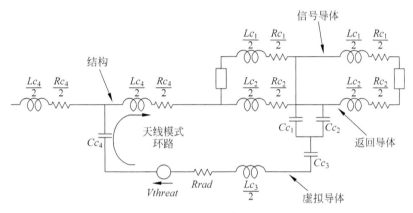

图 5.3.2 暴露的电缆和结构的通用电路模型

这种模式和图 5.2.8 不同,在图 5.2.8 中,导体中的电压源被与虚拟导体串联的单个源代替。

图 5.3.2 中的信号源表示外部电磁场的影响。代表双导体电缆左半部分的三 T-网络被代表该结构的单 T-网络所取代。

这种表示允许从辐射敏感性的角度分析电路。但是在进行这样的分析之前,必须将电压源的幅度与系统浸入其中的场强相关联。

图 5.3.3 描述了受外部磁场和相关电路模型影响的一段导体。电压增量 dV 由一系列的导体增量 dz 诱发:

$$dV = E \cdot dz \tag{5.3.1}$$

这里的 E 就是所在位置的电场强度。

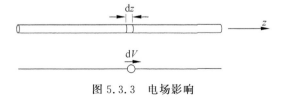

图 5.3.3 电场影响

假定传播速度是恒定的,如果电场的波形在时间域上是正弦波,那么在空间域上也是正弦波。

图 5.3.4 说明了沿导体的电场强度与距离之间的关系,这种关系可以被定义为:

$$E = Emax \cdot \cos\left(\frac{2 \cdot \pi}{\lambda} \cdot z\right) \tag{5.3.2}$$

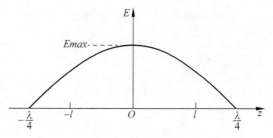

图 5.3.4　当 $l < \lambda/4$ 时沿导体的电场

根据电缆的结构和长度,可以得到电压为:

$$Vthreat = \int_{-l}^{l} Emax \cdot \cos\left(\frac{2 \cdot \pi}{\lambda} \cdot z\right) \cdot \mathrm{d}z$$

这就可以得到电场强度和威胁电压的关系:

$$Vthreat = \frac{\lambda}{\pi} \cdot Emax \cdot \sin\left(\frac{2 \cdot \pi}{\lambda} \cdot l\right) \tag{5.3.3}$$

图 5.3.5 说明了当 l 小于四分之一波长时的关系。

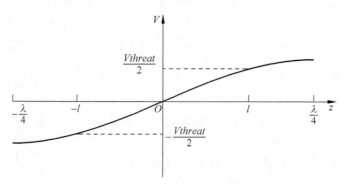

图 5.3.5　随电缆长度变化的威胁电压

由式(5.2.11)得:

$$Emax = \sqrt{S \cdot Zo} \tag{5.3.4}$$

其中, Zo 为 377Ω。

式(2.3.6)定义了波长和频率的关系:

$$\nu = \lambda \cdot f$$

如果传播速度为光在真空中的传播速度,那么:

$$\lambda = \frac{c}{f} \tag{5.3.5}$$

从式(5.3.5)和式(5.3.3)可以清晰地看出,威胁电压是一个频率和长度 l 的函数。方程(5.3.4)表明,电场强度与功率密度的平方根成正比。按照图5.3.6中子程序$Vthreat_i$所示的方式组合这些方程,可以在很宽的频率范围内计算功率密度和威胁电压之间的关系。如图5.3.7所示的实曲线说明了这种现象。假设功率密度S为$1W/m^2$,长度l为$15m$。

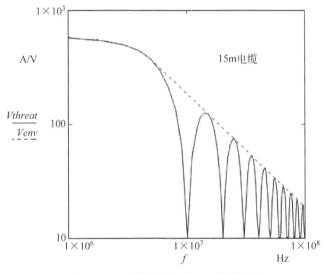

图 5.3.6 计算威胁电压和频率之间的关系

图 5.3.7 威胁电压和频率之间的关系

这条曲线具有无数的峰值,每个峰值都出现在谐振频率点上,第一次谐振点发生在当l为四分之一波长的位置。在此频率和更高的谐振频率上:

$$Vthreat = \frac{\lambda}{\pi} \cdot Emax \qquad (5.3.6)$$

将这些点连在一起就形成了一个包络,因为在威胁电压曲线点上的电压值都大于等于包络上的值,所以这就是最坏的情况。这条曲线是由图5.3.7中的$Venv_i$方程定义,且由图中的虚线说明这个现象。

当频率低于四分之一波长对应的波长时,两条曲线重合。

将此包络电压分配给图 5.3.2 的电路模型,就可以模拟正在评估的组件的响应。

5.4 威胁电流

在上一节中,如图 5.3.1 所示的简单组件用于描述暴露的电缆可能受到外部电磁场影响的情况。创建电路模型以模拟该结构,并且源电压与干扰的功率密度相关。本节继续在信号线上对威胁电流频率响应的分析。

在谐振条件下,电抗性的结构相当于短路,对电流的限制仅仅是电阻。从图 5.3.2 可以看出,这些电阻是辐射电阻和结构电阻。这意味着可以通过用短路替换结构的无功元件来模拟最坏情况。由于与辐射电阻相比,结构电阻最小,因此将其表示为短路也是合理的。

将整个结构当作短路处理的一个比较好的结果就是电路被简化了,如图 5.1.4 所示。

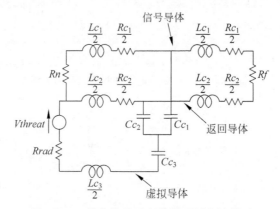

图 5.4.1   简化的暴露电缆的通用电路模型

确定该模型的响应涉及将特定细节分配给电缆和接口电路。如果假设电缆的长度为 15m 并且两根导线直径为 0.8mm,中心间距为 1.2mm,则可以计算所有电路参数。

图 5.4.2 是 Mathcad 工作表的第一页,用来分析响应。这一页决定了所有元件的值。电感 Lc_1、Lc_2 和 Lc_3 可以由式(5.2.9)得到。稳态电路的两导体的电阻值 Rss_1 和 Rss_2 可以由式(2.5.11)得到。

由于虚拟导体不具有传统导体的特性,因此此 Rss_3 设定为零。交叉频率 Fx 从式(2.5.14)中获得,电容器值从式(2.3.8)中导出。因为假设绝缘没有损耗,所以电导值设置为零。

然后,在工作表中显示代表性电路模型的电感、电容和电阻值。为了最小化线的近端和远端的反射,将 Rn 和 Rf 的值设置为等于特征阻抗的值。如果终止阻抗的值是任何其他值,则响应曲线中的峰值将更高。使用完全匹配的阻抗端接线路不会消除干扰。

在本页最后计算的一个参数是值频率 Fq。这需要调用式(2.3.9)。

将这些值分配给如图 5.4.1 所示的通用电路模型,可得到如图 5.4.3 所示的代表性电路模型。

就这些分布参数重新绘制图 5.4.1,得到图 5.4.4。

检查该模型定义 $Zloop(f)$ 函数的方程,该函数如图 5.4.5 所示。它调用 $Zbranch(f)$ 函数,与图 4.3.4 中的函数相同。

工作表5.4，第1页

$\mu_o := 4 \cdot \pi \cdot 10^{-7} \text{H/m}$ $\varepsilon_o := 8.854 \cdot 10^{-12} \text{F/m}$ $\underline{c} := 2.998 \cdot 10^8 \text{m/s}$

$\rho := 1.7 \cdot 10^{-8} \Omega \cdot \text{m}$ $l := 15\text{m}$

$r_{1,1} := 0.4 \cdot 10^{-3} \text{m}$ $r_{2,2} := r_{1,1}$ $r_{1,2} := 1.2 \cdot 10^{-3} \text{m}$

$Lc_1 := \dfrac{\mu_o \cdot l}{2 \cdot \pi} \cdot \ln\left(\dfrac{r_{1,2}}{r_{1,1}}\right)$ $Lc_2 := \dfrac{\mu_o \cdot l}{2 \cdot \pi} \cdot \ln\left(\dfrac{r_{1,2}}{r_{2,2}}\right)$ $Lc_3 := \dfrac{\mu_o \cdot l}{2 \cdot \pi} \cdot \ln\left(\dfrac{l}{r_{1,2}}\right)$

$Rss_1 := \dfrac{\rho \cdot l}{\pi \cdot (r_{1,1})^2}$ $Rss_2 := Rss_1$ $Rss_3 := 0$

$Fx := \dfrac{4 \cdot \rho}{\mu_o \cdot \pi \cdot (r_{1,1})^2} = 1.077 \times 10^5 \text{Hz}$

$Cc := \left(\dfrac{l}{c}\right)^2 \cdot \dfrac{1}{Lc}$ $Gc := \begin{pmatrix} 0 \\ 0 \\ 0 \end{pmatrix}$

$\dfrac{Lc}{2} = \begin{pmatrix} 1.648 \times 10^{-6} \\ 1.648 \times 10^{-6} \\ 1.415 \times 10^{-5} \end{pmatrix}$ $Cc = \begin{pmatrix} 7.595 \times 10^{-10} \\ 7.595 \times 10^{-10} \\ 8.846 \times 10^{-11} \end{pmatrix}$ $\dfrac{Rss}{2} = \begin{pmatrix} 0.254 \\ 0.254 \\ 0 \end{pmatrix}$ $Rrad := 73$

$Zo := \sqrt{\dfrac{Lc}{Cc}}$ $Zo := \begin{pmatrix} 65.873 \\ 65.873 \\ 565.632 \end{pmatrix}$ $Rn := Zo_1 + Zo_2$ $Rf := Rn$

$Rn = 131.746 \Omega$

$Fq := \dfrac{1}{4 \cdot \sqrt{Lc_1 \cdot Cc_1}} = 4.997 \times 10^6 \text{Hz}$

图 5.4.2　计算电路元件的值

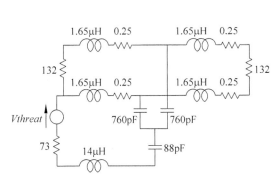

图 5.4.3　简化的暴露电缆的代表性电路模型

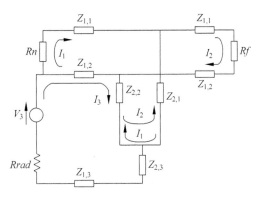

图 5.4.4　图 5.4.3 的分布参数模型

工作表5.4，第2页

$$Zbranch(f) := \begin{vmatrix} \omega \leftarrow 2 \cdot \pi \cdot f \\ \text{for } i \in 1..3 \\ \begin{vmatrix} Rc_i \leftarrow Rss_i \cdot \sqrt{1 + \dfrac{f}{Fx}} \\ \theta \leftarrow \sqrt{(Rc_i + j \cdot \omega \cdot Lc_i) \cdot (Gc_i + j \cdot \omega \cdot Cc_i)} \\ Zo \leftarrow \sqrt{\dfrac{Rc_i + j \cdot \omega \cdot Lc_i}{Gc_i + j \cdot \omega \cdot Cc_i}} \\ Z_{1,i} \leftarrow Zo \cdot \tanh\left(\dfrac{\theta}{2}\right) \\ Z_{2,i} \leftarrow Zo \cdot csch(\theta) \end{vmatrix} \\ Z \end{vmatrix}$$

$$Zloop(f) = \begin{vmatrix} Z \leftarrow Zbranch(f) \\ Z11 \leftarrow Z_{1,1} + Z_{2,1} + Z_{2,2} + Z_{1,2} + Rn \\ Z12 \leftarrow -(Z_{2,2} + Z_{2,1}) \\ Z13 \leftarrow -(Z_{1,2} + Z_{2,2}) \\ Z22 \leftarrow Z_{1,2} + Z_{2,2} + Z_{2,1} + Z_{1,1} + Rf \\ Z23 \leftarrow Z_{2,2} \\ Z33 \leftarrow Z_{1,2} + Z_{2,2} + Z_{2,3} + Z_{1,3} + Rrad \\ \begin{pmatrix} Z11 & Z12 & Z13 \\ Z12 & Z22 & Z23 \\ Z13 & Z23 & Z33 \end{pmatrix} \end{vmatrix}$$

$$S := 1 \qquad Zo := 377 \qquad Vthreat(f) := \begin{vmatrix} \lambda \leftarrow \dfrac{c}{f} \\ Va \leftarrow \sqrt{S \cdot Zo \cdot \dfrac{\lambda}{\pi}} \\ Vb \leftarrow Va \sin\left(2 \cdot \pi \cdot \dfrac{l}{\lambda}\right) \\ Vb \leftarrow Va \text{ if } l > \dfrac{\lambda}{4} \end{vmatrix}$$

图 5.4.5　计算各个频率的阻抗矩阵和威胁电压

$Vthreat(f)$ 函数本质上是图 5.3.6 的包络函数 $Venv$ 的副本。假设干扰信号的功率密度是 $1\mathrm{W/m^2}$。

然后，使用这三个函数计算信号环路中威胁电流 $Ithreat$ 的频率响应。图 5.4.6 定义了主程序，说明了响应曲线。

曲线本身与图 5.4.7 非常相似，主要区别在于响应随着频率降低到低于四分之一波谐振而急剧下降。

这意味着如图 5.3.1 所示的结构最容易受到约 5MHz 的干扰。在该频率下，功率密度为 $1\mathrm{W/m^2}$ 的入射波将在信号电路中产生约 1A 的威胁电流。该电流可能触发电子爆炸装

工作表5.4，第3页

$n := 100$ $\underline{s} := 1..20 \cdot n$ $\underline{F_s} := s \cdot \dfrac{Fq}{n}$

$$Ithreat_s := \begin{vmatrix} f \leftarrow F_s \\ Z \leftarrow Zloop(f) \\ V \leftarrow \begin{pmatrix} 0 \\ 0 \\ Vthreat(f) \end{pmatrix} \\ I \leftarrow lsolve(Z, V) \\ Iout \leftarrow |I_1| \\ Iout \leftarrow 10^{-2} \ if \ Iout \leqslant 10^{-2} \end{vmatrix}$$ $max(Ithreat) = 1.031$

图 5.4.6 计算威胁电流的频率响应

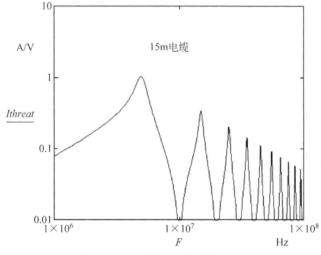

图 5.4.7 威胁电流的频率响应

置,或者可能导致换能器或半导体装置过热,从而对系统造成损害。

随后在较高频率的峰值也可能构成威胁,它们可能会将错误的信号引入系统,或阻止实际信号到达预期输入。可能会发生系统紊乱。但是,设计师现在拥有以前没有的信息。在详细了解干扰对未检查信号的影响以及该信号的带宽、幅度和功能的情况下,在任何电磁环境中,设计一个不受辐射影响的系统。

5.5 结构耦合

在绝大多数配置中,两个设备单元之间的信号链路由沿着结构布线的电缆承载,信号处理电路安装在印制电路板上,电路板由导电框架支撑,并且该框架连接通过低阻接头连接导电结构。大多数交通工具都是这种情况,无论是汽车、卡车、飞机、航天器、船舶,还是潜水器。

对于固定装置也是如此。出于安全原因,任何带有导电外表面并连接到主电源的设备单元,也必须连接接地导线。这适用于大多数信号发生器、频谱分析仪、示波器、冰箱和计算机等。该接地线在系统中的所有设备单元之间提供低阻抗路径。在工业环境中,电缆沿着金属导管布线,金属导管连接到地线、建筑物结构和避雷针。接地导线有效地形成包围设备的网状物。8.7节简要介绍了它提供的屏蔽效果。

军用车辆和许多陆地、海上和空中交通工具不允许将零伏的基准线和印制电路板绑在一起直接到机箱,因为底盘是电池的环路位置。在这种情况下,设备之间的信号链路通常是由一个单一的导体实现的。这种配置依赖于通过结构的返回路径或路由到系统中某个节点的返回导体。8.1节~8.3节将介绍"等电位接地"的概念、单点概念和避免地球循环导致极其恶劣的电磁兼容问题。试图分析这些系统中存在的各种干扰耦合路径是没有意义的。

以有效和高效的方式控制任何系统的EMC的唯一操作是调用1.8.1节的指导原则。如果系统是按照这些线路设计的,那么典型的干扰耦合模式如图5.5.1所示。

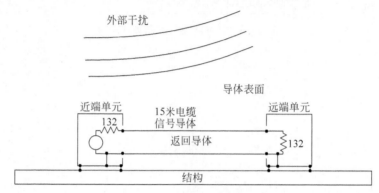

图5.5.1　待测信号链路的干扰图

这是一个接口图,用于标识简单信号链路的基本组件。15m长的双芯电缆用于传输信号。近端单元的输出是串联的电压源,其阻值为132Ω,电阻值对应于电缆的特性阻抗。由远端单元传递给信号的负载也是132Ω。这种结构可以减小任何反射的幅度。(消除所有反射的唯一方法是用特征阻抗匹配每个导体。图4.3.8中的 Y_{crit} 表示没有反射时的频率响应。)

假定返回导体通过一个短的导体和每个单元的框架相连接。也就是说,配置是"接地"。

在大多数情况下,电缆的路径是相当令人费解的。因此,装配的几何形状变得复杂,定义的各种截面变得非常困难。

克服这个问题的一个简单方法是在其预期意义上采用"接地面"的概念,将之作为纯粹的反射表面。接地面不需要是无限的,它只需要能够创建在其上方布线的导体图像。玻璃镜子的尺寸不需要无限大,以提供前面物体的高质量图像。可以估计电缆和结构之间的平均间隔以及用于定义横截面的值。图5.5.2给出了这种组件的几何形状。

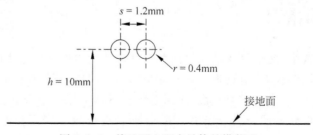

图5.5.2　接地面上两个导体的横截面

在了解电缆组件的横截面和接口电路的细节的情况下,现在有足够的信息来创建电路模型。由于类似的代表性电路模型已经在交叉耦合部分得出,因此可以使用 Mathcad 程序来计算元件值。图 5.5.3 本质上是该部分工作表页面的副本,稍作修改以利用来获得链接的输入数据。这构成了工作表 5.5 的第 1 页。

工作表5.5,第1页

$\mu_o := 4 \cdot \pi \cdot 10^{-7} \text{H/m}$ $\varepsilon_o := 8.854 \cdot 10^{-12} \text{F/m}$ $\underline{c} := 2.998 \cdot 10^{8} \text{m/s}$

$\rho := 1.7 \cdot 10^{-8} \Omega \, \text{m}$ $l := 15 \text{m}$ $h := 10 \cdot 10^{-3} \text{m}$

$\underline{s} := 1.2 \cdot 10^{-3} \text{m}$ $r := 0.4 \cdot 10^{-3} \text{m}$ 见图4.3.1

$Rss_1 := \dfrac{\rho \cdot l}{\pi \cdot r^2} \, \Omega$ $Rss_2 := Rss_1$ $Rss_3 := 0.005 \Omega$ 见式(2.5.11)

$Fx := \dfrac{4 \cdot \rho}{\mu_o \cdot \pi \cdot r^2} = 1.077 \times 10^{5} \text{Hz}$ 见式(2.5.14)

$Lc_1 := \dfrac{\mu_o \cdot l}{2 \cdot \pi} \cdot \ln\left(\dfrac{2 \cdot h \cdot s}{r \cdot \sqrt{s^2 + 4 \cdot h^2}}\right)$ $Lc_2 := Lc_1$

$Lc_3 := \dfrac{\mu_o \cdot l}{2 \cdot \pi} \cdot \ln\left(\dfrac{\sqrt{s^2 + 4 \cdot h^2}}{s}\right)$ 见式(2.11.3)

$Cc := \dfrac{1}{Lc} \cdot \left(\dfrac{l}{c}\right)^2$ 见式(2.3.8)

$Fq := \dfrac{1}{4 \cdot \sqrt{Lc_1 \cdot Cc_1}} = 4.997 \times 10^{6} \text{Hz}$ 见式(2.3.9)

图5.5.2的三导体装置的元件值:

$\dfrac{Rss}{2} = \begin{pmatrix} 0.254 \\ 0.254 \\ 2.5 \times 10^{-3} \end{pmatrix}$ $\dfrac{Lc}{2} = \begin{pmatrix} 1.645 \times 10^{-6} \\ 1.645 \times 10^{-6} \\ 4.223 \times 10^{-6} \end{pmatrix}$ $Cc = \begin{pmatrix} 7.608 \times 10^{-10} \\ 7.608 \times 10^{-10} \\ 2.964 \times 10^{-10} \end{pmatrix}$

$Zn := \begin{pmatrix} 132 \\ 0 \\ 0 \end{pmatrix} \Omega$ $Zf := \begin{pmatrix} 132 \\ 0 \\ 0 \end{pmatrix} \Omega$ $Gc := \begin{pmatrix} 0 \\ 0 \\ 0 \end{pmatrix} \text{S}$ $Rrad := 50 \Omega$

图 5.5.3 计算三导体电路模型的参数值

在该设置中,目标是分析电路对外部场的响应,而不是两个信号之间的交叉耦合。因此,程序分别将信号、返回值和结构标记为导体 1、导体 2 和导体 3。

来自工作表第 1 页的数据可用于为三 T 模型的大多数组件分配值,大多数,但不是全部。这仍然需要将模型与外部场相关联。

输入电磁场的作用是在结构中产生电流,并且该电流在共模环路中产生电压。如果假设结构的屏蔽效能为零,则可以假设干扰场中的所有功率都传递到该结构。这种功率传递可以由辐射电阻 $Rrad$ 和结构串联的电压源 $Vthreat$ 表示。在最坏的情况下,电压源 $Vthreat$ 的幅度可以通过图 5.3.6 的包络线来定义。

在 5.2 节虚拟导体中,假设辐射电阻值为 73Ω,与半波偶极子相同。然而,对单个导体长度的实际测试表明,假设值为 73Ω,模型的响应远低于实际响应。图 7.4.8 说明了这种差异。有理由认为,这种差异是由于存储在导体中的能量而不是功率引起的 73Ω 的负载。

对随后一个双芯电缆的测试结果显示,测量值的辐射电阻确实是远远小于 73Ω 的。图 7.5.10 说明在同一张图上测试电缆和模型的响应,表明峰值重合时假定的辐射电阻为 50Ω。这是图 5.5.4 对辐射阻抗的假定值。

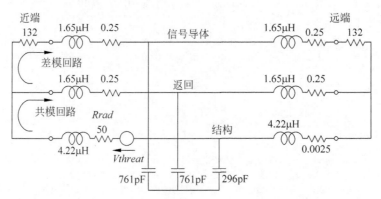

图 5.5.4　通过结构的辐射耦合的代表性电路模型

现在已经建立了一个连接电路模型和外部磁场的方法,可以创建所需的模型。图 5.5.4 为双芯电缆按照这个结构构建的电路模型。

这是一个相当简单的步骤,将此集总参数模型转化为使用分布式参数,如图 5.5.5 所示。此分布参数模型也定义了随后网格分析中所使用的四个电路环路。

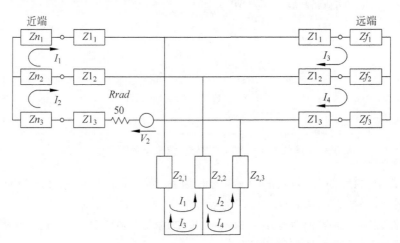

图 5.5.5　图 5.5.4 的分布参数模型

现在有足够的数据编制工作表的第 2 页,这一页如图 5.5.6 所示。图 5.5.5 是 $Zbranch(f)$ 函数计算的六个分布参数的值。这些数据输入给 $Zloop(f)$ 函数,在频率 f 点为电路创建一个 4×4 的环路阻抗矩阵。工作表的这一页是对图 4.3.2 第 2 页稍稍修改后的结果。

工作表5.5，第2页

$$\text{Zbranch}(f) := \begin{vmatrix} \omega \leftarrow 2 \cdot \pi \cdot f \\ \text{for } i \in 1..3 \\ \quad \begin{vmatrix} Rc_i \leftarrow Rss_i \cdot \sqrt{1 + \dfrac{f}{Fx}} \\ \theta \leftarrow \sqrt{(Rc_i + j \cdot \omega \cdot Lc_i) \cdot (Gc_i + j \cdot \omega \cdot Cc_i)} \\ Zo \leftarrow \sqrt{\dfrac{Rc_i + j \cdot \omega \cdot Lc_i}{Gc_i + j \cdot \omega \cdot Cc_i}} \\ Z_{1,i} \leftarrow Zo \cdot \tanh\left(\dfrac{\theta}{2}\right) \\ Z_{2,i} \leftarrow Zo \cdot \operatorname{csch}(\theta) \end{vmatrix} \\ Z \end{vmatrix}$$

$$\text{Zloop}(f) := \begin{vmatrix} Z \leftarrow \text{Zbranch}(f) \\ Z11 \leftarrow Zn_1 + Z_{1,1} + Z_{2,1} + Z_{2,2} + Z_{1,2} + Zn_2 \\ Z12 \leftarrow -(Z_{1,2} + Z_{2,2} + Zn_2) \\ Z13 \leftarrow -(Z_{2,1} + Z_{2,2}) \\ Z14 \leftarrow Z_{2,2} \\ Z22 \leftarrow Zn_2 + Z_{1,2} + Z_{2,2} + Z_{2,3} + Z_{1,3} + Zn_3 + Rrad \\ Z23 \leftarrow Z_{2,2} \\ Z24 \leftarrow -(Z_{2,2} + Z_{2,3}) \\ Z33 \leftarrow Zf_2 + Z_{1,2} + Z_{2,2} + Z_{2,1} + Z_{1,1} + Zf_1 \\ Z34 \leftarrow -(Z_{1,2} + Z_{2,2} + Zf_2) \\ Z44 \leftarrow Zf_3 + Z_{1,3} + Z_{2,3} + Z_{2,2} + Z_{1,2} + Zf_2 \\ \begin{pmatrix} Z11 & Z12 & Z13 & Z14 \\ Z12 & Z22 & Z23 & Z24 \\ Z13 & Z23 & Z33 & Z34 \\ Z14 & Z24 & Z34 & Z44 \end{pmatrix} \end{vmatrix}$$

图 5.5.6　计算分支和循环参数的值

图 5.5.7 说明在工作表的第 3 页对计算的最后的一个修订。输入干扰的功率密度设置为恒定的 $1\text{W}/\text{m}^2$。

$Vthreat(f)$ 的作用是在给定频率 f 下计算出威胁电压的值。此功能是威胁电压的包络函数的副本，来源于 5.3 节，并记录在图 5.3.6 中。

整数 n 用于设定零和四分之一波谐振频率 Fq 之间的频率范围内的点频数。已经计算出(在工作表的第 1 页中) Fq 的值约为 5MHz。整数 s 用于将频率的总范围设置为四分之一波频率的二十倍。变量 F 定义该范围内的每个点频率的向量。

主程序是由电流输出函数所定义。

工作表5.5，第3页

$S := 1$ $\quad$ Vthreat$(f) := \Big|$ $\lambda \leftarrow \dfrac{c}{f}$ $\qquad$ 频率 f 和功率密度为 S 时，计算威胁电压

$$Va \leftarrow \sqrt{S \cdot 3.77} \cdot \frac{\lambda}{\pi}$$

$$Vb \leftarrow Va\sin\left(2 \cdot \pi \cdot \frac{l}{\lambda}\right)$$

$$Vb \leftarrow Va \text{ if } l > \frac{\lambda}{4}$$

$n := 100$ $\qquad$ $s := 1..20 \cdot n$ $\qquad$ $F_s := s \cdot \dfrac{Fq}{n}$ $\qquad$ 定义频率范围

$Iout_s := \Big|$ $f \leftarrow F_s$ $\qquad\qquad\qquad\qquad\qquad$ 主程序

$\qquad\qquad$ $Z \leftarrow$ Zloop(f)

$$V \leftarrow \begin{pmatrix} 0 \\ \text{Vthreat}(f) \\ 0 \\ 0 \end{pmatrix}$$

$\qquad\qquad$ $I \leftarrow$ Isolve(Z, V)

$\qquad\qquad$ $|I_2|$

图 5.5.7　计算共模电流的频率响应

主程序由 $Iout$ 函数定义。这从 F 向量的 s 行中选出频率 f 的值，将 4×4 的环路阻抗值矩阵分配给变量 Z，将电压 V_2 设置为该频率下的威胁电压值，计算四个环路电流的值，把电流 I_2 的大小作为输出变量，并将结果存储在向量 $Iout$ 中。

由于 I_2 是共模环路近端电流的量度，因此向量 $Iout$ 实际上是每个点频率下的共模电流表。然后，使用两个向量 $Iout$ 和 F 定义共模电流的频率响应图。这由图 5.5.8 得到。

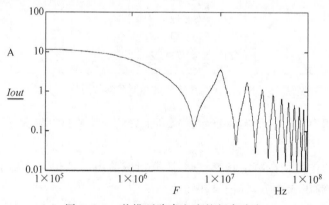

图 5.5.8　共模环路中电流的频率响应

这种响应遵循预期的模式：在四分之一波长的频率处为零，随后是半波频率处的峰值。接下来是一系列不断减小幅度的峰值和零点。

通过选择 I_1 的值作为主程序的输出变量,可以创建差模电流的频率响应图,如图 5.5.9 所示。

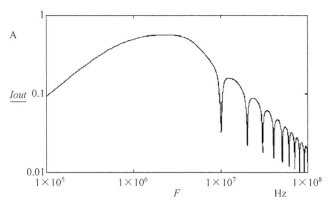

图 5.5.9 差模环路电流的频率响应

几个特点是值得注意的:

当频率为 100kHz~1MHz 时,差模环路中的电流幅度上升。这是因为共模环路中的电流相对恒定。在返回导体的电感中流动的频率增加的恒定电流导致该电感两端的电压上升。由于该电压施加到差模环路,因此该环路中的电流增加。

当频率上升到 2.5MHz 以上时,响应变平。这是因为 132Ω 电阻使谐振峰值的幅度最小化。值得注意的是,2.5MHz 对应于波长的八分之一,并且图 4.3.8 中的第一个交叉点也出现在波长的八分之一处。

虽然共模电流在 5MHz 的四分之一波频率处下降至最小,但差模电流的幅度保持相对恒定。这也是在终端使用阻抗匹配电阻器的一个特征。图 4.3.8 中的 Y_{crit} 曲线是理想配置的响应,其中在每个接口处使用特征阻抗可防止响应中的零点和峰值。

最有趣的特征可能是,尽管共模电流在半波频率(10MHz)处达到峰值,但差模电流下降到零。在此频率下,近端和远端的共模环路电流都达到谐振峰值,但它们具有相反的极性。虽然沿返回导体长度的一半产生的电压是正的,但沿另一半产生的电压是负的。由于返回导体上的共模电压抵消,因此沿着返回导体的整个长度的净电压最小。由于这是出现在差模环路中的电压,因此该电压引起的电流也下降到最小值。

波形图每 10MHz 重复一次,但最大幅度下降到每十倍 20dBA。这表明了这样的事实:随着频率的增加,可以传递到受害电路的最大功率减小。链路不足的时间越短,它可以从功率密度的干扰场中获得的功率越少。在设计印制电路板的电爆装置时,这是一个重要考虑因素。这个结论可以在式(5.1.15)中找到答案,它表明最大功率与波长的平方成正比。当导体的长度等于干扰信号的半波长时,获得最大功率。如果导体较长,则半波长较长,输出的最大功率较高。

可以得出结论,使用屏蔽双绞线为如图 5.5.1 所示的信号链路提供某种屏蔽措施会更好。需要进一步的分析和测试来检查设计的完整性。

这个例子阐述了在一个完美平坦结构上布线的均匀电缆,每个接口都有非常简单的终端。这可以是最简单、最理想化的解决方案。这也代表了最坏情况,因为没有考虑到系统中的其他设备也吸收干扰能量这一事实。

如果电缆的横截面不均匀,则有必要单独分析每个部分的特性,并引用等效电路的概念,如 1.3.3 节所述。图 5.5.5 采用的通用电路模型可以满足终端任何值的阻抗。如果对任何特定模拟的准确性存在任何疑问,则可以在测试台上进行电测量。

5.6 辐射灵敏度

在上一节中,创建了一个模型,该模型可以模拟设备对组件表面的外部电磁场的响应。为了扩展模拟范围,有必要引用电磁理论,可能涉及一些非常复杂的数学。

即便如此,也可以有一些简单的关系,这些关系用于获得响应的第一估计。

为了分析设备对外部辐射的敏感性,需要将天线模式环路中的威胁电压与远程发射机的输出相关联。由于正式的 EMC 要求,通常指定辐射敏感度的设置和测试级别,因此直接目标是模拟测试变压器的输出。

图 5.6.1 为用于此形式测试的装置类型。天线位于距被测设备规定的距离 r 处,其定向为在设备表面提供最大场强,并且在指定的频率范围内将指定功率 Pr 输入到测试天线,还指定了天线增益 Gt。

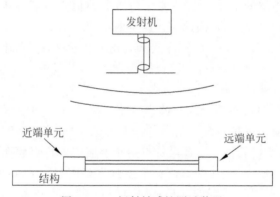

图 5.6.1　辐射敏感性测试装置

可以使用式 (5.1.6) 计算设备表面的功率密度 S,并且可以通过式 (5.1.11) 导出电场 E 的强度。如果电缆的长度 l 大于四分之一波长,则威胁电压 $Vthreat$ 可以从式 (5.3.6) 获得。如果长度小于四分之一波长,则可以用式 (5.3.3) 计算。这给出了图 5.3.6 的包络曲线的响应。

将这些方程分组,将威胁电压与发射机功率关联:

$$
\begin{aligned}
&S = \frac{Gt \cdot Pt}{4 \cdot \pi \cdot r^2} \\
&E = \sqrt{Zo \cdot S} \\
&Vthreat = \frac{\lambda}{\pi} \cdot E \quad 若 \quad l > \frac{\lambda}{4} \\
&Vthreat = \frac{\lambda}{\pi} \cdot E \cdot \sin\left(\frac{2 \cdot \pi \cdot l}{\lambda}\right) \quad 若 \quad l \leqslant \frac{\lambda}{4}
\end{aligned}
\tag{5.6.1}
$$

传递给干扰环路的最大功率受辐射电阻和威胁电压的限制，由图 5.5.4 可得

$$Pthreat = \frac{Vthreat^2}{Rrad} \tag{5.6.2}$$

由式(5.3.6)代替 $Vthreat$ 得到：

$$Pthreat = \left(\frac{\lambda}{\pi}\right)^2 \cdot \frac{E^2}{Rrad}$$

代替 E 得到：

$$Pthreat = \frac{\lambda^2 \cdot S}{\pi} \cdot \frac{Zo}{\pi \cdot Rrad} \tag{5.6.3}$$

因此，如果

$$Ge = \frac{Zo}{\pi \cdot Rrad} \tag{5.6.4}$$

然后，使用式(5.1.9)和式(5.1.3)代替 Zo 和 $Rrad$，在式(5.6.4)中，增益的值 Ge 可以计算出值为 1.64。与式(5.1.8)关联，方程(5.6.3)可以改写为：

$$Pthreat = \frac{Ge \cdot \lambda^2 \cdot S}{\pi} \tag{5.6.5}$$

将式(5.6.5)与式(5.1.15)进行比较得出的结论是：传递到干扰环路的功率理论上可以是匹配天线/负载组件的接收机端子处出现的功率的四倍。这样的结论意味着辐射电阻的假定值应为 36.5Ω，而不是式(5.1.3)中定义的 73Ω。

尽管 7.4 节和 7.5 节中描述的测试测量的辐射电阻值远小于 73Ω，但它们都没有达到 37.5Ω 的理论最小值。可以推测这种差异是由于储存的能量再辐射导致的。

还可以推断，7.5 节的测试是最坏的情况，因为所有天线模式功率都被传送到电缆，在实际情况中并非如此。输入辐射的一些功率被系统中的相邻布线吸收。由于对双导体电缆的测试，导致 $Rrad$ 的测量值为 50Ω，这似乎是任何辐射敏感性分析的合理切入点。

5.7　辐射发射

5.5 节中得出的电路模型也可用于确定被测设备的辐射发射。图 5.7.1 给出了该结构。

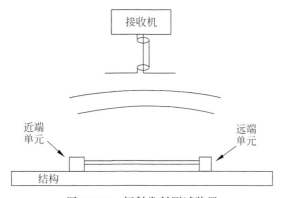

图 5.7.1　辐射发射测试装置

如果被测设备与图 5.5.1 相同,那么用于预测发射的模型可以基于图 5.5.4 得到。唯一需要做的改变是用短路代替 $Vthreat$ 和 $Rrad$,并插入电压源 $Vdiff$。

在图 5.7.2 中,电压源 $Vdiff$ 位于差模环路中,以模拟近端设备产生的输出信号。创建共模环路电流,且可以计算该电流的幅度。在最坏情况下,假设结构的屏蔽效果为零。在这种情况下,共模电流将是辐射源。在图中,标识为 $Irad$。

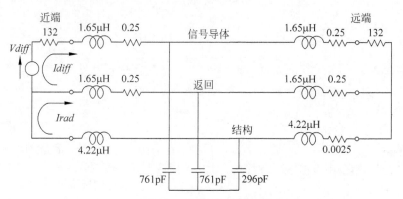

图 5.7.2   辐射发射分析的典型电路模型

$Pead$ 的能量通过电流 $Irad$ 转换到环境中,为:

$$Prad = Irad^2 \cdot Rrad \tag{5.7.1}$$

从式(5.1.6)开始,距离组件距离为 r 的监视天线的功率密度为:

$$Sm = \frac{Ge \cdot Prad}{4\pi r^2} \tag{5.7.2}$$

由于被测组件与经过辐射敏感性试验的组件相同,因此增益 Ge 与式(5.6.4)定义的相同。代入 Ge 和 $Prad$,得到:

$$Sm = \frac{Zo}{\pi \cdot Rrad} \cdot \frac{Irad^2 \cdot Rrad}{4\pi r^2}$$

$$= Zo \cdot \frac{Irad^2}{4\pi^2 r^2} \tag{5.7.3}$$

值得注意的是,这种关系不依赖于 $Rrad$ 的值。从式(5.1.12)得到监测天线表面磁场强度为:

$$Hm = \sqrt{\frac{Sm}{Zo}}$$

代入 Sm 得到:

$$Hm = \frac{Irad}{2\pi r} \tag{5.7.3}$$

即使在推导中没有简化假设,这种关系也就像人们希望的那样简单(它可以通过假设一个无限长的导体从式(2.2.1)得出,但实际上并不是)。

值得注意的是,这种推导是基于这样的假设:导体在无损介质中以最大效率充当半波偶极子。当导体的长度不是 $l = \lambda/2$ 时,输送到环境的功率将远远小于 $Prad$。反过来,这意味着式(5.7.3)中,电流 $Irad$ 可以产生最大磁场强度 Hm。

使用式(5.7.3)的定义监控天线的磁场强度,式(5.1.12)将功率密度与磁场相关联,并使用式(5.1.15),将功率密度与传送到接收机输入端子的功率相关联,得出方程组:

$$Hm = \frac{Irad}{2\pi r}$$

$$Sm = Zo \cdot Hm^2 \tag{5.7.4}$$

$$Pm = \frac{Gm \cdot \lambda^2 \cdot Sm}{4 \cdot \pi}$$

Gm 是通过测试得到的天线增益。

这建立了被测设备辐射到环境中的电流与传送到接收机输入端的功率之间的关系。

将这组方程式添加到计算共模电流的子程序中,将得到如图 5.7.1 所示的近端单元的信号输出电压与测试接收机测量的干扰电平之间的清晰关系。

第6章

瞬 态 分 析

瞬态是电子系统中一直存在的故障源。当电流保持磁化中断时,继电器、开关、电动机和电源等可能会导致存储的磁能突然释放。静电放电会导致瞬间产生高幅电流尖峰。无论来源如何,高强度电磁辐射的短暂爆发几乎可以发生在电气系统的任何地方。

这种瞬态很容易破坏微处理器处理的数据流。实际上,任何模拟或数字电路链路都可能被打乱。根据处理电路的易感性,这些事件可能是无关紧要的、烦人的、危险的或灾难性的。

本节介绍使用时间步长分析模拟瞬态特性。它得出的模型可以模拟沿双导线传播的阶跃脉冲产生的发射。鉴于对所设计机制的深入了解,设计人员可以设计出最小化这种发射的电路。这种电路还应该能够最小化易感性。第8章列出了从这种方法中衍生出来的一些技术。

与频率响应分析一样,输入场的影响可以由电压源表示,而输出场可以根据天线模式电流来定义。电压源的幅度是外部辐射的 E 场的函数,而辐射发射的 H 场是天线模式电流的函数。通过近似,可以假设两个场的幅度与发射机和接收机之间的间隔成反比。所有无源参数(电阻、电感、电容和电导)保持不变。特定电缆组件的电气特性与该组件承载的信号或功率的波形无关。

6.1 节介绍了时间步长分析的基础知识,并包含两个如何开发模拟瞬态波形的例子。时间步长分析的一个基本特征是定义输入电压,并且即时计算电流,计算涉及绝对实际值。与频率响应分析不同,时间步长分析从不引用相量、相角、虚数、电抗或电纳的概念。另一个含义是阻抗只能是电阻性的。因此,为避免对此类分析过程中所使用的术语产生任何误解,使用变量 Ro 来定义特征阻抗。

6.2 节中的公式基于传输线中瞬变理论分析中使用的部分电流和部分电压的概念。其中描述了一种程序,该程序模拟步进脉冲施加到近端时双导线的响应。可以开发这一模型以在响应终端包括接口电路。

6.3 节研究了延迟线模型的特性,并表明电感和电容的特性仍然存在。

当四分之一波长频率的正弦波源连接到远端开路的双导线电缆时,随着连续半周期中的能量存储在电缆中,电流将逐渐增大,如图 6.3.10 所示。

连接半波频率的信号,传送到电缆的电流将逐渐减小。这是因为电缆中存储的能量增加到从电源到电缆的能量和从电缆到电源传递的能量平衡的基准,图 6.3.11 说明了这一点。

图 6.3.10 和图 6.3.11 表明,分析系统对正弦信号的瞬态响应有助于更好地理解频率响应。

6.4 节解决分析天线模式瞬变的问题。描述一个实验,其中将步进脉冲输入到双绞线电缆中,该电缆在远端是开路的。经过反复试验,确定电路模型,这是一个能够公平复制响应的电路。这种模型的存在引发了几个涉及机制的问题,这些问题促进了模型的进一步发展。

在 6.5 节中,图像出现在沿信号导体传播的波前,其形式类似于船行进中激起的波浪。如果导体之间间隔 2mm,则波前不会到达返回导体,直到前沿沿信号导体前进 2mm,电荷沉积在返回导体上。感应电压使电流流回源,该电流产生电磁场,其与信号导体耦合并且向外辐射。由于返回导体中的电流不完全平衡信号导体中的电流,因此存在不平衡电荷,其沿着电缆传播,恰好出现在波前。

由于返回电流始终小于信号电流,因此必须有一个净空流模式电流流向远端。该输出电流必须通过来自接地连接的电流流入来平衡。实际上,该系统表现得像偶极子,电缆作为一个单极子,接地导体作为另一个。

这意味着涉及至少三个电流分量:

(1) 携带差模信号;

(2) 在电缆上存储不平衡电荷;

(3) 以流出径向的电磁辐射。

6.6 节推导出一般电路模型,允许计算所有三个元件的幅度。这部分介绍了计算的程序,将模型的响应与示波器上显示的波形进行比较,可以对齐两个波形。如此导出的元件值可以用于被测电缆代表性模型,如图 6.6.5 所示。测试结果在 7.6 节中描述。

6.1　时间步长分析

6.1.1　基本概念

瞬态分析的经典方法是使用变换——拉普拉斯变换或 Heaviside 变换。然而,当处理遇到的电路类型时,这种方法变得极其复杂。因此,这里采用的方法与 SPICE 软件的仿真程序所使用的方法基本相同——时间步长分析[6.1]。

这种形式的分析类似于数学中用于求解非线性方程的迭代方法。本质区别在于每个计算在以后的阶段给出系统的定义。如果时间步长足够小,则可以假设每个电流的幅度变化是线性的。

有两个因素参与每组计算:

· 紧接在计算之前的系统状态;

· 施加电压的增量变化。

节点分析或网格分析都是可能的,由于网格分析已用于频域计算,因此在时域中继续进行该类型的分析是合乎逻辑的。

6.1.2 基本方程

基本方程可以简化为:

对于一个电感器,

$$V = L \cdot \frac{\mathrm{d}I}{\mathrm{d}t} \tag{6.1.1}$$

对于电阻,

$$V = R \cdot I \tag{6.1.2}$$

对于电容,

$$V = \frac{Q}{C} \tag{6.1.3}$$

这里,

$$Q = \int_0^t I \cdot \mathrm{d}t \tag{6.1.4}$$

其中,

$t =$ 经过时间

$\mathrm{d}t =$ 有限的时间增量

$\mathrm{d}I =$ 当前的有限增量

6.1.3 串联 LCR 电路

对于如图 6.1.1 所示的电路,任何时刻的总电压都是每个元件的瞬时电压之和。这给出了循环方程式:

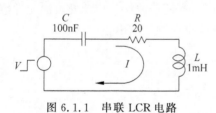

图 6.1.1 串联 LCR 电路

$$V = L \cdot \frac{\mathrm{d}I}{\mathrm{d}t} + R \cdot I + \frac{Q}{C} \tag{6.1.5}$$

基于 Heaviside 变换的分析,定义当阶跃电压施加到电路的输入端时,电流和时间之间的关系式。如果电路最初处于静止状态,则:

$$I = \frac{V}{L} \cdot \frac{1}{a-b} \cdot (\mathrm{e}^{-b \cdot t} - \mathrm{e}^{-a \cdot t})$$

其中,$a = \alpha + \beta, b = \alpha - \beta, \alpha = \dfrac{R}{2 \cdot L}, \beta = \sqrt{\dfrac{R^2}{4 \cdot L^2} - \dfrac{1}{L \cdot C}}$。

一种不太优雅但更简单的方法是使用时间步长分析,制定一个简短的计算机程序。编译这样的程序的步骤概述如下。

在时间增量 $\mathrm{d}t$,通过电流变化的增量 $\mathrm{d}I$,其中:

$$\mathrm{d}I = \frac{\mathrm{d}t}{L} \cdot \left(V - R \cdot I - \frac{Q}{C} \right) \tag{6.1.6}$$

在该增量时间结束时,电流值将发生变化。在附录 A 所示的 Mathcad 计算机程序中,当前的新值定义为:

$$I \leftarrow I + \mathrm{d}I \tag{6.1.7}$$

在此期间,电容器上的电荷变了,并且程序状态的 Q 更新为:

$$Q \leftarrow Q + I \cdot dt \qquad (6.1.8)$$

最后三个等式构成了如图 6.1.2 所示的 Mathcad 工作表中简单子程序 next(D)的基础。变量 D 是一个双元素向量,包含任何特定时刻的如图 6.1.1 所示电路中的电流和电荷值。

工作表6.1.1

$\underline{L} := 1 \cdot 10^{-3} \mathrm{H}$ $\qquad$ $\underline{C} := 100 \cdot 10^{-9} \mathrm{F}$ $\qquad$ $\underline{R} := 20\Omega$

$\underline{V} := 1\mathrm{V}$ $\qquad$ $\underline{dt} := 10^{-6} \mathrm{s}$ $\qquad$ $\underline{N} := 100$

$$D := \begin{pmatrix} 0 \\ 0 \end{pmatrix} \qquad \mathrm{next}(D) := \begin{vmatrix} I \leftarrow D_1 \\ Q \leftarrow D_2 \\ dI \leftarrow \dfrac{dt}{L} \cdot \left(V - R \cdot I - \dfrac{Q}{C}\right) \\ I \leftarrow I + dI \\ Q \leftarrow Q + I \cdot dt \\ \begin{pmatrix} I \\ Q \end{pmatrix} \end{vmatrix}$$

$$i := 2..N \qquad \mathrm{Iout}_i := \begin{vmatrix} D \leftarrow \mathrm{next}(D) \\ D_1 \end{vmatrix} \qquad t_i := (i-1) \cdot dt$$

图 6.1.2 计算串联 LCR 电路的瞬态响应

子程序选出这两个值,采用式(6.1.6)～式(6.1.8)进行更新,然后返回 I 和 Q 的新值。时间增量 dt 的值在工作表的顶部设置为 $1\mu s$,其他电路参数也进行相似的设定。

主程序的控制变量 i 设置为从 2 到 N 变化,其中 N 预设为 100。主程序本身在子程序的正下方定义,它只是在每个时间步更新数据变量 D,选出 D_1(当前 I)的值,并将其传递给元素 Iout_i,其中向量 Iout 是输出电流。

变量 t 记录每次计算的时间,并允许显示 Iout 与时间的关系图,如图 6.1.3 所示。毫不奇怪,这是一个阻尼的正弦波。

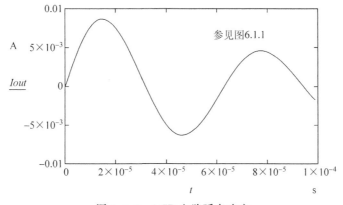

图 6.1.3 LCR 电路瞬态响应

6.1.4 并行 LCR 电路

当 L、C 和 R 分量是并联的,得到三个单独的环路,如图 6.1.4 所示。

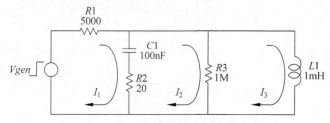

图 6.1.4 并联 LCR 电路

环路方程是:

$$Vgen = (R1 + R2) \cdot I_1 + \frac{Q_1}{C1} - \frac{Q_2}{C1} - R2 \cdot I_2 \tag{6.1.9}$$

$$0 = -R2 \cdot I_1 - \frac{Q_1}{C1} + \frac{Q_2}{C1} + (R2 + R3) \cdot I_2 - R3 \cdot I_3 \tag{6.1.10}$$

$$0 = -R3 \cdot I_2 + R3 \cdot I_3 + L1 \cdot \frac{\mathrm{d}I_3}{\mathrm{d}t} \tag{6.1.11}$$

在计算每个时间步长的变量值时,需要考虑步进脉冲的特性。从理论上讲,它在零时间内从零伏变为 $Vgen$。就初始步骤而言,$C1$ 表现为短路,$L1$ 表现为开路。大部分初始浪涌电流 I_1 串联流过 $C1$ 和 $R2$。$R2$ 两端的合成电压产生电流 I_2。在 $R3$ 中流动的电流 I_2,在 $L1$ 上产生电压。

这意味着,最初 I_1 是最显著的电流,I_2 不明显,而 I_3 是无关紧要的。这时可以有效地计算各个参数。

因为电容器上的电荷由 $I_1 - I_2$ 决定,所以式(6.1.9)和式(6.1.10)可简化为:

$$Q = Q_1 - Q_2 \tag{6.1.12}$$

假定 I_1、I_2 和 I_3 的初始值是零。

电流 I_1 可以通过式(6.1.9)计算,有:

$$I_1 = \frac{1}{R1 + R2} \cdot \left(Vgen + R2 \cdot I_2 - \frac{Q}{C1}\right) \tag{6.1.13}$$

因为 I_1 的值是已知的,所以它可用于计算 I_2 的新值

$$I_2 = \frac{1}{R2 + R3} \cdot \left(R2 \cdot I_1 + R3 \cdot I_3 + \frac{Q}{C1}\right) \tag{6.1.14}$$

I_2 的新值计算 I_3 的变化率

$$\mathrm{d}I_3 = \frac{\mathrm{d}t}{L1} \cdot R3 \cdot (I_2 - I_3) \tag{6.1.15}$$

I_3 的新值:

$$I_3 \leftarrow I_3 + \mathrm{d}I_3 \tag{6.1.16}$$

由于 I_2 和 I_3 已经更新:

$$Q \leftarrow Q + (I_1 - I_2) \cdot \mathrm{d}t \tag{6.1.17}$$

然后,将式(6.1.13)~式(6.1.17)作为子程序,该子程序在每个时间步长更新电流和电荷的值,如图 6.1.5 所示。

工作表6.1.2

$R1 := 5000\Omega$　　　　　$R2 := 20\Omega$　　　　　$R3 := 10^6\Omega$

$L1 := 1\cdot10^{-3}$H　　　　$C1 := 100\cdot10^{-9}$F　　　　$Vgen := 1$V

$\underline{dt} := 10^{-8}$s

$$D := \begin{pmatrix} 0 \\ 0 \\ 0 \\ 0 \end{pmatrix}$$

$$\text{next}(D) := \begin{vmatrix} I2 \leftarrow D_2 \\ I3 \leftarrow D_3 \\ Q \leftarrow D_4 \\ I1 \leftarrow \dfrac{1}{R1+R2}\cdot\left(Vgen + R2\cdot I2 - \dfrac{Q}{C1}\right) \\ I2 \leftarrow \dfrac{1}{R2+R3}\cdot\left(R2\cdot I1 + R3\cdot I3 + \dfrac{Q}{C1}\right) \\ dI3 \leftarrow \dfrac{dt}{L1}\cdot R3\cdot(I2 - I3) \\ I3 \leftarrow I3 + dI3 \\ Q \leftarrow Q + (I1 - I2)\cdot dt \\ \begin{pmatrix} I1 \\ I2 \\ I3 \\ Q \end{pmatrix} \end{vmatrix}$$

$\underline{T} := 100\cdot10^{-6}$s

$\underline{N} := \text{ceil}\left(\dfrac{T}{dt}\right)$

$i := 2..N$　　　　$Iout_i := \begin{vmatrix} D \leftarrow \text{next}(D) \\ D_3 \end{vmatrix}$　　　　$t_i := (i-1)\cdot dt$

图 6.1.5 计算并联的 LCR 电路的瞬态电流幅度

检查计算精度的最简单方法是改变时间步长 dt 并重新计算。如果时间步长的幅度减小,导致输出波形没有变化,则可以假设模拟相当准确。

在如图 6.1.5 所示的工作表中,模拟时间 T 设为 100ms,且迭代的定义为:

$$N = \text{ceil}\left(\frac{T}{dt}\right) \tag{6.1.18}$$

(在 Mathcad 中,函数 ceil(z)返回大于或者等于 z 的最小整数。)不管选用什么样的 dt 值,仿真时间为 100ms。图 6.1.6 中显示的波形是电感 L1 中的电流。这是一个振铃瞬态,类似于图 6.1.3。这与之前响应的主要区别在于稳态幅度接近 200mA。也就是说,当施加 1V 的电压时,相当于 5kΩ 电阻器中的电流。

在编制类似于本节所示的两个程序时,第一个目标是在第一个时间增量期间,得到具有最大变化的参数。在第一个例子中,是电感器两端的电压;在第二个例子中,是电容器中的电流。

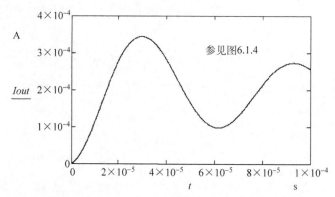

图 6.1.6　并联的 LCR 电路的电感器中的电流波形

6.2　延时线模型

传输线理论引用了电磁波的概念,该电磁波沿着由一对平行导体限定的路径向前和向后传播。图 6.2.1 说明了这个概念。

图 6.2.1　传输线反射

空间中的电磁波传播速度约为 $300\text{m}/\mu\text{s}$,但电缆中介电材料的存在会降低该速度。如果假设传播速度为 v,则电磁波从线路的一端传播到另一端所花费的时间是时间参数 T,其中:

$$T = \frac{l}{v} \tag{6.2.1}$$

最初的假设是传输线没有辐射损耗,并且线路没有吸收外部辐射。值得注意的是,传统教科书中没有确定这些假设。

电磁信号已经由近端的发送器传送到线路,那么它将在经过 T 秒的时间之后到达远端。其中一些将被接收机中的负载吸收,而其中一些被反射。图 6.2.2 以电流和电压的形式说明了信号在任何时刻的分量。

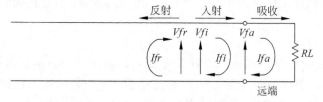

图 6.2.2　线远端的电压和电流

传统理论根据双导体线的一个导体中的电流描述了这种情况,并假设线的特性集中在这个导体中。为了分析三导线,有必要根据环路电流来查看所有电流。在这里采用的规则中,正环路电流定义为顺时针。

在计算过程中使用识别每个参数的速记方法,以跟踪所有这些电流和电压。这里采用的方法是使用字母 f 表示参数位于远端,以字母 n 表示它位于近端,并使用相关字的第一个字母来表示参数是否为吸收、反射或发生事故。因此,Ifa 是被远端接收机中的负载电阻吸收的电流。

参数 Ifi 和 Ifr 的一个值得注意的特征是它们是"部分电流"。任何特定位置的线路中的总电流是该位置处的 Ifr 和 Ifi 的总和。类似地,Vfr 和 Vfi 可以描述为"部分电压"。

图 6.2.2 中的电流和电压的关系为:

$$Vfi + Vfr = Vfa \qquad (6.2.2)$$
$$Ifi + Ifr = Ifa \qquad (6.2.3)$$

电压可以用电流表示为:

$$Vfi = Ro \cdot Ifi \qquad (6.2.4)$$
$$Vfr = -Ro \cdot Ifr \qquad (6.2.5)$$
$$Vfa = RL \cdot Ifa \qquad (6.2.6)$$

其中 Ro 为线的特性阻抗,RL 是负载电阻。式(6.2.4)减去式(6.2.5),得到:

$$Vfi - Vfr = Ro \cdot (Ifi + Ifr)$$

由式(6.2.3):

$$Vfi - Vfr = Ro \cdot Ifa \qquad (6.2.7)$$

由式(6.2.6)代替式(6.2.2)中的 Vfa,则:

$$Vfi + Vfr = RL \cdot Ifa \qquad (6.2.8)$$

添加式(6.2.7)和式(6.2.8):

$$2 \cdot Vfi = (Ro + RL) \cdot Ifa \qquad (6.2.9)$$

重新排列式(6.2.9),并用式(6.2.4)代替 Vfi,得到:

$$Ifa = \frac{2 \cdot Ro \cdot Ifi}{Ro + RL} \qquad (6.2.10)$$

将输送到接收机的电流与从传输线到达的入射电流相关联,反射电流由式(6.2.3)确定。

$$Ifr = Ifa - Ifi \qquad (6.2.11)$$

使用式(6.2.10)替代式(6.2.11)中的 Ifa,得到电磁理论教科书中反射系数的标准方程。

$$K = \frac{Ifr}{Ifi} = \frac{Ro - RL}{Ro + RL}$$

不使用这个系数,因为远端的负载可以是电阻器、电感器和电容器的任何混合物。重要的是,要知道实际传送到接收机的电流值 Ifa。该电流的大小是接口电路状态的函数。如果已知 Ifa,则可以从式(6.2.11)中获得 Ifr 的值。

由远端终端 Ifr 反射的电流沿着线路返回,并在近端的终端处表现为入射电流 Ini,如图 6.2.3 所示。由于正环路电流在所有图表上定义为顺时针,并且功率通过线路传递到近端,因此,入射电压 Vni 必须相对于电压 Vfr 反转。

在任何时刻,近端电压是:

$$Vni + Vnr + Vgen = Vna \qquad (6.2.12)$$
$$Ini + Inr = Ina \qquad (6.2.13)$$

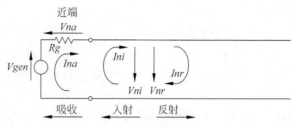

图 6.2.3 线近端的电流和电压

$$Vni = Ro \cdot Ini \tag{6.2.14}$$

$$Vnr = -Ro \cdot Inr \tag{6.2.15}$$

$$Vna = Rg \cdot Ina \tag{6.2.16}$$

用一样的过程分析远端电流和电压,近端的关系为:

$$Ina = \frac{2 \cdot Ro \cdot Ini + Vgen}{Ro + Rg} \tag{6.2.17}$$

和

$$Inr = Ina - Ini \tag{6.2.18}$$

与涉及集总参数的计算不同,系统在时间 t 的状态取决于其在时间 $t - dt$ 的状态,传输线每端的设备接口状态取决于在时间 $t - T$ 的另一端接口的状态。

由于线路每端的电流和时间相关,因此,有必要在大量时间步长的瞬时值上存储数据。这就需要记录表,每个记录保存定义时刻的参数值数据,需要创建一个数组来保存这些数据。

幸运的是,这个数组不必为每个瞬间存储大量变量。如果接口电路是纯电阻的,那么只涉及两个参数,即远端的反射电流 Ifr 和近端的反射电流 Inr。这将数组的列数限制为两个。行数也可以受到限制,因为 $t - T$ 之前的传输线状态不参与计算。如果持续时间 T 被分为 N 个持续时间 dt,那么:

$$dt = \frac{T}{N} \tag{6.2.19}$$

以这种方式定义 dt 的值,确保瞬态到达终止的每个瞬间得到计算。

这意味着该表包含 N 条记录,并且每条记录包含两个值。在任何特定仿真期间需要多次扫描表格,因此,需要某种方式将每个事件的时间与适当的记录相关联。

如果每个样本之间的时间间隔总是 dt,那么计算数 n 和时间 t 之间的关系由下式给出:

$$t_n = n \cdot dt \tag{6.2.20}$$

表 6.2.1 说明了计算数 n 与表的相关列 p 之间的必要相关性,假设列数 N 为 10。

图 6.2.4 是一种结构,其中信号从双导线的一端传输到另一端。瞬态从一端传播到另一端所需的时间是 100 ns,特征阻抗是 100Ω。近端的信号源是电压发生器 $Vgen$,输出阻抗为 10Ω。远端电阻器 RL 提供 1000Ω 的负载阻抗。

确定该信号链路对阶跃电压的响应,仅仅是将相关方程组装成有序序列的问题。如图 6.2.5 所示的工作表说明了一种方法。

工作表的前两行直接来源于未完成结构的特征。在第三行,数字 N1 设置为 100,定义了在瞬态脉冲的单次遍历期间要执行的计算的数量。选择 N1 的值,实现 30 次这样的扫描。

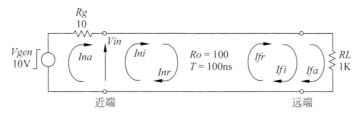

图 6.2.4　延迟线模型

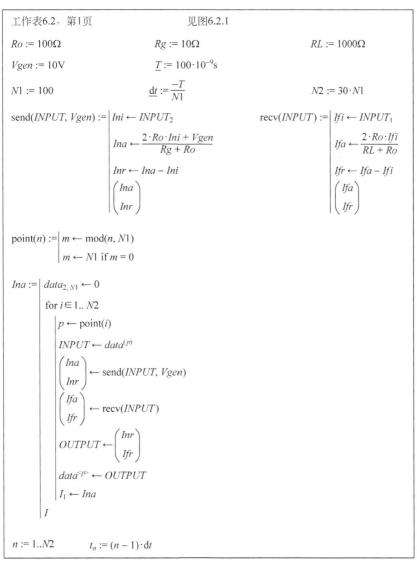

图 6.2.5　计算线近端电流波形

表 6.2.1 计算次数与数据样本间的关系

n	1	2	3	4	5	6	7	8	9	10
n	11	12	13	14	15	16	17	18	19	20
n	21	22	23	24	25	26	27	⋯	⋯	⋯
p	1	2	3	4	5	6	7	8	9	10
Inr										
Ifr										

函数 send($INPUT$, $Vgen$)执行计算,该计算为在任何特定时刻(时间 t)存在于线路近端的电流,它有两个输入变量。

电压 $Vgen$ 是电压源的幅度,对于步进脉冲,其值在 $t=0$ 之前始终为零,此后始终为 10V。对于正弦波,它是时间的正弦函数。变量 $INPUT$ 是一个双元素向量,包含时间 $t-T$ 的 Inr 和 Ifr 的值。

该子程序的第一行选择 Ifr 的值。由于假设线路中没有损耗,因此该值是在时间 t 到达近端终端的电流 Ini 的幅度。

鉴于 $Vgen$ 和 Ini 的值可用于子程序,Ina 和 Ini 的值可以用式(6.2.17)和式(6.2.18)计算。子程序的输出是一个双元素向量,包含在 t 时刻这两个参数的值。

子程序 recv($INPUT$)对远端的电流执行一组类似的计算,并返回一个具有 Ifa 和 Ifr 值的双元素向量。

point(n)函数将计算序列的数量 n 作为输入,并使用它来计算 p 的值,这是指向表 6.2.1 中相应记录的指针。

在 Mathcad 中,函数 mod(n, N)在除以 N 时返回 n 的余数。

主程序用于计算 Ina 的一组值,即传输到传输线输入端的电流。

主程序的第一个操作是将数组 data 定义为具有两行和 $N1$ 列。最初,所有值都设置为零。

控制变量 i 的变化范围为 1 到 $N2$,也就是计算总数。

对于每个计算,计算整数 p 的值。这指向 data 数组中的相应列,并将存储在该列中的记录定义为向量 $INPUT$。这是一个双元素向量,在时间 $t-T$ 保持 Inr 和 Ifr 的值。

通过两个子程序 send($INPUT$, $Vgen$)和 recv($INPUT$),在时间 t 将这些值视为 Ifi 和 Ini,并计算 Inr 和 Ifr 的值。它们放在一个双元素向量 $OUTPUT$ 中,该向量的内容用于覆盖 data 数组 p 列中的记录。

每个计算的最后一个动作是选择局部变量 Ina 并将该值放在向量 I 的元素 i 中。

主程序的输出是一个包含计算 Ina 的所有值向量。该参数可以视为传送到传输线输入端的电流。

该电流的波形如图 6.2.6 所示。初始阶跃电流的幅度是由 10Ω 和 100Ω 串联负载的 10V 电源引起的。只有在发生几次反射之后,电流才会稳定到稳态值,即由 1000Ω 和 10Ω 串联负载的 10V 电源引起的。在建立期间,系统中出现高频振荡。

如图 6.2.4 所示的结构表明了普通系统中的许多信号链路。在许多配置中,发送器的输出阻抗小于 10Ω,负载的输入阻抗大于 1000Ω。这意味着每次发生电压阶跃时,线路上都

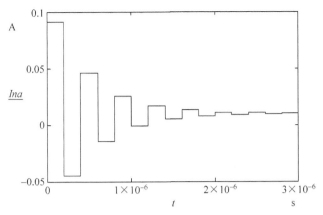

图 6.2.6　输送到传输线输入端的电流波形

会有短暂的振荡脉冲。

每当逻辑信号改变状态并且每次器件接通或断开时,都会发生电压的阶跃变化。如果接口电路与线路不匹配,那么它还会携带大量的高频瞬态电流。此外,频率接近四分之一波长谐振的频率,这是产生最大发射的理想频率。

6.3　线特性

看起来延迟线的模型失去了任何电路模型的两个基本特征:没有电感器,也没有电容器。但是,这些参数并没有真正消失。

无损耗线的确定参数是特征阻抗 Ro 和转换时间 T(在瞬态分析中,不存在电抗的概念,因为参数 L 和 C 是分开处理的。阻抗参数只能是电阻性的)。由于这些是从线路的电感和电容值得出的,因此应该可以反转该过程。

式(4.1.7)和式(4.1.18)定义了传输线的基本关系。对于无损耗线,频率响应为:

$$Ro = \sqrt{\frac{La}{Ca}} \tag{6.3.1}$$

和

$$\theta = j \cdot \omega \cdot \sqrt{La \cdot Ca} \tag{6.3.2}$$

其中 La 和 Ca 是环路电感和线的环路电容。由式(2.3.8)可以得到:

$$\sqrt{La \cdot Ca} = \frac{l}{v} = T \tag{6.3.3}$$

它遵循:

$$\theta = j \cdot \omega \cdot T \tag{6.3.4}$$

由式(6.3.1)可以得到:

$$Ca = \frac{La}{Ro^2} \tag{6.3.5}$$

在式(6.3.3)中,替换 Ca:

$$T = \frac{La}{Ro}$$

这将从方程中移除 j 运算符和 ω 参数,并允许根据 T 和 Ro 定义电感:

$$La = T \cdot Ro \tag{6.3.6}$$

在式(6.3.5)中,替代 La:

$$Ca = \frac{T}{Ro} \tag{6.3.7}$$

因此,式(6.3.6)和式(6.3.7)中,允许用 Ro 和 T 获得 La 和 Ca 的值。

可以通过使远端终端短路并通过已知值的电阻向近端施加电压来确定传输线的电感。图 6.3.1 为该结构,图 6.3.2 为使用集总参数时的相应模型。

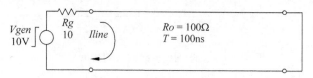

图 6.3.1　电感型的传输线结构

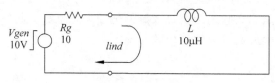

图 6.3.2　短路线的集中参数模型

分析图 6.3.1 的响应只需复制图 6.2.5 的 Mathcad 工作表,将 RL 的值更改为零,然后重新运行程序。这构成了新工作表的第 1 页。

分析图 6.3.2 的响应是遵循 6.1.1 节中描述的过程,循环方程是:

$$Vgen = Rg \cdot I + L \cdot \frac{\mathrm{d}I}{\mathrm{d}t} \tag{6.3.8}$$

重新整理这个公式,得到:

$$\mathrm{d}I = \frac{L}{\mathrm{d}t} \cdot (Vgen - Rg \cdot I) \tag{6.3.9}$$

式(6.3.9)构成了如图 6.3.3 所示程序的核心。这是新工作表的第 2 页。

工作表6.3.1,第2页
工作表的第1页是图6.2.5的拷贝,且$RL = 0$

$Rg := 10$　　　$RL := 0$　　　$\mathrm{d}t := 1 \cdot 10^{-9}$　　　$L := T \cdot Ro$　　　$L := 1 \cdot 10^{-5}$

$I := 0$　　　$\mathrm{next}(I) := \begin{vmatrix} \mathrm{d}I \leftarrow \frac{\mathrm{d}I}{L} \cdot (Vgen - Rg \cdot I) \\ I \leftarrow I + \mathrm{d}I \end{vmatrix}$　　　$lind_n := \begin{vmatrix} I \leftarrow \mathrm{next}(I) \\ I \end{vmatrix}$

图 6.3.3　计算图 6.3.2 模型的响应

传输线模型的响应由图 6.3.4 的阶梯曲线 $Iline$ 说明。集总参数模型的响应由实线曲线 $lind$ 说明。正如预期的那样,电流呈指数上升至 1A;恒定电压 10V 在 10Ω 的稳定电流。

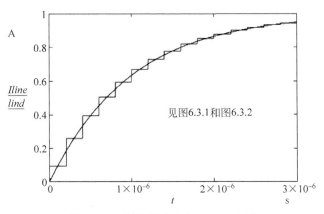

图 6.3.4 短路线响应和 10mH 电感

两种模型的响应之间的相关性非常明显。它说明了传输线模型确实具有电感特性的事实,并且式(6.3.6)定义了该电感的值。

线路的电容可以通过开路线路远端的终端,并通过增加 Rg 的值来表示。

在图 6.3.5 中,RL 的值变为 10MΩ,与 Ro 相比是开路。Rg 的值变为 1000Ω,是 Ro 值的 10 倍。

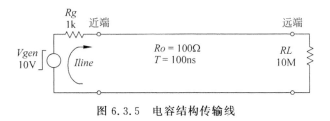

图 6.3.5 电容结构传输线

对于这样的结构,该集总参数模型如图 6.3.6 所示,C 的值可以使用式(6.3.7)来计算。

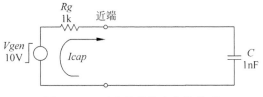

图 6.3.6 开路线的集中参数模型

该模型的循环方程为:

$$Vgen = Rg \cdot I + \frac{Q}{C} \tag{6.3.10}$$

有:

$$I = \frac{1}{Rg} \cdot \left(Vgen - \frac{Q}{C}\right) \tag{6.3.11}$$

比较开路线与 R-C 线路的响应,可以通过调用与电感评估相似的程序来实现。图 6.3.7 是相关工作表第 2 页的副本。Rg 和 RL 的新值记录在页面顶部,程序的核心计算来自式(6.3.11)。

工作表6.3.1，第2页
工作表的第1页是图6.2.5的副本，且$RL = 10^7$

$$Rg := 10 \qquad RL := 0 \qquad dt := 1 \cdot 10^{-9} \qquad \underline{L} := T \cdot Ro \qquad L := 1 \cdot 10^{-5}$$

$$I := 0 \qquad next(I) := \begin{vmatrix} dI \leftarrow \dfrac{dt}{L} \cdot (Vgen - Rg \cdot I) \\ I \leftarrow I + dI \end{vmatrix} \qquad lind_n := \begin{vmatrix} I \leftarrow next(I) \\ I \end{vmatrix}$$

图 6.3.7　计算在 1nF 电容的瞬态电流

图 6.3.8 为计算结果。正如预期的那样，由于 10V 的电压，经过 1kΩ 的电阻，进入电容器 C 的电流的初始幅度为 10mA。跟踪该响应的阶梯曲线是由传递到开路传输线的电流决定的，如图 6.3.5 所示，两条曲线之间的相关性不能更接近。这表明传输线具有电容特性，并且电容值由式(6.3.7)给出。

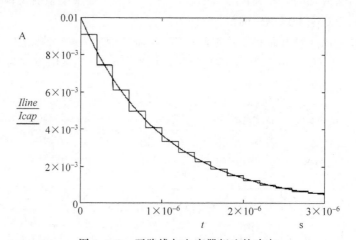

图 6.3.8　开路线与电容器相比的响应

通常，通过将两个紧密间隔的导体缠绕成紧密螺旋来构造电容器。螺旋圈之间的耦合在组件中产生多次反射，最终结果与集总参数模型的曲线无法区分。

将 $Vgen$ 从阶跃函数发生器改变为正弦电压源，能够以任何频率评估开路线路的响应。图 6.3.9 为该结构模型，线的四分之一波频率为：

$$f_q = \frac{1}{4 \cdot T} = 2.5\mathrm{MHz} \tag{6.3.12}$$

如果这是源 $Vgen$ 的频率，那么所传递的电流将如图 6.3.10 所示。这说明电流幅度逐渐增大的事实。在每个半周期，幅度增加一个小的增量。当峰值电流为 1A 时，达到极限，当施

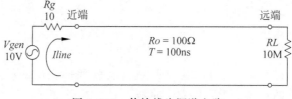

图 6.3.9　传输线为调谐电路

加 10V 的峰值电压时,Rg 为单位电流。

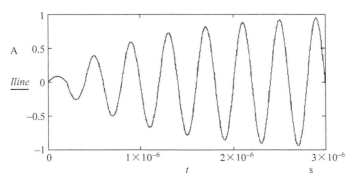

图 6.3.10 四分之一波长开路线的响应

因此,当四分之一波长频率的交流电施加到开路线路时,输入端看起来是短路的。这样的结论与 AC 分析得到的结论完全相同。但是,这两种分析之间存在显著差异,AC 分析不能预测电流幅度逐渐增加的现象。

如果将源发生器的频率改变为 5MHz,则为半波频率。然后,线近端的电流波形如图 6.3.11 所示。

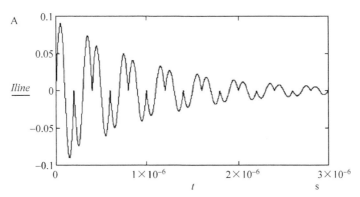

图 6.3.11 半波长频率开路传输线的响应

对于波形的第一个周期,电流是 10V 正弦信号流经 110Ω 电阻引起的。也就是说,电阻值等于 $Rg+Ro$,随后的波形周期逐渐减少。在大约 100 次循环周期,输送到线的电流实际上为零。这种响应是由于线的近端的入射电流在 Rg 上产生电压,精确地平衡了源发生器 $Vgen$ 输出的电压。

这意味着,就源发生器而言,远端开路的传输线将在近端显示为开路。同样,这个结论与交流分析预测的结论相同。然而,交流分析不能预测线中存在短暂的电流突发,并且在施加输入信号的同时,在线上存在驻波。

6.4 天线模式电流

用延迟线模型来模拟双芯电缆的特性,下一步是设置实验,并观察线如何响应阶跃输入。将实际波形与模拟波形进行比较,应该可以得到模型精度的一些结果。

购买了一条 15m 长的双芯电源线,并使用信号发生器将约 $8\mu s$ 持续时间的方波输入线的一端。图 6.4.1 是安装示意图。

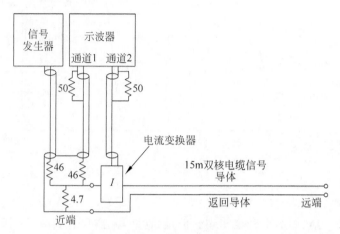

图 6.4.1   辐射瞬态测试示意图

近端的接口电路设计用于提供低源阻抗,而电缆的远端则是开路的。这是一种结构,且可以针对输入波形的每个步骤观察到几次反射。

输入电压由示波器的通道 1 通过简单的电位计网络监控,而输出电流通过电流互感器在通道 2 上监控,以尽可能准确地记录波形。

发现用于模拟该波形的第一个电路模型非常不准确。修改后的模型同样没有代表性。接下来是一个试错过程,最终得到如图 6.4.2 所示的模型。产生的波形可以很好地表示示波器通道 2 上显示的曲线。

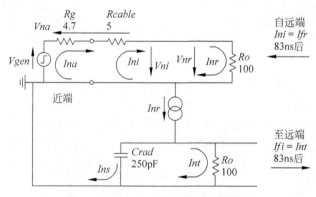

图 6.4.2   15m 双芯电缆延迟线模型

以下是对电路模型的描述以及将其操作与待查系统的行为联系起来的尝试。事实上,这种方法似乎属于"试错"范畴,因为这就是它的本质。然而,最终结果是识别电磁耦合的特征,这是频率响应分析无法预测的。

在该模型中,Rg 表示阶跃函数发生器 $Vgen$ 的源阻抗,而 $Rcable$ 是允许铜损耗和介电损耗的电阻器,Ro 表示电缆的特征阻抗。

电缆的近端方程是:

$$Vni + Vnr + Vgen = Vna \qquad\qquad (6.4.1)$$

$$Ini + Inr = Ina \tag{6.4.2}$$
$$Vni = Ro \cdot Ini \tag{6.4.3}$$
$$Vnr = -Ro \cdot Inr \tag{6.4.4}$$
$$Vna = (Rg + Rcable) \cdot Ina \tag{6.4.5}$$

这些与 6.2 节中定义的基本相同,但参数 $Rcable$ 包含在式(6.4.5)中。使用 6.2 节中描述的过程,可以推断出:

$$Ina = \frac{2 \cdot Ro \cdot Ini + Vgen}{Ro + Rg + Rcable} \tag{6.4.6}$$

重新排列式(6.4.2):

$$Inr = Ina - Ini \tag{6.4.7}$$

该电流瞬态以接近光速的速度向下传播。在此过渡期间,大部分电流从信号导体流过特征阻抗 Ro,然后通过返回导体返回(传递到信号导体的大部分电流来自通过结构导体的电流和源电阻 Rg。6.5 节更详细地讨论了这一现象)。然而,并非所有的差模电流都被传送到远端。未到达的电流由流入辐射电容器 $Crad$ 的 Ins 表示。由于电阻器 Ro 中的电流流动而明显损失到环境中的能量,将有效转换为电容器两端的电压进行存储。

Ins 的幅度可以使用图 6.4.3 计算,因为与电阻并联的电流源可以由与该电阻串联的电压源表示。该电路的环路方程为:

$$Inr \cdot Ro = Ins \cdot Ro + \frac{Qns}{Crad} \tag{6.4.8}$$

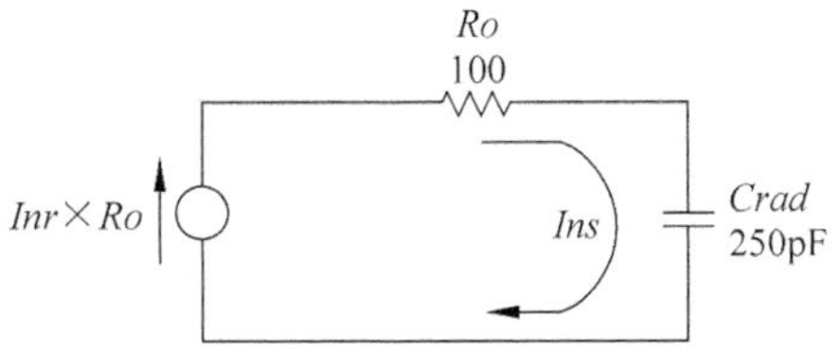

因此,

$$Ins = Inr - \frac{Qns}{Ro \cdot Crad} \tag{6.4.9}$$

图 6.4.3 计算存储电流的值

每个时间步长后,Qns 发生变化。用 Mathcad 术语表示:

$$Qns \leftarrow Qns + Ins \cdot \mathrm{d}t \tag{6.4.10}$$

沿电缆实际传输的电流为:

$$Int = Inr - Ins \tag{6.4.11}$$

T 秒延迟后,发射电流到达远端。再次使用 Mathcad 术语表示:

$$Ifi \leftarrow Int \tag{6.4.12}$$

在该模型中,通过高值电阻 RL 表示开路,其值为 $10M\Omega$。

RL 上的吸收电流为:

$$Ifa = \frac{2 \cdot Ro \cdot Ifi}{Ro + RL} \tag{6.4.13}$$

从远端反射的电流是:

$$Ifr = Ifa - Ifi \tag{6.4.14}$$

经过 T 秒延迟,到达近端的输入电流为:

$$Ini \leftarrow Ifr \tag{6.4.15}$$

将相关方程编到软件程序中会创建 Mathcad 工作表。第一页如图 6.4.4 所示。程序的前两行是从电路模型的元件值导出的。函数 send($near$, $INPUT$, $Vgen$) 是图 6.2.5 中 send($near$, $Vgen$) 的修改版本。修改基本上包括式(6.4.9)～式(6.4.11)。

工作表6.4，第1页

$$Ro := 100\Omega \qquad\qquad \underline{T} := 83 \cdot 10^{-9}\text{s} \qquad\qquad Crad := 250 \cdot 10^{-12}\text{F}$$

$$Rg := 4.7 \qquad\qquad Rcable := 5 \qquad\qquad RL := 10^7$$

$$Vg := 1\text{V} \qquad\qquad \underline{N} := 100 \qquad\qquad \underline{\text{d}t} := \frac{T}{N}$$

$$\text{send}(near, INPUT, Vgen) := \begin{vmatrix} \begin{pmatrix} Ifi \\ Ini \end{pmatrix} \leftarrow INPUT \\[2em] \begin{pmatrix} Ina \\ Int \\ Ins \\ Qns \end{pmatrix} \leftarrow near \\[3em] Ina \leftarrow \dfrac{2 \cdot Ro \cdot Ini + Vgen}{Rg + Ro + Rcable} \\[1.5em] Inr \leftarrow Ina - Ini \\[1em] Ins \leftarrow Inr - \dfrac{Qns}{Ro \cdot Crad} \\[1.5em] Int \leftarrow Inr - Ins \\[1em] Qns \leftarrow Qns + Ins \cdot \text{d}t \\[1em] \begin{pmatrix} Ina \\ Int \\ Ins \\ Qns \end{pmatrix} \end{vmatrix}$$

$$\text{recv}(INPUT) := \begin{vmatrix} \begin{pmatrix} Ifi \\ Ini \end{pmatrix} \leftarrow INPUT \\[2em] Ifa \leftarrow \dfrac{2 \cdot Ro \cdot Ifi}{RL + Ro} \\[1.5em] Ifr \leftarrow Ifa - Ifi \\[1em] \begin{pmatrix} Ifa \\ Ifr \end{pmatrix} \end{vmatrix}$$

图 6.4.4 用于近端和远端计算的子程序

由于线路近端的电流和电压状态是 Ins 和 Qns 的函数，因此这些参数的值需要作为子程序的输入。这些参数是通过使用附近的向量来完成的。由于此向量还用于向主程序提供 Ina 和 Int 的更新值，因此这些参数也包含在输入变量中（即使它们实际上不被子程序使用）。

函数 $\text{recv}(INPUT)$ 与图 6.2.5 工作表中定义的函数基本相同。

图 6.4.5 为主程序，它是基于如图 6.2.5 所示的主程序开发的。为了将模拟波形与示波器的通道 2 上显示的实际波形相关联，需要定义前沿 $T1$ 时间和扫描时间 $T2$。由于程序中的所有时间步长值相等，因此，很容易得到步数 $N1$ 和 $N2$。

由于近端向量用于近端计算，因此需要在主程序的开头声明该向量。它包含四个变量，所以行数是四。

工作表6.4，第2页

$$point(n) := \begin{vmatrix} m \leftarrow mod(n, N) \\ m \leftarrow N \text{ if } m = 0 \end{vmatrix} \qquad \text{见表6.2.1}$$

$T1 := 100 \cdot 10^{-9} \text{s}$ start time

$T2 := 2 \cdot 10^{-6} \text{s}$ end time $N1 := \dfrac{T1}{dt}$ $N2 := \dfrac{T2}{dt}$

$$Idiff := \begin{vmatrix} data_{2,N} \leftarrow 0 \\ near_4 \leftarrow 0 \\ \text{for } i \in 1..N2 \\ \quad \begin{vmatrix} Vgen \leftarrow Vg \text{ if } i > N1 \\ p \leftarrow point(i) \\ INPUT \leftarrow data^{<p>} \\ near \leftarrow send(near, INPUT, Vgen) \\ \begin{pmatrix} Ina \\ Int \\ Ins \\ Qns \end{pmatrix} \leftarrow near \\ \begin{pmatrix} Ifa \\ Ifr \end{pmatrix} \leftarrow recv(INPUT) \\ OUTPUT \leftarrow \begin{pmatrix} Int \\ Ifr \end{pmatrix} \\ data^{<p>} \leftarrow OUTPUT \\ Out_i \leftarrow Ina \end{vmatrix} \\ Out \end{vmatrix}$$

$n := 1..N2$ $t_n := (n-1) \cdot dt$

图 6.4.5 计算线近端和线的电流波形

主程序的迭代子程序的第一步是将 $Vgen$ 的初始值设置为零。在时间 $T1$，它切换到值 Vg。Vg 的值在工作表的第一页上定义。对如图 6.2.5 所示的子程序，最重要的修改是由于需要更新参数 Ins 和 Qns 的值。因此，向量中的行数从 2 变为 4。

在更新了所有值之后，迭代子程序的最终操作是将 Ina 的值放在向量 Out 的适当行中。当迭代完成时，该向量的内容转移到向量 $Idiff$。

图 6.4.6 为图 6.4.2 电路模型电流 Ina 波形。模拟了如图 6.4.1 所示结构中电流互感器监控的电流，这个波形非常有用。

第一个上升沿与 6.2 节的简单延迟线模型预测的完全相同。在第一步之后，源向线提供恒定电流。幅度是将由电压 $Vgen$ 施加到 Rg，$Rcable$ 和 Ro 串联。

在瞬态边缘行进到远端，并且反射脉冲返回到近端的整个时间内保持该恒定电流。在此期间，传送到电容 $Crad$ 的电流对于近端的源发生器是完全不可见的。它不会出现在示波器通道 2 监控的波形中。

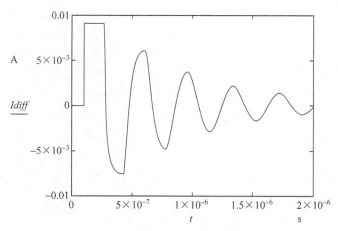

图 6.4.6　传输线近端的电流波形

当第一个前沿到达远端时,所有电流都会直接反射回到线中。它的幅度没有变化,但它的符号是相反的。离开近端的正电流,在其返回时表现为负电流。

由于近端的负载远小于 Ro,因此反射电流的幅度几乎加倍。

如果使用了简单的延迟线模型,则该电流将导致线电流从正到负的阶跃变化。这在实践中不会发生。后沿是指数曲线,清楚地表明某些电流未到达远端。丢失的能量有效地存储为 $Crad$ 的电压。

当电压阶跃到达远端时,图 6.4.3 的电流 Inr 停止流动,电压源 $Inr \cdot Ro$ 的幅度降至零。天线模式电流 Ins 从电缆流回到近端的端子。

由于波形的边缘呈现时间分布,并且由于瞬态的后续遍历经历相同的物理现象,因此结果是从方波到正弦波的逐渐过渡。在几个循环之后,不匹配的线以其固有频率谐振。

波形的幅度逐渐衰减,大约 $3\mu s$ 后几乎检测不到。

在这一点上应该强调的是,电路模型的元件值经过不断调整,直到模拟波形与示波器上监测的波形非常相似。事实上,模型的发展和模拟物理现象的解释是相辅相成的。尽管到目前为止提供的解释合理,但测试结果仍然存在一些令人费解的疑问。这些问题在下一节中提出并回答。

6.5　辐射发射

尽管 6.4 节的分析创建了一个可观察到的电路模型,但测试结果存在一些令人费解的特征。其中,最主要的是电流互感器看不到天线模式电流。所以"为什么变压器没有检测到这个电流?"的问题亟待解决。

6.5.1　连接电流变压器

毫无疑问,天线模式电流在信号导体中流动,因为这是唯一被激励的导体。返回导体保持在近端地电位。图 6.4.1 的变压器未检测到电流的这一分量,这一事实意味着返回导体中也存在天线模式电流。

使用正弦波对同一电缆进行早期测试,已经非常清楚地证明了导体之间的耦合,保证从信号导体发出的大部分电流被返回接收导体,并沿相反方向流动(见7.5节)。

此外,7.4节中描述的对单个导体的测试,说明了沿着一个单极子传输的所有电流都是由从另一个单极子传递的电流的事实。通过如图7.6.1所示的结构,信号导体可以看作一个单极天线,而另一个单极天线以测试设备的接地导体的形式存在。

假设差模电流的发送和返回分量同时沿着电缆传播是不合理的。如图7.6.1中的信号源与结构导体完全隔离,那么施加到电缆输入端的电压幅度相等,符号相反,但它并不是孤立的。

由于返回端连接到返回导体和地,因此施加到信号和返回导体的电压是不平衡的。由于接地导体的原始电容远大于返回导体的原始电容,因此,该不平衡是显然的。从返回导体流入接地导体的电流幅度必须远小于传递到信号导体中的电流幅度。

然而,天线模式电流从接地导体流出,并不能解释为什么它与信号电流在相同的方向上流动。消除过程意味着引起这种向外流动的能量只能来自电压源,并通过信号导体。

该图像出现在沿信号导体表面传播的电流瞬态并产生电磁场波前。这与船首波的传播方式相同。由于传输线的导体相距2mm,所以波前不会到达返回导体,直到电流脉冲沿信号导体传播至少2mm。

当波前到达返回导体时,它表面上会出现感应电压。该电压会产生回流到近端的电流。返回导体中的电流产生其自身的电磁场,该电场扩散以包围信号导体。该场倾向于中和从信号导体发出的场,但不是全部,耦合不能100%有效。因此,感应电流的幅度较小。

当来自返回导体的场到达信号导体时,前进波前进一步前进2mm。由于每次增加长度都会发生这种情况,因此,将沿着整个导体长度进行。

在波前后面,电缆长度增加,其中电流在信号电缆中沿一个方向流动,而在返回导体中沿相反方向流动。由于返回导体中的电流略小,因此电缆中必然存在不平衡电流。由于两个导体都充当发射天线,因此,最终结果来自近端剩余电流流动。相互耦合使两个导体均等地共享该天线模式电流。

因此,每个导体中有两个电流分量流动:差分模式电流和天线电流。图6.5.1是从单向电流的角度来看的电流。这表明在 I_{aerial} 外面有一个净流量。在波前,天线模式电流沿两个导体正向流动。

从环路电流的角度来看,图6.5.2为相同的两个导体。变压器中的磁性材料仅响应包围磁芯的电流。由于一个导体中的天线模式电流在另一个导体中可以平衡天线模式电流,因此,这部分电流对变压器是"不可见的"。

图 6.5.1 电缆中的定向电流   图 6.5.2 电缆中的环电流

在经典传输线理论中,引入了部分电流的概念来解释终端处反射的特性。上述推理表明,至少还有一个部分电流可以加入射电流和反射电流,即天线模式电流。

总结：电荷沉积在返回导体上。感应电压导致电流沿返回导体流向源。该电流产生电磁场，与信号导体耦合并且向外辐射。由于返回导体中的电流不完全平衡信号导体中的电流，因此，存在沿着电缆传播的不平衡电荷，恰好在波前。另外，存在沿两个导体向外传播，并且被转换成电磁波的天线模式电流。这意味着至少涉及三个当前组件：

- 带有差模信号的信号；
- 在电缆上沉积不平衡电荷的信号；
- 以电磁辐射形式径向流出的信号。

此时有必要区分共模电流和天线电流：

- 共模电流是返回导体和相邻结构形成的环路中流动的电流；
- 天线模式电流是当没有邻近结构时，在电缆和环境之间流动的电流。

6.5.2 线电压

推理导致在如图 6.4.2 所示的延迟线模型中，使用集总参数。传统的延迟线理论迎合这样的事实：随着波前的延展，导体之间的电压经历阶跃变化，但它不适用于一个导体上的阶跃变化小于另一个导体上的阶跃变化的情况。

如果考虑这种情况，则意味着还存在沿着电缆前进的不平衡电压分量。

阶跃变化之后的导电材料是带电的，阶跃变化之前的导电材料是不带电的。实际上，系统电容带电部分瞬间增加。对于元长度电缆：

$$dQ = V \cdot dC \tag{6.5.1}$$

其中，dC 是元件的电容。由于电缆的横截面是恒定的，电容正比于已充电的长度。由于传输速度是恒定的，长度随时间变化的速率是恒定的，这样电容随时间的变化是恒定的。由式(6.5.1)得：

$$\frac{dQ}{dt} = V \cdot \frac{dC}{dt} \tag{6.5.2}$$

式(6.5.2)是适用于恒定电压施加到随时间变化一个电容的情况。

传统的电路理论假设电容是恒定的，并且随时间变化的参数是电压，有：

$$\frac{dQ}{dt} = C \cdot \frac{dV}{dt} \tag{6.5.3}$$

由式(6.5.2)和式(6.5.3)得，

$$C \cdot \frac{dV}{dt} = V \cdot \frac{dC}{dt} \tag{6.5.4}$$

这种关系证明了如图 6.4.2 所示的延迟线模型中存在集总参数。

6.5.3 源电流和电压

从源生成器的角度来看，图像出现了另一部分。由于 $Vgen$ 是系统中唯一的电源，它必须提供差模电流和天线模式电流。图 6.5.3 为电阻器 Rg 中的电流，是 $Idiff$ 和 $Iaerial$ 的总和。

就发生器而言，$Iaerial$ 的来源必须是接地导体。这种推论完全合情合理，因为导体包含大的导电材料表面。因此，它具有高电容、低电感，且具有低特性阻抗。

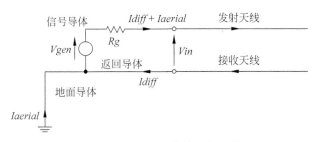

图 6.5.3　电流共享的源发生器

这意味着,在电源的输出端,所有天线模式电流都在信号导体中流动。信号导体表现为发射天线,返回导体表现为接收天线。差模电流输送到返回导体,而其余电流转换为电磁辐射。

从图 6.5.3 可以看出,施加在电缆输入端的电压是 Vin,其中

$$Vin = Vgen - Rg \cdot (Idiff + Iaerial)$$

比较图 6.5.3 和图 6.4.2,使两个模型的参数相关。也就是说,在计算中使用的电流 Ina 对应于 $Idiff$,并且天线模式电流 Ins 对应于 $Iaerial$,有:

$$Vin = Vgen - Rg \cdot (Ina + Ins) \tag{6.5.5}$$

6.5.4　辐射电流

用于向传输线传送不平衡电荷的电流,是天线模式电流的一个分量。

开发模型模拟实际辐射的电流,涉及推理中的另一个步骤。在传输线瞬态的传统教科书分析中,电感和电容参数经过变形,表现为电阻 Ro 和时间延迟 T。6.3 节列出了这些关系,对于双芯电缆,通常的做法是将特征阻抗表示为单个电阻。

然而,交替信号的建模过程,揭示出单个电阻器不能充分解释观察到的现象,需要三根导线:信号导体 $Ro1$、返回导体 $Ro2$ 和虚拟导体 $Ro3$。图 6.5.4 为一个更具启发性的信号源输出端阻抗图。

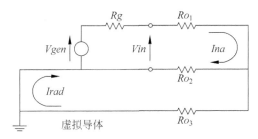

图 6.5.4　辐射电流仿真,$Irad$

该图清楚地表明源电流沿信号导体流动,大多数通过返回导体返回,部分流入环境。

使用以下公式可以简单地计算这三个组件的值,有:

$$Ro_i = \sqrt{\frac{Lc_i}{Cc_i}} \tag{6.5.6}$$

其中,i 是一个标识导体的整数,式(5.2.9)和式(5.2.10)给出了 Lc_i 和 Cc_i。

由近端源输出端"看到"的电阻 Ro 为:

$$Ro = Ro_1 + \frac{Ro_2 \cdot Ro_3}{Ro_2 + Ro_3} \tag{6.5.7}$$

$Irad$ 和 Ina 之间的关系是：

$$Irad = \frac{Ro_2}{Ro_2 + Ro_3} \cdot Ina \tag{6.5.8}$$

由于远端与地隔离，因此没有第三导体可为电缆提供额外电荷。因此，远端处存在的原始电压根据环境得到平衡。即便如此，只要从远端返回电流，两个导体都起到发射天线的作用。

6.5.5 电缆损耗

任何传输线都有将电磁信号从一个位置传送到另一个位置的高效方法。即使这样，也有损失：

- 差模能量存储在电缆中，线断开时会释放到环境中。
- 由于铜损耗，一些能量用于加热导体。可以通过插入与源电阻串联的电阻来模拟。由于涉及瞬态电流，趋肤效应将使该电阻的值远高于导体的稳态电阻。
- 绝缘体的介电材料可能会损失，可以通过在线的发送端的两个导体之间放置一个高值电阻来模拟。
- 一些瞬态差模电流会辐射掉。当来自一个导体的辐射极性为正时，来自另一个导体的辐射极性为负。如果电缆被扭曲，这种差模辐射往往会在距离线很短的范围内自行消除。
- 还有一个瞬态天线模式电流 $Irad$，以电磁辐射的形式从电缆辐射。图 6.5.4 为模拟的方法。电流从接地导体流入电缆，以代替这种损耗（这与 5.2 节中使用正弦波形分析的现象相同）。

6.4 节表明，除了向下传播之外，电流瞬变还会在线上留下剩余电荷。图 6.4.2 的模型可以确定存储电荷的幅度。如果在输入端施加阶跃电压，则电流 Ins 流入 $Crad$ 持续 $2T$ 秒，即阶跃返回输入端所花费的时间。由于该电荷最终转换成电流，且能量在电阻器 Rg 和 $Rcable$ 中消散。因此，该存储能量也是一种损耗。

6.5.6 线性参数测量

6.3 节表明，当延迟线模型模拟无损线的响应时，电感和电容参数从方程中消失，被特征阻抗和传播时间取代。也就是说，Ro 和 T 取代了 L 和 C。

如果阶跃脉冲施加到远端不匹配终端，则稳定电流 I 将在 $2 \cdot T$ 秒流入该终端。图 6.6.5 为如何测量开路线的时间周期和电流的结构和方法。

由式（6.3.7）可得：

$$C = \frac{T}{Ro}$$

把 V/I 代入上面方程中的 Ro，得到方程：

$$C = \frac{I \cdot T}{V} \tag{6.5.9}$$

同样,由式(6.3.6)得到:

$$L = T \cdot Ro$$

同理,把 V/I 代入上面的方程 Ro,得:

$$L = \frac{V \cdot T}{I} \tag{6.5.10}$$

由于 V、I 和 T 是已知的,所以可以计算出 L 和 C。

6.6　瞬态发射模型

上一节的推理提出进一步模拟瞬态辐射的模型的方法,可以模拟所有电流和电压分量。

在图 6.6.1 中,传输线特征阻抗的电阻由电位计网络代替。电阻器 $Ro1$ 和 $Ro2$ 分别代表信号和返回导体的特征阻抗,而 $Ro3$ 为虚拟导体的特征阻抗。

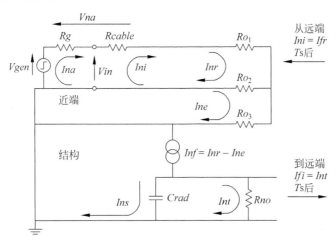

图 6.6.1　瞬时发射的通用电路模型

与早期模型一样,Ina、Ini 和 Inr 表示近端的吸收、入射和反射电流,而 Ifa、Ifi 和 Ifr 表示远端的电流。当前的 Ine 是以电磁辐射的形式辐射到环境中。对传输线而言,是系统中消失的电流。因此,可用于在导体上放置天线模式电荷的电流较小。该电流在图中标识为 Inf,这意味着从近端反射的电流有三个分量:

- 转化为电磁辐射的 Ine;
- 存储在电缆外表面的 Ins;
- 实际传送到远端的 Int。

当然也有其他损耗:

- 电流在两个导体电阻上的电压降;
- 电流在绝缘材质中电压降。

后面两个是由电能转换成热能引起的。

由差分模式辐射引起的损耗与由于介电材料损耗引起的损耗难以区分,且可以通过一个电阻模拟两个电缆间的导体。在如图 6.4.2 所示的模型中,所有损耗都由单个电阻 $Rcable$ 模拟。

通过图 6.4.2 和图 6.6.1 之间的比较可知,主要修改的是一个带有电流 Ine 的新电路环路,是以电磁辐射形式流入环境的电流。

电缆到源发生器输出端的阻抗为:

$$Ro = Ro1 + \frac{Ro2 \cdot Ro3}{Ro2 + Ro3} \tag{6.6.1}$$

这是远端的阻抗。

由图 6.6.1 可知,天线模式环路方程为:

$$0 = -Ro2 \cdot (Ini + Inr) + (Ro2 + Ro3) \cdot Ine$$

因此:

$$Ine = \frac{Ro2}{Ro2 + Ro3} \cdot (Ini + Inr)$$

所以:

$$Ine = Loss \cdot Ina \tag{6.6.2}$$

其中:

$$Loss = \frac{Ro2}{Ro2 + Ro3} \tag{6.6.3}$$

从近端到远端的电流是:

$$Inf = Inr - Ine \tag{6.6.4}$$

在电缆上,存储天线模式电荷的电流类似于式(6.4.9):

$$Ins = Inf - \frac{Qns}{Rno \cdot Crad} \tag{6.6.5}$$

传输到远端的实际电流是:

$$Int = Inf - Ins \tag{6.6.6}$$

在 6.5 节中,认为电缆上产生天线模式电荷电流 Ins 必须流过源电阻 Rg。这意味着需要修改式(6.4.5),修改后的关系变为:

$$Vna = (Rg + Rcable) \cdot Ina + Rg \cdot Ins \tag{6.6.7}$$

由于传输存储电荷的电流沿着电缆长度变化而变化,假设 Ins 沿着电缆的长度没有引起电压降,考虑到这种新关系,式(6.4.6)改为:

$$Ina = \frac{2 \cdot Ro \cdot Ini + Vgen - Rg \cdot Ins}{Ro + Rg + Rcable} \tag{6.6.8}$$

现在有足够的信息修改 6.4 节的工作表,以分析图 6.6.1 模型的响应。但是,还需要几个关系使模型的响应与图 6.4.1 的结构关联。

由信号源发生器传递到电缆的差分模式电流是:

$$Idiff = Inr + Ini - Ine$$

即:

$$Idiff = Ina - Ine \tag{6.6.9}$$

根据定义,Ine 是天线模式电流。

由于唯一的能量来源是发生器 $Vgen$,因此,电流 Ins 必须流过源电阻 Rg。所以,实际施加到近端电压是:

$$Vin = Vgen - Rg \cdot (Ina + Ins) \tag{6.6.10}$$

可以假设示波器的通道 1 监视的电压与电压 Vin 之间的关系是：

$$K = \frac{Vch1}{Vin} \tag{6.6.11}$$

类似地，可以假设电流互感器监测的电流 $Imon$ 与示波器通道 2 显示的电压之间的关系为：

$$ZT = \frac{Vch2}{Imon} \tag{6.6.12}$$

在建立了所有必要的关系后，下一步就是设计一个模拟瞬态响应的程序。工作表的第一页用于定义图 6.6.1 中模型相关的输入变量和图 6.4.1 中测试设置，这一页可以由图 6.6.2 给出。

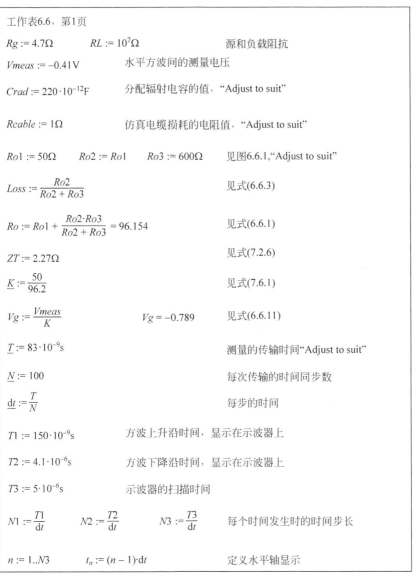

工作表6.6，第1页

$Rg := 4.7\Omega$ $RL := 10^7\Omega$ 源和负载阻抗

$Vmeas := -0.41V$ 水平方波间的测量电压

$Crad := 220 \cdot 10^{-12}F$ 分配辐射电容的值，"Adjust to suit"

$Rcable := 1\Omega$ 仿真电缆损耗的电阻值，"Adjust to suit"

$Ro1 := 50\Omega$ $Ro2 := Ro1$ $Ro3 := 600\Omega$ 见图6.6.1，"Adjust to suit"

$Loss := \frac{Ro2}{Ro2 + Ro3}$ 见式(6.6.3)

$Ro := Ro1 + \frac{Ro2 \cdot Ro3}{Ro2 + Ro3} = 96.154$ 见式(6.6.1)

$ZT := 2.27\Omega$ 见式(7.2.6)

$\underline{K} := \frac{50}{96.2}$ 见式(7.6.1)

$Vg := \frac{Vmeas}{K}$ $Vg = -0.789$ 见式(6.6.11)

$\underline{T} := 83 \cdot 10^{-9}s$ 测量的传输时间"Adjust to suit"

$\underline{N} := 100$ 每次传输的时间同步数

$\underline{dt} := \frac{T}{N}$ 每步的时间

$T1 := 150 \cdot 10^{-9}s$ 方波上升沿时间，显示在示波器上

$T2 := 4.1 \cdot 10^{-6}s$ 方波下降沿时间，显示在示波器上

$T3 := 5 \cdot 10^{-6}s$ 示波器的扫描时间

$N1 := \frac{T1}{dt}$ $N2 := \frac{T2}{dt}$ $N3 := \frac{T3}{dt}$ 每个时间发生时的时间步长

$n := 1..N3$ $t_n := (n-1) \cdot dt$ 定义水平轴显示

图 6.6.2 输入变量的定义

与频率响应模型一样,时域响应模型也可将理论响应与实际硬件的响应相关联,相关变量由"*adjust to suit*"(可调整)一词表示。

工作表的第二页(见图6.6.3)定义了两个子程序,用于计算每个时间步进后每行的近端和远端响应。它是图6.4.4所示子程序的修改版本。

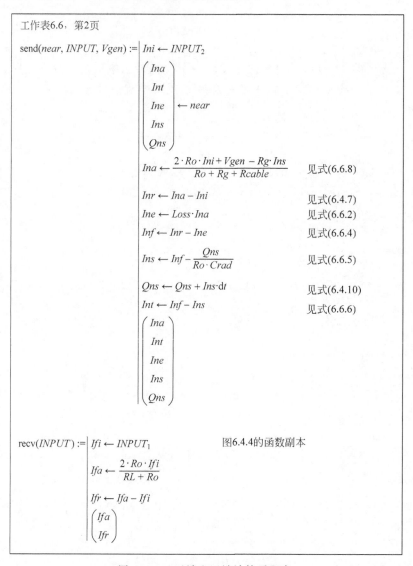

图 6.6.3　近端和远端计算子程序

如图6.6.4所示的工作表的第三页,为用于计算所选变量在定义时间内响应的主程序。以下是输出变量:

* $Vch1$——示波器通道1所示的输入电压波形。前沿是$T1$,后沿为$T2$。
* $Vdiff$——示波器通道2上的差模电流波形。
* $Vrad$——示波器通道2上天线模式电流波形。如图6.6.4所示,仿真为$Vch1$。

调整输入变量,以模拟7.6节中描述的三个测试响应。在测试结果和模拟结果进行相关之前,进行几次迭代。当最后一次迭代发生时,输入变量没有进一步改变。该程序再运行

工作表6.6，第3页

$$point(n) := \begin{vmatrix} m \leftarrow \mathrm{mod}(n, N) \\ m \leftarrow N \text{ if } m = 0 \end{vmatrix}$$

$$Vch1 := \begin{vmatrix} data_{2,N} \leftarrow 0 \\ near_5 \leftarrow 0 \\ \text{for } i \in 1..N3 \\ \quad \begin{vmatrix} Vgen \leftarrow Vg \text{ if } i > N1 \\ Vgen \leftarrow 0 \text{ if } i > N2 \\ p \leftarrow point(i) \\ INPUT \leftarrow data^{<p>} \\ near \leftarrow \mathrm{send}(near, INPUT, Vgen) \\ \begin{pmatrix} Ina \\ Int \\ Ine \\ Ins \\ Qns \end{pmatrix} \leftarrow near \\ \begin{pmatrix} Ifa \\ Ifr \end{pmatrix} \leftarrow \mathrm{recv}(INPUT) \\ OUTPUT \leftarrow \begin{pmatrix} Int \\ Ifr \end{pmatrix} \\ data^{<p>} \leftarrow OUTPUT \\ Idiff \leftarrow Ina - Ine \\ Vin \leftarrow Vgen - Rg \cdot (Ina + Ins) \\ Vch1 \leftarrow K \cdot Vin \\ Vdiff \leftarrow ZT \cdot Idiff \\ Vrad \leftarrow ZT \cdot Ine \\ V_i \leftarrow Vch1 \end{vmatrix} \\ V \end{vmatrix}$$

见式(6.6.9)
见式(6.6.10)
见式(6.6.11)
见式(6.6.12)
见式(6.6.12)
通道1为输出变量

图 6.6.4 分析瞬态响应的主程序

三次，每次选择不同的输出变量。

然后将输入变量分配给如图6.6.1所示的通用电路模型，创建被测组件的代表性电路模型(见图6.6.5)。

7.6节表明相同的电路模型可以模拟被测电缆的三种不同响应，是瞬态辐射的预测器。图7.6.9为图7.5.12的频率响应模型与图6.6.5的瞬态响应模型之间存在明显的相关性。

这两种代表性模型都与电磁现象有关，并且都有硬件的实际响应。因此，可以高度自信地使用基于电磁理论的通用电路模型，进一步测试和建模以证实其稳定性。本书提供足够的信息完成这一目标。

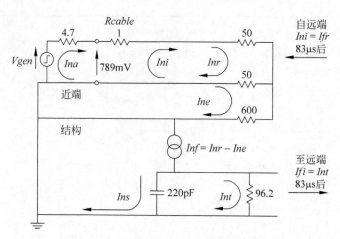

图 6.6.5　电缆瞬态辐射的典型电路模型

第7章

在 线 测 试

通常的做法是在开发任何新产品期间,对原型电路的功能进行基准测试。这可以确定在可行性研究期间未预测到的问题,并提供了纠正这些缺陷的机会。它还提供了检查设计要求是否得到满足的早期机会。

由于 EMC 也是一项功能要求,因此可以合理地在原型阶段检查这一设计。

两个必不可少的设备是变压器和电流变换器。一些制造商生产这样的产品,但它们非常昂贵,并且不太适合于通用目的。因此,本节描述的传感器是由电子元件供应商提供的元件组装而成的。

7.1 节描述了低成本电压互感器的结构,包括缠绕在铁芯铁氧体组件上的 10 匝导线。与一次绕组并联的低值电阻,确保传感器是宽带器件。二次绕组是待测环路,监视器绕组可以测量输入电压的幅度。

通过向一次绕组施加已知电压,并测量二次绕组的输出,得到变压器的频率响应。使用 Mathcad 程序对电路模型进行分析。只需要该程序几次迭代,就可以在测试结果和模型响应之间建立一对一的关联。通过这种方式,创建了一个可用于模拟电压互感器响应的模型,且可用于频域或时域分析。

电流互感器的组装方式大致相同。这次,一次侧是待测环路,二次侧提供与输入电流成比例的输出电压,创建电路模型以模拟器件特性。该电路模型提供了器件的校准曲线,该过程在 7.2 节描述。

7.3 节描述了三轴电缆的结构,可用于最小化测试设备电缆之间的干扰。

7.4 节描述了对隔离导体的测试,其中使用变压器将已知电压输入导体中,并使用电流互感器监测电流。有关导体长度和直径的数据用于对 5.2 节偶极子模型的分量赋值,在导体的响应和模型之间获得紧密匹配。然而,发射电流的峰值显然高于偶极子天线的峰值。因为电缆中心没有阻力抑制振荡(就像在偶极子天线中一样)。

7.5 节描述了双芯电缆的类似测试方法(其中终端是开路的),提出了一种电路模型,模拟差模电流和天线模电流。

7.6 节详细介绍了 6.4 节和 6.5 节描述的 15m 电缆的瞬态测试,将实际波形的照片与模拟波形的图形进行比较,得出有说服力的证据,但未声称此模型在每个细节上都是正确

的。然而，

- 单一模型可以准确地模拟三个独立信号的波形；
- 每个参数都与电磁现象有关；
- 它揭示了电磁理论教科书中未发现的传输线特点；
- 提供了足够的信息，可以使电子设计人员复制测试，并进行分析；
- 从 7.5 节获得的频率响应和从第 7.6 节获得的瞬态的结果间建立清楚的相关性。

尽管 7.1～7.5 节描述的测试设备限于 20kHz～20MHz 的带宽，但该技术和方法适用于更宽范围的频率。随着设备的不断发展，每个设计师都有适合测试的设备。只需调整可用设备即可执行本章所述的测试类型。

电路建模技术也可以应用于电容器、电感器和滤波器等元件，以获得它们的高频特性。7.7 节为 200kHz～1GHz 范围内电容器特性的例子。

7.1 电压互感器

本节定义了用于在线测试设备的电压互感器的要求，描述了特定的设计，并记录了一组特性测试的详细信息。

使用电磁兼容测试的电压互感器的基本要求如下：

- 它应该能够使已知电压与待测环路串联感应。
- 它应该有很宽的带宽。
- 它应该连接 50Ω 的同轴电缆。

若它可以用作通用测试设备，且可用于正在开发的设备的在线测试，则还有两个要求：

- 它应该是一个分裂芯变压器，能够夹紧被测电缆。
- 它应该是一个低成本的设备。

图 7.1.1 为这种设备的基本设计，阐述了如何将其连接到其他在线测试设备和待测环路。为了满足宽带宽的要求，在最低工作频率下，一次绕组的阻抗应该高于 $R1$。

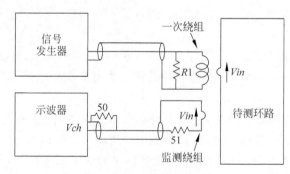

图 7.1.1　变压器的使用

监视器应满足待测环路中感应电压的要求，如果待测环路短路，那么将感应出高电流。由于变压器的输出阻抗，所施加的电压将降低。监视器检测到的电压也会下降，这意味着监视器可以测到环路的实际电压。

从图 7.1.1 所示的电路可以看出，待测环路的电压 Vin 与示波器通道监控的电压之间

的关系是

$$Vin = \frac{50 + 51}{50} \cdot Vch \qquad (7.1.1)$$

示波器 50Ω 的输入阻抗由 BNC 适配器和一个 BNC 终端提供。

可以从电子元件供应商处购买这种变压器组件,如图 7.1.2 所示。核心本身是一个电缆抑制组件,零件号码是 Fair Rite Products Corp. 公司的 04 31 173 551。

一次绕组是 10 匝 22 SWG 漆包铜线缠绕的一个分裂芯。显示器绕组是一圈缠绕在另一个芯上的漆包铜线,这有两个原因:

- 它确保了磁场的耦合与试验环路的耦合是相同的。
- 它最大限度地减少了与一次绕组的电容耦合,因为它缠绕在分裂芯铁氧体的另一半上,如图 7.1.2 所示。

绕组端接在标准接线盒中,为其他部件提供安装座。68Ω、2 W 电阻与 240Ω、0.6W 电阻和一次绕组并联,提供了一个与主电源并联的 53Ω 电阻。

图 7.1.2   电压变换器

理想情况下,同轴电缆应使用 50Ω 接口,以匹配其特性阻抗。但是,环路测试的反射阻抗不可避免地与终端电阻并联构成负载。为了补偿这种负载效应,采用 53Ω 的电阻。

两个 BNC 连接器连接到末端提供一个与 50Ω 同轴电缆连接的接口。塑料盒的一部分用于为组件提供更大的刚性。

虽然这种组件不符合专业设计设备的质量标准,但它可以完成预期的工作,并且已经证明在 5 年以上的时间内是可靠的。

使用如图 7.1.3 所示的设置进行测试,分离器盒用于向示波器的通道 1 提供输入,以监视变压器的输入。监视器的输出由示波器的通道 2 观测。实际上,每个 16.5Ω 电阻器是两个 33Ω 电阻器的并联组合。

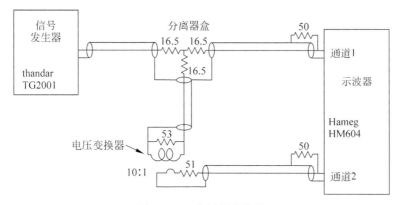

图 7.1.3   变压器的特性

信号发生器在特定频率输出正弦波,并在示波器上测量峰峰值信号的幅度。该过程在许多定义的频率上进行,结果在列表中体现。图 7.1.4 的第 1 列给出了以 MHz 为单位的频率，第 2 列给出了以 V 为单位的通道 1 的幅度，第 3 列给出了以 mV 为单位的通道 2 的信号幅度。

工作表7.1，第1页

$$data := \begin{pmatrix} 0.01 & 2.2 & 50 \\ 0.02 & 2.6 & 90 \\ 0.05 & 3.4 & 146 \\ 0.1 & 3.8 & 170 \\ 0.2 & 3.95 & 177 \\ 0.5 & 3.95 & 180 \\ 1 & 4 & 182 \\ 2 & 4 & 180 \\ 5 & 3.9 & 172 \\ 10 & 3.8 & 158 \\ 15 & 3.6 & 140 \\ 19 & 3.45 & 124 \end{pmatrix}$$

第1列，频率MHz

第2列，通道1的峰峰电压，V

第3列，通道2的峰峰电压，mV

$s := 1..\mathrm{rows}(data)$

$fs := data_{s,1} \cdot 10^6$

$Vch1_s := data_{s,2}$ $\qquad$ $Vch2_s := data_{s,3} \cdot 10^{-3}$

$TFt_s := \dfrac{Vch2_s}{Vch1_s}$ $\qquad$ $Ref_s := \dfrac{\max(TFt)}{\sqrt{2}}$

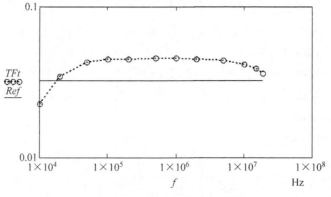

图 7.1.4 利用测试结果计算传输函数

对于每个点频率，计算输出电压 $Vch2$ 与输入电压 $Vch1$ 的比率，并且该比率给出所在频率的传递函数的值。根据频率绘制该参数，如图 7.1.5 所示，给出了变压器带宽的结果。

图 7.1.5 变压器的传输函数

图 7.1.5 中的实线定义了 3dB 的余量，将虚线与实线进行比较，可清楚地看出带宽。在这种情况下，带宽为 20kHz～20MHz。

此时，根据指定的测试和结果，定义设备的特性。可以用电路模型定义更紧凑和信息丰富的变压器。图 7.1.6 就是这样一个基于变压器的教科书模型。

互感（一次侧和二次侧共用的电感）由 $L2$ 表示，一次侧电感（仅与一次绕组连接的磁通量引起的电感有关）由 $L1$ 表示。

由于匝数比为 10∶1，因此二次绕组反映到一次绕组的阻抗比为 100∶1。电阻 $R3$ 是二次绕组电路串联电阻的反射值，电阻 $R4$ 是通道 2 输入端负载阻抗的反射值。

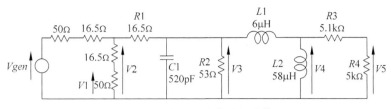

图 7.1.6 变压器的典型电路模型

由于模拟仅涉及信号的幅度,不需要知道电流和电压之间的相位关系,因此,对于这种结构模型,同轴电缆是透明的。

电阻 $R2$ 是 68Ω 和 240Ω 电阻并联形成的。16.5Ω 电阻为分离器盒组件,而 50Ω 电阻为信号发生器的输出阻抗和示波器通道 2 的输入阻抗。电容 $C1$ 表示一次绕组的电容。

电压 $V1$ 为示波器通道 1 的监视电压,$V2$ 是 16.5Ω 电阻器节点处的电压,$V3$ 是施加到变压器输入端的电压,$V4$ 是互感器两端的电压,$V5$ 是通道 2 监测电压的 10 倍。

在 $10\text{kHz}\sim20\text{MHz}$ 内,模拟该模型的频率响应,要求频率步长以对数方式为间隔。因此需要创建一个使用频率集的向量。一组 100 个频率提供足够的数据点,以满足平滑曲线。图 7.1.7 为执行此功能的 Mathcad 工作表。

$$\begin{array}{l}
\text{工作表7.1,第2页}\\[4pt]
y1 := \log(10 \cdot 10^3) \qquad\qquad y2 := \log(20 \cdot 10^6) \qquad\qquad \underline{m} := \dfrac{y2 - y1}{100}\\[8pt]
i := 1..101 \qquad F_i := \left|\begin{array}{l} y \leftarrow m \cdot (i-1) + y1\\[4pt] 10^y \end{array}\right.
\end{array}$$

图 7.1.7 计算一些等间距频率的对数表达

计算电路模型 TFm 的传递函数,是由如图 7.1.8 所示的工作表实现的。确定 $V5$ 与 $V1$ 的比率,因为前者模拟通道 2 处的电压,而后者模拟通道 1 处的电压。因此,$V1$ 的幅度为 1。这意味着模型在任何频率下的传递函数是 $V5$ 的幅度除以匝数比。

图 7.1.8 的子程序中使用的公式,是使用"等效电路"技术从电路观测模型中得出的。

现在可以从测试结果得出传递函数 TFt,并与从电路模型得到的传递函数 TFm 进行比较,如图 7.1.9 所示。

该图说明了由电路模型产生的曲线与测试组件得到的所有数据点相交的事实。由于可以识别模拟电压互感器的组成部分,这意味着可以使用这些部件来确定其特性。

如图 7.1.9 所示的两条曲线,描述共同发生的过程,是一个基本的迭代过程。

最初,将猜测值分配给 Lp、$L1$ 和 $C1$,其他电路元件的值是固定的。然后,工作表顶部的一个参数值稍微改变,页面向上滚动可以获得最终图形。在单击鼠标之前,图表上的曲线没有变化,可以记录曲线位置。如果曲线靠得更近,则对参数进行相同的增量更改。

假设电容器 $C1$ 非常小,并且集中在低频响应上。将 Lp 的值(见图 7.1.8 的第 3 行)调整为频率范围低端"排列"的两条曲线,并将 $L1$ 调整为"排列"的中频响应。

值得注意的是,$L2$ 是一个因变量。这意味着变压器模型一次绕组的总电感可以通过修

工作表7.1，第3页

$R1 := 16.5\Omega$ $\qquad$ $R2 := \dfrac{68 \cdot 240}{68+240} = 52.987\Omega$

$R3 := 5100\Omega$ $\qquad$ $R4 := 5000\Omega$

$Lp := 64 \cdot 10^{-6}\text{H}$ $\qquad$ $L1 := 6.0 \cdot 10^{-6}\text{H}$ $\qquad$ $L2 := Lp - L1 = 5.8 \times 10^{-5}\text{H}$

$V1 := 1\text{V}$ $\qquad$ $V2 := \dfrac{50 + R1}{50} \cdot V1 = 1.33$

$Turns := 10$ $\qquad$ $C1 := 520 \cdot 10^{-12}\text{F}$

$$TFm_i := \left|\begin{array}{l} \omega \leftarrow 2 \cdot \pi \cdot F_i \\[2mm] Y2 \leftarrow \dfrac{1}{j \cdot \omega \cdot L2} + \dfrac{1}{R3 + R4} \\[2mm] Z2 \leftarrow \dfrac{1}{Y2} \\[2mm] Y1 \leftarrow \dfrac{1}{R2} + \dfrac{1}{Z2 + j \cdot \omega \cdot L2} + j \cdot \omega \cdot C1 \\[2mm] Z1 \leftarrow \dfrac{1}{Y1} \\[2mm] V3 \leftarrow \dfrac{Z1}{Z1 + R1} \cdot V2 \\[2mm] V4 \leftarrow \dfrac{Z2}{Z2 + j \cdot \omega \cdot L1} \cdot V3 \\[2mm] V5 \leftarrow \dfrac{R4}{R3 + R4} \cdot V4 \\[2mm] \dfrac{|V5|}{Turns} \end{array}\right.$$

图 7.1.8　计算模型的传输函数

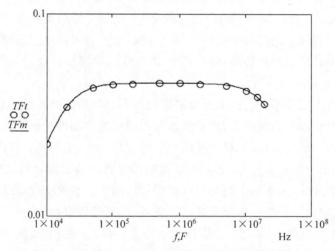

图 7.1.9　测试和建模得到的传输函数

改单个参数来改变。

令人惊讶的是,需要很少的迭代实现低频和中频的重合。最后,C1 的值为"排列"的高频滚降。

该变压器的可用范围为 20kHz~20MHz,变压器可以实现任意待测系统的频率匹配是可行的。例如,通过使用较小的变压器向上扩展频率范围或者通过在二次侧增加更多的匝数向下扩展范围。

7.2 电流变换器

电流互感器的目的是使用测量系统电缆中的电流,通过结构导电部件完成环路的配置,测量共模电流。如果电缆的远端是隔离的(例如,使用扬声器或麦克风电缆),则测量得到的是天线模式电流。

如果核心缠绕在携带信号电流的导体附近,则测量的是差模电流。

在前面章节的分析处理中,明确区分了这些当前模式。例如,对于三芯电源线,带电/中性环路承载差模电流,中性点/接地环路承载共模电流,且天线模式电流流入由接地导体形成的环路以及代表环境的虚拟导体。

图 7.2.1 为测试设备耦合到待测环路的方法,基于此结构,反映到一次电路的负载(待测环路)是二次负载除以匝数的二次方。因此,匝数越大,反射负载的值越小,且测试设备对被检查系统的影响越小。

二次绕组观测到的负载是由 51Ω 的电阻 R1 和屏蔽线 50Ω 阻抗并联得到的。图 7.2.2 说明了相应的关系。

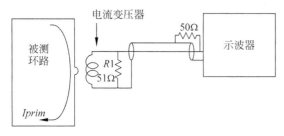
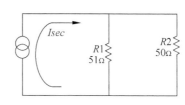

图 7.2.1 电流变换器的使用   图 7.2.2 电流源变换器

对于这个负载而言,它可被看作一个电流源 $Isec$。它和 $Iprim$ 是当前被测环路中的电流。变量 $Turns$ 是一次绕组环绕的数目:

$$Isec = \frac{Iprim}{Turns} \tag{7.2.1}$$

从示波器输入端来看,信号由电压源产生,如图 7.2.3 所示。在本章描述的所有测试中,每个示波器输入端都并联一个 50Ω 电阻。

在这里描述的特定变压器中,磁芯与用于电压互感器的磁芯完全相同,并且二次绕组包括 10 匝 22 SWG 漆包铜线,如图 7.2.4 所示。绑带是可拆卸的,用于确保核心的两半紧紧地夹在一起。

为了表征这种变压器,组装了一个简单的耦合夹具。它提供了已知幅度和已知频率的一次电流,以确保待测环路紧密耦合到变压器。

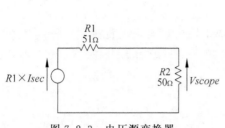

图 7.2.3 电压源变换器

图 7.2.4 电流变换器

测试装置如图 7.2.5 所示,示波器的通道 1 用于测量传送到变压器的电流,即放置在示波器输入连接器上的 50Ω 电阻中的电流,通道 2 用于监控变压器的输出。

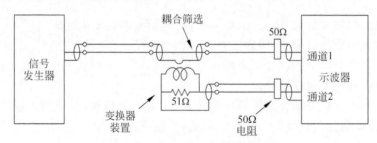

图 7.2.5 电流变换器的测试装置

与电压变换器的测试一样,测量屏幕上显示的是正弦波峰-峰值幅度。

图 7.2.6 列出结果并说明如何计算传输阻抗 ZTt,方法是将通道 2 输入的电压除以一次绕组中的电流。

```
工作表7.2,第1页
          ⎛0.005   8    98 ⎞
          ⎜ 0.01   8   175 ⎟
          ⎜ 0.02   8   270 ⎟          第1列,频率MHz
          ⎜ 0.05   8   340 ⎟          第2列,通道1的电压,V
          ⎜  0.1   8   360 ⎟          第3列,通道2的电压,mV
          ⎜  0.2   8   365 ⎟
data :=   ⎜  0.5   8   375 ⎟       s := 1..rows(data)        f_s = data_{s,1}·10^6
          ⎜   1    8   370 ⎟       ZTt_s := │ Vch1 ← data_{s,2}
          ⎜   2    8   370 ⎟                │
          ⎜   5   7.9  365 ⎟                │ Vch2 ← data_{s,3}·10^{-3}
          ⎜  10   7.8  360 ⎟                │
          ⎜  15   7.4  335 ⎟                │ Iprim ← Vch1/50
          ⎝  19   6.9  330 ⎠                │
                                           │ Vch2/Iprim
```

图 7.2.6 用测试结果计算变换阻抗

值得注意的是,这些计算得到的参数来自两次测量的比值。可以假设示波器中通道 1 和通道 2 的放大倍数是相同的。这样,测量中的大多数误差就都抵消了。

然后使用 Mathcad 软件显示结果,与电压互感器的响应一样,这是一组可以形成频率响应特性的点。

同样,电路理论能够创建待测环路和示波器输入之间链路的电路模型。图 7.2.7 是图 7.2.2 的简单模型。$R2$ 和 $R3$ 分别代表变压器组件中的 51Ω 电阻和通道 2 输入连接器上的电阻。

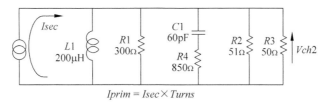

图 7.2.7 电流变换器的典型电路模型

$L1$ 表示变压器绕组的电感,而 $R1$ 表示变压器损耗。这些损耗可能是由待测环路中的磁场与变压器铁芯不相连引起的。损耗的另一个原因是芯中的涡流。

将电容 $C1$ 和电阻 $R4$ 添加到模型中,以模拟 2MHz 以上频率的额外损耗。该模型适用使用 SPICE 软件。可以使用这种软件产生类似于 ZTt 的频率响应曲线。实现理论结果和测试结果之间的密切关联,涉及用 Mathcad 软件获取计算结果并用 Mathcad 比较曲线。

通过在显示测试结果工作表中执行频率响应分析,来避免该过程。图 7.2.8 说明了所涉及的程序。

工作表7.2,第2页

$$y1 := \log(5 \cdot 10^3) \qquad y2 := \log(20 \cdot 10^6) \qquad \underline{m} := \frac{y2 - y1}{100}$$

$$i := 1..101$$

$$\underline{F_i} := \begin{vmatrix} y \leftarrow m \cdot (i-1) + y1 \\ 10^y \end{vmatrix} \qquad \text{计算5～20MHz之间均匀分布的100个频率}$$

$$R1 := 300\Omega \qquad\qquad R2 := 51\Omega \qquad\qquad R3 := 50\Omega$$

$$R4 := 850\Omega \qquad\qquad L1 := 200 \cdot 10^{-6}\text{H} \qquad C1 := 60 \cdot 10^{-12}\text{F}$$

$$Turns := 10$$

$$ZTm_i := \begin{vmatrix} \omega \leftarrow 2 \cdot \pi \cdot F_i \\[6pt] Z1 \leftarrow R4 + \dfrac{1}{j \cdot \omega \cdot C1} \\[6pt] Y2 \leftarrow \dfrac{1}{R1} + \dfrac{1}{R2} + \dfrac{1}{R3} + \dfrac{1}{j \cdot \omega \cdot L1} + \dfrac{1}{Z1} \\[6pt] Z2 \leftarrow \dfrac{1}{Y2} \\[6pt] ZT \leftarrow \dfrac{|Z2|}{Turns} \end{vmatrix}$$

图 7.2.8 计算电路模型的传输阻抗

首先,在 5kHz 和 20MHz 之间以对数标度计算一组 101 个频率,并将它们存储在向量 F 中。然后,定义电路模型的分量值以及二次侧的匝数。

函数 ZTm 中使用的方程来自电路模型。阻抗 $Z2$ 是电流发生器"看到"的阻抗,定义了 $Vch2$ 与 $Isec$ 的比率。将 $Z2$ 除以匝数,得到 $Vch2$ 与 $Iprim$ 的比率,即电路模型的传输阻抗。

图 7.2.9 阐述了测试结果与模型响应之间的相关性。虽然,两条曲线之间存在初始差异,但通过调整 $L1$ 和 $R1$,使曲线在低频处相交。改变 $C1$ 和 $R4$ 的值,使曲线在 2MHz 以上相交。

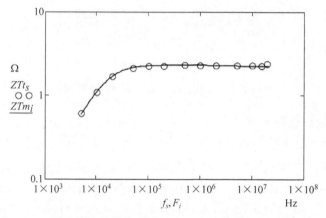

图 7.2.9   测试结果的传输阻抗 ZTt 和电路模型的传输阻抗 ZTm

该模型可以通过记录示波器上观察到的信号幅度和频率来推断出待测环路中的电流幅度。也就是说,如图 7.2.8 所示模型的响应,为电流互感器的校准提供了参考。

变压器的频率响应在宽带宽上是平坦的,这一事实意味着它可以用于监视瞬态电流的幅度和波形。有一个重要的条件:被监控波形的带宽必须位于设备的带宽内。

假设电感器 $L1$ 是开路的,而电容器 $C1$ 由短路代替,可以对瞬态响应特性进行第一近似。电路的导纳变为 $Ysec$,其中,

$$Ysec = \frac{1}{R1} + \frac{1}{R2} + \frac{1}{R3} + \frac{1}{R4} \qquad (7.2.2)$$

然而,

$$Rsec = \frac{1}{Ysec} \qquad (7.2.3)$$

综上所述,

$$Vch = Rsec \cdot Isec \qquad (7.2.4)$$

示波器的输入电压与式(7.2.1)的主环路的电流关系为:

$$Vch = \frac{Rsec}{Turns} \cdot Isec \qquad (7.2.5)$$

对于这个特定的设备,瞬态传输阻抗为:

$$RT = \frac{Rsec}{Turns} = 2.27 \qquad (7.2.6)$$

7.3 三轴电缆

在任何测试设置中,都会用电缆将待测设备(EUT)与测试设备连接。这些电缆通常是同轴电缆,因为这种电缆是将信号从一个位置传输到另一个位置的最实用和有效的手段,并且最不容易引起干扰问题。

即便如此,同轴电缆之间也存在杂散耦合。实际经验表明,这种耦合会产生不需要的信号,会完全掩盖来自 EUT 的信号。

减少耦合的一种方法是使用三轴电缆,如图 7.3.1 所示。制造这种器件并不是特别困难。从 RG58 电缆组件两端的 BNC 连接器上取下保护套,将一个 18Ω 电阻的一端连接到外壳上。将一卷金属丝编织物切成一定长度,并装配在组件上以形成外保护套。再将 18Ω 电阻器连接到外保护套,确保外部编织物不接触连接器的壳体。最后,将组件置在绝缘编织物中。

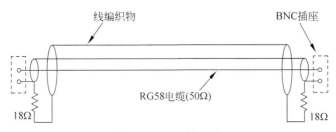

图 7.3.1 三轴电缆

内部和外部的编织物作为传输线,特性阻抗可以用下式计算:

$$R_0 = \frac{1}{2 \cdot \pi} \cdot \sqrt{\frac{\mu_0 \cdot \mu_r}{\varepsilon_0 \cdot \varepsilon_r}} \cdot \ln\left(\frac{r_{3,3}}{r_{2,2}}\right) \tag{7.3.1}$$

式中,$r_{2,2}$ 和 $r_{3,3}$ 分别是内部和外部编织的半径。

对于 RG58 电缆,屏蔽层的直径为 3.3mm,外保护套的直径为 5mm。允许松配编织物,假设编织物直径为 6mm。假设相对介电参数为 4,调用式(7.3.1)得到 R_0 的值为 18Ω。

在存在外场的情况下,天线模式电流将流入外层的外壳编织物。沿着编织物的长度产生电压,共模电流在由内编织物和外编织物形成的环中流动。由于这两个导体充当传输线,到达任一端的信号都被 18Ω 电阻吸收。由于这些电阻与线的特征阻抗相同,因此几乎没有或没有反射。这意味着以电磁辐射形式传递到电缆的大部分能量将在电阻性负载中消散。为了在非常高的频率下得到良好的性能,需要在每个终端处将多个电阻安装在环状环中,以最小化电阻元件的电感。

对于来自差模信号的辐射而言,沿着内编织物的长度产生的任何电压将在外传输线中引起循环电流。同样,不需要信号的能量将被两个端电阻器吸收。

最终显著改善了 RG58 电缆的屏蔽效能。

7.4 孤立导体

电压互感器提供了将限定电压输入任何导电环路的装置,而不会使 EUT 的导体与测试设备之间产生物理接触。电流互感器提供了测量感应电流幅度的方法。这样,可以对最简单的配置(隔离的导体)进行测试。所以,这是记录的第一个测试。

由于隔离导体的特性,接近于半波偶极子的特性,且由于 15m 长度的半波频率的估计值是 10MHz,因此选择这样的长度会使第一谐振频率在测试设备的工作范围内。

图 7.4.1 是一个装置。与电流互感器的校准过程一样,信号发生器的输出在一个频率范围内变化。示波器两通道所显示的信号在峰-峰值中取出,并用列表显示结果。

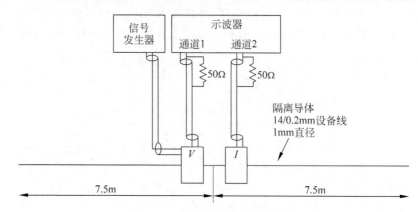

图 7.4.1　隔离导体的响应测试

虽然这样的过程似乎比使用一个可编程的信号发生器和频谱分析仪的程序更复杂,但该过程有五个明显的优点:

- 使用设备同一条件比较输入和输出信号,消除了许多校准的问题。
- 监视波形可以显示可能存在的任何失真。
- 用户不会被大量要处理和解释的数据所淹没。
- 示波器和信号发生器是任何电子实验室中无处不在的设备。
- 所有测试设备均由设计人员提供,预算有限。

图 7.4.2 以三列阵列的形式显示记录的数据,并定义了一个可用于计算导纳特性的函数 $Ytest(s)$,构成了 Mathcad 工作表的第一页。

范围变量 s 用于标识数组中的特定行,导体中感应的电压 Vin 与示波器 $Vch2$ 在通道 2 处的电压之间的关系由式(7.1.1)得到。使用图 7.2.8 子程序中定义的方程组,计算电流互感器二次绕组的导纳。将该值乘以通道 2 的电压 $Vch2$,得到二次绕组中的电流 $Isec$ 的值。将 $Isec$ 乘以匝数,得到导体中的电流 $Iprim$。

导体中的电流与施加的电压 Vin 的比率给出了点频率 f_s 处的导纳值。所有值都记录在向量 Yt 中。图 7.4.3 为该参数在 1~20MHz 内的频率响应。

就预测的反应而言,这条曲线的形状非常令人满意。在 10MHz 以下有一个峰值,表明在 30MHz 以下可能存在第二个峰值。这将涉及四分之一波长和四分之三波长频率的谐振。

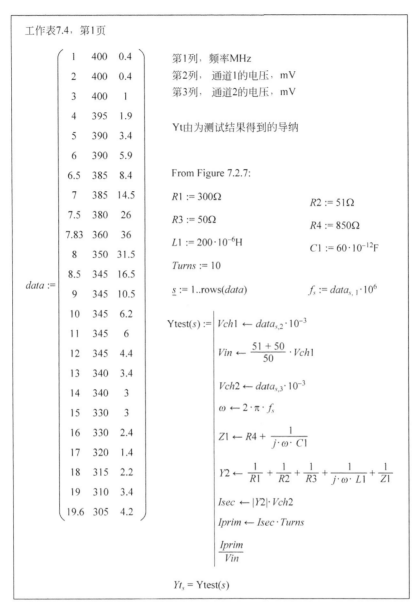

图 7.4.2　用测试数据计算导纳特性

　　可以合理地预测图 5.2.2 中偶极子模型的响应。只需要为组件分配数值,定义相关的方程式,并在工作表中设置相关信息,一般电路模型如图 7.4.4 所示。

　　对列表数据的简要分析表明,待查的导体的四分之一波长频率 f_q 为 7.83MHz。在了解其频率和测量的电缆长度的情况下,可以用式(2.3.10)计算传播速度。由于电缆中没有磁性材料,可以假设 m_r 的值为 1,因此,式(2.3.11)可用于导出相对介电参数的值。

　　然后,可以使用式(2.3.1)式(2.3.2)来计算原始电容 Cp 和原始电感 Lp 的理论值。由于式(5.1.3)给出了辐射电阻 $Rrad$ 的理论值。因此,有足够的信息为如图 7.4.4 所示的电路模型中的元件分配值。

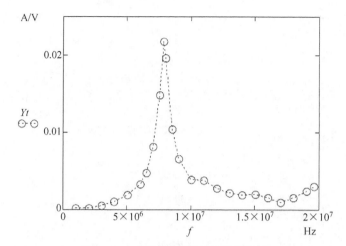

图 7.4.3 测试结果得到的导体导纳

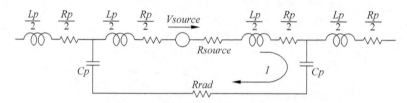

图 7.4.4 单隔离导体的通用电路模型

图 7.4.5 是工作表页面的副本,用于计算导体的无功和电阻参数值。趋肤效应发挥作用的频率为 6.89kHz。要定义的唯一其他参数是辐射电阻和电压源的幅度。前者设置为与传统偶极子 73Ω 相同的值。后者设置为 1,允许响应定义为每伏安培。

分配这些值的通用电路模型为图 7.4.6 的模型。

用于计算每个频率导纳值的 Mathcad 函数如图 7.4.7 所示。这是图 4.3.4 中描述的 $Zbranch(f)$ 函数的改编。

确定分布参数 $Z1$ 和 $Z2$,然后计算环路阻抗 $Z3$。将电压源 $Vsource$ 的幅度除以环路电阻的大小,得出将在环路中流动的电流的值。

由于 $Vsource$ 的大小是 1,因此函数 $Ymodel(i, Vsource)$ 的输出变量是在频率 F_i 处的循环导纳。输入变量 i 是指向频率向量 F 的相关行的整数。另一输入变量 $Vsource$ 允许在源电压本身是频率的函数时确定其响应(图 5.3.7 为入射波的威胁电压如何变化)。

向量 Ym 存储在测试过程中,使用相同频率范围内的计算结果。该模型的响应以及从测试结果得到的响应,如图 7.4.8 所示。

在 1~5MHz 的区域中,原始电容 Cp 的计算值是相当准确的。两个模型的峰值出现在相同频率,表明 Lp 的值也是准确的。但是,两个峰值的大小之间存在明显的差异。

我们发现这种差异的原因涉及多次尝试改变模型的组件值,并应注意其对其响应的影响。在评估这一点上,人们认为 $Rrad$ 的值为 73Ω 是不容置疑的。

最终,发现将电压源的幅度增加到 1.65V,使两条曲线在 5~10MHz 的范围内几乎重合。图 7.4.9 是工作表最后一页的副本,说明了得到的两条曲线。

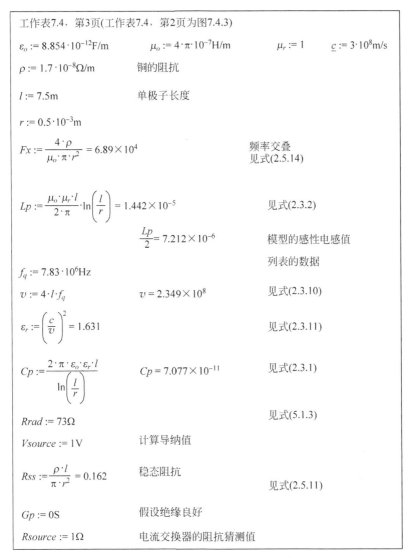

工作表7.4，第3页(工作表7.4，第2页为图7.4.3)

$\varepsilon_o := 8.854 \cdot 10^{-12} \text{F/m}$ $\mu_o := 4 \cdot \pi \cdot 10^{-7} \text{H/m}$ $\mu_r := 1$ $\underline{c} := 3 \cdot 10^8 \text{m/s}$

$\rho := 1.7 \cdot 10^{-8} \Omega \cdot \text{m}$ 铜的阻抗

$l := 7.5\text{m}$ 单极子长度

$r := 0.5 \cdot 10^{-3}\text{m}$

$Fx := \dfrac{4 \cdot \rho}{\mu_o \cdot \pi \cdot r^2} = 6.89 \times 10^4$ 频率交叠
见式(2.5.14)

$Lp := \dfrac{\mu_o \cdot \mu_r \cdot l}{2 \cdot \pi} \cdot \ln\left(\dfrac{l}{r}\right) = 1.442 \times 10^{-5}$ 见式(2.3.2)

$\dfrac{Lp}{2} = 7.212 \times 10^{-6}$ 模型的感性电感值
列表的数据

$f_q := 7.83 \cdot 10^6 \text{Hz}$

$\upsilon := 4 \cdot l \cdot f_q$ $\upsilon = 2.349 \times 10^8$ 见式(2.3.10)

$\varepsilon_r := \left(\dfrac{c}{\upsilon}\right)^2 = 1.631$ 见式(2.3.11)

$Cp := \dfrac{2 \cdot \pi \cdot \varepsilon_o \cdot \varepsilon_r \cdot l}{\ln\left(\dfrac{l}{r}\right)}$ $Cp = 7.077 \times 10^{-11}$ 见式(2.3.1)

$Rrad := 73\Omega$ 见式(5.1.3)

$Vsource := 1\text{V}$ 计算导纳值

$Rss := \dfrac{\rho \cdot l}{\pi \cdot r^2} = 0.162$ 稳态阻抗
见式(2.5.11)

$Gp := 0\text{S}$ 假设绝缘良好

$Rsource := 1\Omega$ 电流交换器的阻抗猜测值

图 7.4.5 计算电路模型元件的值

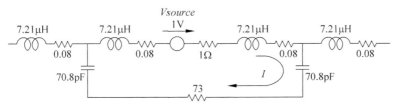

图 7.4.6 待测导体的初始电路模型

事后看来,关于为什么需要增加对源电压的解释。与连接到发射机的源终端电阻或接收机的负载终端的传统偶极子天线不同,隔离长度的导线不包含吸收电磁能量的电阻器。因此,未辐射到环境中的能量被存储为电容器两端的电压。这会立即产生反射电流,该电流通过变压器流回,且该反射电流是进一步辐射的来源。

工作表7.4，第4页

$i := 1..200$ $F_i := i \cdot 10^5$

$$\text{Ymodel}(i, Vsource) := \begin{vmatrix} Rp \leftarrow Rss \cdot \sqrt{1 + \dfrac{F_i}{F_x}} \\[2mm] \omega \leftarrow 2 \cdot \pi \cdot F_i \\[2mm] \theta \leftarrow \sqrt{(Rp + j \cdot \omega \cdot Lp) \cdot (Gp + j \cdot \omega \cdot Cp)} \\[2mm] Zo \leftarrow \sqrt{\dfrac{Rp + j \cdot \omega \cdot Lp}{Gp + j \cdot \omega \cdot Cp}} \\[2mm] Z1 \leftarrow Zo \cdot \tanh\left(\dfrac{\theta}{2}\right) \\[2mm] Z2 \leftarrow Zo \cdot \text{csch}(\theta) \\[2mm] Z3 \leftarrow 2 \cdot Z1 + 2 \cdot Z2 + Rrad + Rsource \\[2mm] \dfrac{Vsource}{|Z3|} \end{vmatrix}$$

$Ym_i := \text{Ymodel}(i, Vsource)$

图 7.4.7 在一定频率范围内计算电路模型的导纳

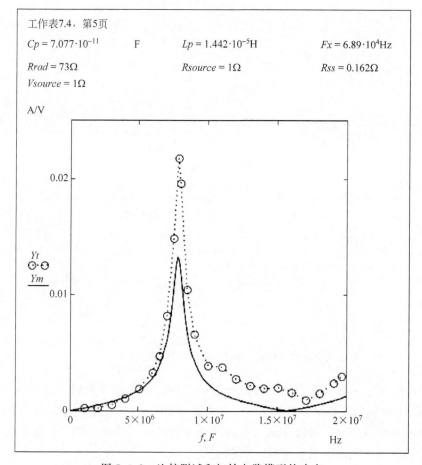

工作表7.4，第5页

$Cp = 7.077 \cdot 10^{-11}$ F $Lp = 1.442 \cdot 10^{-5}$H $Fx = 6.89 \cdot 10^4$Hz

$Rrad = 73\Omega$ $Rsource = 1\Omega$ $Rss = 0.162\Omega$

$Vsource = 1\Omega$

图 7.4.8 比较测试和初始电路模型的响应

工作表7.4，第6页

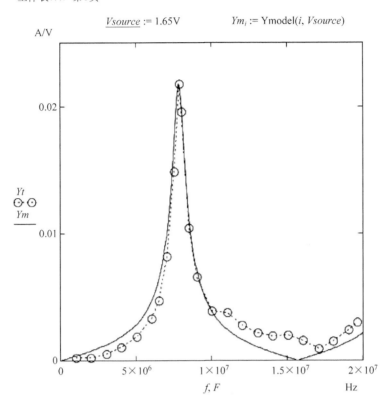

$Vsource := 1.65V$ $Ym_i := \text{Ymodel}(i, Vsource)$

图 7.4.9 考虑存储能量的响应模型

因此，最终的电路模型与初始模型非常相似，如图 7.4.10 所示，唯一的变化是增加了第二个电压源来表示存储能量的影响。

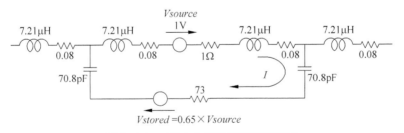

图 7.4.10 引入电压源仿真存储能量

由于总电能在电流和电压之间平均分配，并且由于电流已经离开导体，因此能量的一半存储在电容器中。由于电压与功率的平方根成正比，因此可以假设电容器两端产生电压的最大值为：

$$Vstored = \sqrt{2} \cdot Vsource \approx 0.71 \cdot Vsource \qquad (7.4.1)$$

该值为 0.71，表示没有其他损失的系统。所以，0.65 的观测值完全合理。

然而，添加源 $Vstored$ 导致理论曲线高于 0～5MHz 范围内的实际响应。通过去除额外的电压源,并将辐射电阻值减小到42Ω来校正这种偏差。图7.4.11为合成曲线。这与0～5MHz范围内的实际响应相关,并且复制峰值响应的幅度。该测试可用于测量导体的辐射电阻。

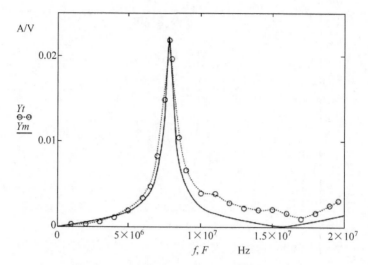

图 7.4.11　辐射电阻为 42Ω 时的模型的响应

10～20MHz区域的偏差可以解释为:在四分之一波频率之上,电流沿着电缆向后和向前流动,而非像港口处的波浪一样。模拟这种效果需要将额外的复杂性引入模型中。

但是,就 EMC 而言,关键频率是峰值高时。因此,在评估设备通过正式 EMC 测试的概率时,其他频率与模型之间的微小偏差几乎不会引起关注。

实际系统的响应与理论模型之间的密切关联,有效地验证了前面章节中介绍的概念。具体说明如下:

- 推导 2.2 节中原始电感 Lp 的公式;
- 推导 2.1 节中原始电容 Cp 的公式;
- 4.1 节中推导出的分布式阻抗的电路模型;
- 在 5.2 节中的偶极子的电路模型。

密切相关也表明简单的测试设备能够提供极其精确的测量。例如,响应峰值为 7.83MHz 意味着对于这种特定设置,天线模式电流的传播速度为 235m/μs(参见图 7.4.5 中 v 的值)。

7.5　电缆特性

可以利用前面描述的方法来表征特定电缆,即确定电缆的代表性电路模型。通过对完全隔离的电缆进行测试,可以消除外部元件的影响。产生的测量结果对特定的电缆有效。

在这里描述的示例中,针对 15m 长的双芯电力电缆导出电路模型。涉及两种设置:第一种测量发射的辐射,第二种测量线对线耦合。

图 7.5.1 说明了第一个结构。该结构基本上是隔离电缆的一般电路模型的实际实现,其

源自虚拟导体部分中的理论考虑。图 5.2.8 为该模型,式(5.2.9)和式(5.2.10)定义了组件值的公式。由于 15m 电缆的每一半都用三 T-网络表示,因此,每个网络的长度 l 为 7.5m。

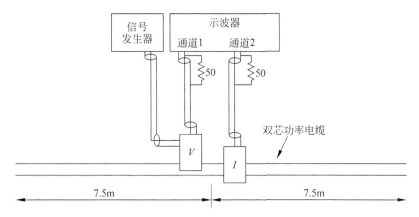

图 7.5.1　测试电缆的发射辐射特性

电压互感器用于与电缆的一个导体串联输入电压。电缆的两端都是开路的。如果这些终端都已短路,则变压器在由信号和返回导体形成的环路中感应到电压(差模电压)。开路终端的存在不会改变输入差模电压。

该输入电压产生沿信号导体流动的电流。两个导体之间的电磁耦合产生沿返回导体相反方向流动的电流(差模电流)。输入的电压还产生天线模式电流,该电流沿着电缆流动,并转换成电磁波。

围绕两个导体夹紧的电流互感器,测量天线模式电流的幅度。频率范围为 1~20MHz,图 7.5.2 中显示的输出是传输导纳 YT,单位为 A/V。使用类似于如图 7.4.2 所示的工作表来创建该图。

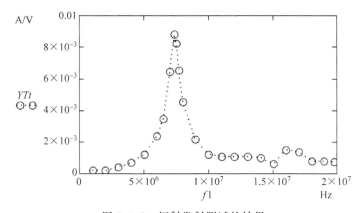

图 7.5.2　辐射发射测试的结果

图 7.5.3 为第二种结构。同样,电压互感器将差模电压输入电缆。但这次监控的电流是差模电流。在图 7.5.4 中,有两个峰值:约 5.5MHz 和约 16.8MHz。

用于传输线的天线模式耦合的一般电路模型在虚拟导体的部分中得出,如图 5.2.8 所示。以桥接电路的形式重新排列,如图 7.5.5 所示。这种布局简化了两个电流环的定义。在配置中,电压源与导体 1 串联,所以,这个事实反映在图中 Vsource 的位置。

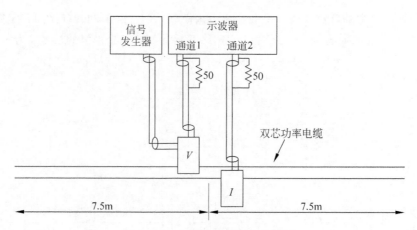

图 7.5.3　电缆传输线特性的测试

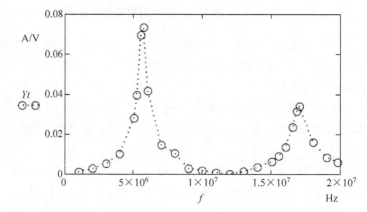

图 7.5.4　线-线耦合测试结果

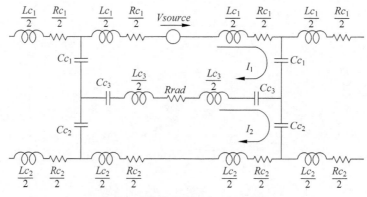

图 7.5.5　隔离电缆的通用电路模型

　　将电路元件转换为分布式阻抗,如图 7.5.6 所示。

　　通过系统过程分配元件值,测量导体半径 r_{11} 和 r_{22},测量导体之间的间距 r_{12} 和电缆的长度 l。使用前面章节中提供的公式,可以将初始值分配给电阻和电感元件,由图 7.5.7 所示的工作表页面得到。

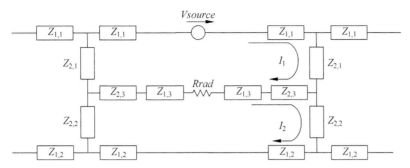

图 7.5.6 电路模型的分布参数

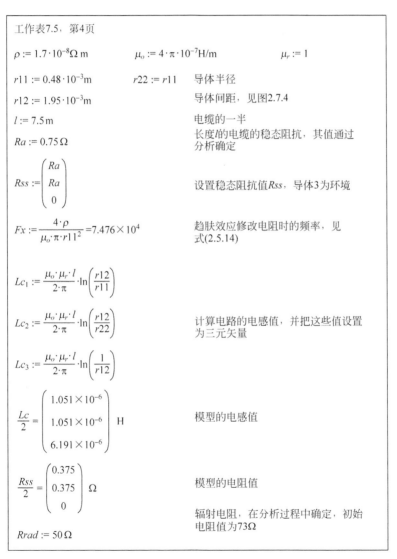

图 7.5.7 计算电阻和电感值

由于电气系统中所有电缆的导体都由绝缘材料包覆或支撑,且由于这种材料对信号的传播速度有显著影响,因此有必要在定义电容器的值之间确定电介质的相对介电参数。这在图 7.5.8 所示的工作表页面完成。

工作表7.5,第5页

$\varepsilon_o := 8.854 \cdot 10^{-12}$ $\qquad$ $\underline{c} := 3 \cdot 10^8$

$fqa := 5.66 \cdot 10^6$ $\qquad$ 线线耦合峰值发生的频率

$va := 4 \cdot l \cdot fqa = 1.698 \times 10^8$ $\qquad$ 传输线上电磁波的传播速度,见式(2.3.10)

$\varepsilon_{ra} := \left(\dfrac{c}{va} \right)^2$ $\qquad$ 作为传输线,电缆的相关介电常数,见式(2.3.11)

$\varepsilon_{ra} = 3.122$ $\qquad$ 定义导体电容值的相对磁导率

$fqb := 7.55 \cdot 10^6$ $\qquad$ 辐射发射测试峰值发生时的频率

$vb := 4 \cdot l \cdot fqb = 2.265 \times 10^8$ $\qquad$ 电缆上电磁波的传播速度,见式(2.3.10)

$\varepsilon_{rb} := \left(\dfrac{c}{vb} \right)^2$ $\qquad$ 作为天线,电缆的相关介电常数,见式(2.3.11)

$\varepsilon_{rb} = 1.754$ $\qquad$ 定义单极子天线电容值的相对磁导率

$Cc_1 := \dfrac{2 \cdot \pi \cdot \varepsilon_o \cdot \varepsilon_{ra} \cdot l}{\ln \left(\dfrac{r12}{r11} \right)}$

$Cc_2 := Cc_1$ $\qquad$ 计算电路模型的电容值,设置为三元矢量,见式(5.2.10)

$Cc_3 := \dfrac{2 \cdot \pi \cdot \varepsilon_o \cdot \varepsilon_{rb} \cdot l}{\ln \left(\dfrac{1}{r12} \right)}$

$Cc = \begin{pmatrix} 9.291 \times 10^{-10} \\ 9.291 \times 10^{-10} \\ 8.867 \times 10^{-11} \end{pmatrix}$ $\qquad$ 电路模型的电容值

图 7.5.8　计算电容值

在为模型的所有组件提供初始值之后,下一步是模拟两个测试的响应。由主程序执行,如图 7.5.9 所示。有两个输出:向量 **YTm**,模拟辐射发射测试的响应;*Ym*,模拟线对线耦合。

将模型的响应与工作表最后一页中的实际测试进行比较,如图 7.5.10 和图 7.5.11 所示。

工作表7.5，第6页

$i := 1..200$ 　　$F_i := i \cdot 10^5 \text{Hz}$ 　　　　　定义模型的频率范围

$$\text{Zbranch}(s) := \begin{vmatrix} \omega \leftarrow 2 \cdot \pi \cdot F_s \\ \text{for } k \in 1..3 \\ \quad \begin{vmatrix} Rc_k \leftarrow Rss_k \cdot \sqrt{1 + \dfrac{F_s}{Fx}} \\ \theta \leftarrow \sqrt{(Rc_k + j \cdot \omega \cdot Lc_k) \cdot j \cdot \omega \cdot Cc_k} \\ Zo \leftarrow \sqrt{\dfrac{Rc_k + j \cdot \omega \cdot Lc_k}{j \cdot \omega \cdot Cc_k}} \\ z_{1,k} \leftarrow Zo \cdot \tanh\left(\dfrac{\theta}{2}\right) \\ z_{2,k} \leftarrow Zo \cdot \text{csch}(\theta) \end{vmatrix} \\ z \end{vmatrix}$$

图4.3.4的副本

从图7.5.6获得环路阻抗方程

$$\text{Zloop}(s) := \begin{vmatrix} Z \leftarrow \text{Zbranch}(s) \\ Z11 \leftarrow 2 \cdot (Z_{1,1} + Z_{2,1} + Z_{1,3} + Z_{2,3}) + Rrad \\ Z12 \leftarrow -2 \cdot (Z_{1,3} + Z_{2,3}) - Rrad \\ Z22 \leftarrow 2 \cdot (Z_{1,2} + Z_{2,2} + Z_{1,3} + Z_{2,3}) + Rrad \\ \begin{pmatrix} Z11 & Z12 \\ Z12 & Z22 \end{pmatrix} \end{vmatrix}$$

$$\underline{V} := \begin{pmatrix} 1 \\ 0 \end{pmatrix} V \qquad YTm_i := \begin{vmatrix} Z \leftarrow \text{Zloop}(i) \\ I \leftarrow \text{lsolve}(Z, V) \\ |I_1 - I_2| \end{vmatrix}$$ 　　从电缆辐射发射计算传输
导纳的响应

$$Ym_i := \begin{vmatrix} Z \leftarrow \text{Zloop}(i) \\ I \leftarrow \text{lsolve}(Z, V) \\ |I_2| \end{vmatrix}$$ 　　计算开路传输线的导纳的响应

图 7.5.9　计算电路模型的响应的主程序

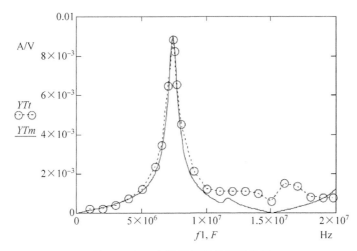

图 7.5.10　电缆和模型的辐射发射

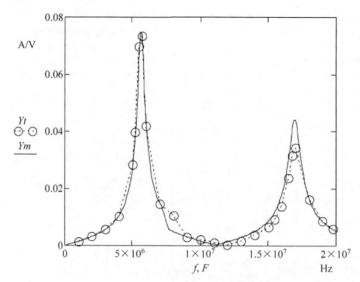

图 7.5.11　电缆和模型的传输线响应

在程序的第一次运行中,模型的响应中有明显的错误。不过,

- 改变导体电阻 Ra 的值(见图 7.5.7),使 Ym 的振幅更接近于 Yt 的振幅;
- 改变辐射电阻 $Rrad$ 的值,使 YTm 的振幅更接近于 YTt 的振幅;
- 不同频率 fqa 的值(参见图 7.5.8),使 Ym 的峰值不断接近 Yt 的峰值;
- 不同的 fqb 的值,使 YTm 的峰值不断接近 YTt 的峰值。

当然,改变任何上述参数都会修改两条曲线的响应。即便如此,这些副作用也很小,且需要很少的程序迭代,最终实现图中描绘的相关性。

值得注意的是,虽然电路模型中有 25 个不同的组件,但只需要 4 个独立变量来关联图中的曲线。程序最终运行中使用的组件值,记录在图 7.5.7 和图 7.5.8 的底部。将这些值分配给图 7.5.5 的通用电路模型中的变量,可以得到未完成配置的代表性电路模型(见图 7.5.12)。

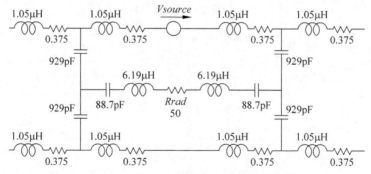

图 7.5.12　待测电缆的典型电路模型

在 7.4 节中,不需要像模型中的单线模型那样,包含第二个电压源。排列相关峰值所需要做的就是将辐射电阻值从 73Ω 降低到 50Ω。

创建这样一个电路模型替代电缆,有如下几个优点:

- 一段电缆的电路模型的基本特征是元件值与电缆的长度成比例。可以导出每单位长度的参数,然后,在待查系统中使用任何长度的电缆模型(重要的是电缆的横截面是均匀的)。
- 可以在相对较低频率的长电缆上进行测量,用于预测较高频率下较短电缆的性能。
- 确定了特定电缆的电路模型后,该文件可以存储在库中,类似于 SPICE 软件用于运算放大器或施密特触发器等设备的库。
- 将接口设备的型号与电缆的型号相结合,可以模拟被评估系统的辐射发射。
- 无论电压源的位置如何,相同型号都有效。因此,也可以模拟系统对外部干扰的响应。

可以推断,天线模式传播的场模式几乎完全在电缆外部,因此包含的空气多于塑料绝缘。差分模式传播更局限于塑料绝缘,因此传播速度较慢。

然而,这组测试不仅是差异存在的原因。它定义了传播速度,并提供了相对介电参数的实际测量。从图 7.5.8 可以看出:

- 天线模式电流的传播速度 $vb = 227\text{m}/\mu\text{s}$。
- 差模电流的传播速度 $va = 170\text{m}/\mu\text{s}$。
- 天线电缆的相对介电参数 $\varepsilon_{rb} = 1.76$。
- 传输线的相对介电参数 $\varepsilon_{ra} = 3.12$。

值得再次强调的是,图 7.5.12 中辐射电阻的值是通过改变模型中 $Rrad$ 的值来获得的,主要通过变化图 7.5.11 中 Yt 和 Ym 峰值的幅度。实际上,$Rrad$ 的值来自测试结果。对于任何特定的电缆,假设半波长频率的辐射电阻是参数。

从图 7.5.7 的工作表可以看出:

辐射电阻的测量值 $Rrad$ 为 50Ω。

该特定模型源自特定电缆的测试。对另一根电缆的测试,使一组不同的值分配给图 5.2.8 的通用模型。这种方法的重要特征是存在通用电路模型,减少为任何特定组件创建代表性模型所花费的时间。

由于电缆的横截面是恒定的,电容器、电感器和电阻器都与电缆的长度成比例。由于端点是开路的,因此接口处没有组件扰乱测量。这意味着可以外推图 7.5.12 的代表性模型,以评估更长或更短的电缆的性能。

天线理论表明,辐射电阻为 73Ω。该特定测试表明,在进行辐射敏感性的最坏情况分析时,50Ω 的值更合适。5.6 节和 5.7 节详述了这方面内容。最后,在系统分析中,$Rrad$ 的值的选择是一个重要的工程判断。

7.6　电缆瞬变

与图 7.5.1 的设置一起使用的信号发生器能够产生方波和正弦波,因此,可以合理检查电缆对瞬态信号的响应。由变压器的输出提供的波形,显著偏离理想方波。因此,需要通过电阻网络将输入信号传送到电缆,如图 7.6.1 所示。

这种结构将电缆作为传输线,由于远端是开路的,且近端的电阻非常低,因此,可能会发

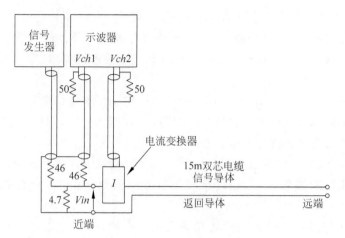

图 7.6.1 瞬时辐射测试装置

生多次反射,并且监控电流,可以分析电缆上的情况。

图 7.6.2 解释了通道 1 电压检测波与电缆的发送电压之间的关系,模型如下:

$$Vch1 = \frac{50}{96.2} \cdot Vin \qquad (7.6.1)$$

图 7.6.3 是频道 1 示波器的波形。在每次阶跃变化后,输送到线路的电流对输入电压造成轻微扰动约 $2\mu s$,此后 Vin 达到其开路值。方波的周期约为 8ms。也就是说,振荡器频率设定约为 125kHz。

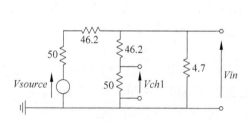

图 7.6.2 测试装置的电路模型

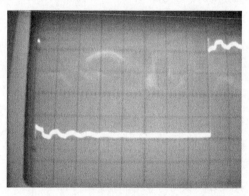

图 7.6.3 示波器通道 1 的信号波形
(500ns/div,0.1V/div)

6.6 节中描述的程序可以创建如图 7.6.4 所示的波形。输入变量为 150ns 时的初始下降沿 $T1$ 和 $4.1\mu s$ 时的上升沿 $T2$(见图 6.6.2)。输出变量选择为 $Vch1$(见图 6.6.4)。

图 7.6.5 是示波器通道 2 显示的波形照片。在前 200ns 期间的振荡可能是由于测试设备的接地导体发出的反射,也可能是由于电缆或连接器的不连续性造成的。

再次运行 6.6 节的程序,输入变量设置为 20ns 的初始下降沿 $T1$ 和 $1\mu s$ 的扫描时间 $T3$,输出变量选择为 $Vdiff$,结果如图 7.6.6 所示。波形的第一和第二边缘之间的周期是 15m 电缆的差模传播延迟的两倍——反射波返回其源的时间。

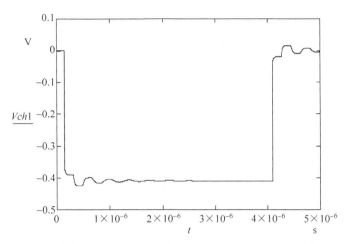

图 7.6.4　仿真的通道 1 输入电压波形，装置见图 7.6.1

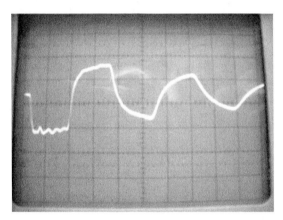

图 7.6.5　通道 2 电压（100ns/div，10mV/div）

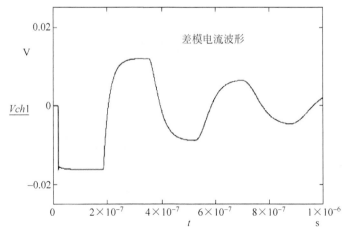

图 7.6.6　通道 2 仿真的输入电压，装置见图 7.6.1

修改图 7.6.1 的设置,将电缆的两根导线穿过电流互感器的磁芯,监测天线模式电流。

第三次运行工作表 6.6 程序,初始上升沿的时间 $T1$ 设置为 120ns,下降沿的时间 $T2$ 设置为 $1.65\mu s$,并选择 $Vrad$ 作为输出变量,如图 7.6.8 所示。模拟的上升和下降时间由 dt 的值设定。从图 6.6.2 的工作表可以得出:

$$dt = \frac{T}{N} = \frac{83 \times 10^{-9}}{100} = 830\text{ps}$$

比较图 7.6.5 和图 7.6.6,可以看出差模电流 $Idiff$ 的模拟波形与实际波形非常相似。值得注意的是,波形逐渐从方波变为正弦波。

当然,有一些偏差:

- 观察信号上台阶的前沿,发现其不如理论步骤快的原因,是由于信号发生器和示波器的响应时间有限。
- 实际波形上有纹波,持续时间约为 200ns。这可能是由于从结构导体返回的反射电流造成的。

图 7.6.4 和图 7.6.3 之间的相似性同样重要。通道 1 处的监测电压与模拟电压 $Vch1$ 进行比较。每次阶跃变化后的前 $2\mu s$ 内的纹波,是由于输出到电缆的电流引起的源电阻 Rg 的电压降。

最值得注意的是,前缘和后缘的角是圆形的。如果加载效果仅由图 7.6.6 中显示的当前波形引起,则拐角会更加清晰。它们是圆形的事实清楚地证明了源电阻承载天线充电电流以及差模电流。

图 7.6.3 和图 7.6.4 之间存在一个显著差异。在监视波形的每个步骤变化之后存在尖锐的"尖峰"。这是由于信号发生器的输出和示波器通道 1 的输入之间存在电容耦合。将同轴内导体连接到如图 7.6.1 所示的彼此非常接近的 46Ω 电阻的两端。然而,这种尖峰的存在并不掩盖每个阶跃变化的终端都是圆形的事实。

图 7.6.7 和图 7.6.8 也描述了显著的相似性,比较了电缆承载的天线模式电流的波形与模拟产生的波形。很明显,模拟产生的波形与示波器上观察到的基本模式相同,即阻尼振荡,这是 $Idiff$ 的微型版本。

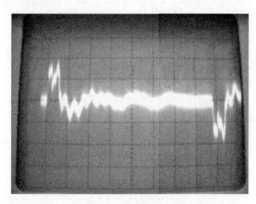

图 7.6.7　天线模式电流(200ns/div,2mV/div)

然而,还存在叠加在阻尼振荡之上的较高频率分量。这比图 7.6.8 的基础波形持续更多周期,表明它所经历的阻尼是微不足道的,可能由于电缆和结构之间存在向后和向前振荡

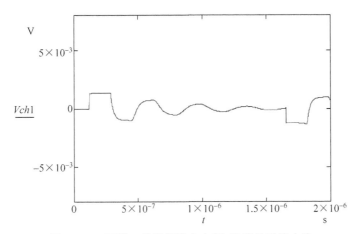

图 7.6.8　通道 2 的模拟输入电压,监测的天线电流

的电流分量。该元件可以检测叠加在图 7.6.5 上的差模波形的纹波。

测试结果和模拟波形紧密相关,为模型的可靠性提供了相当高的置信度。图 7.6.6 的波形比图 6.2.6 的结果更接近实际。应该记住的一点是,尽管该简单模型的电容器和电感器被传播时间和特征阻抗参数所取代,但这些特性仍然存在。(6.3 节详细地介绍了这个方面的内容。)

由于延迟线模型已经将时间参数引入计算中,因此可以根据存储在线中的能量进行考虑,即电荷的静态能量和移动电荷的动能。实际上,式(6.1.5)对于 RLC 电路的计算,类似于弹簧上质量的运动。

图 6.6.1 的 $Crad$、Ro 和 Inf 网络,使天线模式电流引起的能量存储效果与延迟线中的差模能量存储的效果分离。当将阶跃电压施加到开路线时,传递到该线的差模电流在等于传播时间的两倍时间内是恒定的,且天线模式电流也是如此。那段时间之后,电容器 $Crad$ 已经充电,并且含有许多势能。流入 $Crad$ 的初始电流为输送该电荷所需的动能。

电流波形在组件的固有频率下从方波快速恢复到正弦波的现象,表明初始步骤的瞬态能量已被转换成 L-C 电路的动态能量。从图 7.6.5 可以看出,该波形一个周期的时间约为 $0.34\mu s$,相当于约 2.9MHz。也就是说,和 15m 电缆的四分之一波频率的单极子天线相近。图 7.5.2 为谐振频率(15m 偶极子)下组件的辐射峰值。由于如图 7.6.5 所示的这种正弦波的振幅迅速衰减,因此,可以合理地假设这种能量损失主要是由于辐射发射造成的。

在图 6.6.1 的模型中,$Ro3$ 包含评估天线电流本身的幅度。

图 7.6.1 的结构提供了另一种导出电缆参数值的方法,只需使用瞬态响应中的数据即可。由于在前 $166\mu s$ 期间电压和电流几乎恒定,因此可以非常快速地计算特征阻抗 Ro 的值。由于传输时间也是已知的,因此也可以导出 15m 电缆的环路电感 La 和环路电容 Ca,如图 7.6.9 的工作表所示。

	瞬态分析	频率响应分析
导体间电容	780pF	929pF
环路电感	$8.8\mu H$	$8.4\mu H$

工作表7.6.4

从图7.6.2的波形图，在第一个指数上升沿通道1测量的阶跃电压幅度

$$Vch1 := 0.39V$$

先输入端的电压与通道$Vch1$的关系可由方程(7.6.1)获得

$$Vin = \frac{96.2}{50} \cdot Vch1 = 0.75V$$

从图7.6.8中的波形可以得到通道2的测量电压为：

$$Vch2 := 0.016V$$

幅度$Vch2$的幅度与电流变换器测得的电流幅度之比，可以由公式(7.2.6)得到

$$RT := 2.27\Omega$$

利用公式(7.2.5)，

$$Iout = \frac{Vch2}{RT} = 7.048 \times 10^{-3}A$$

测量的电缆特性阻抗由Vin和$Iout$之比获得

$$Ro := \frac{Vin}{Iout} = 106\Omega$$

图7.6.5的波形给出了当前步骤传播到远端并返回近端所用的时间。是两者之间波形的第一和第二边缘的时差。因此，有：

$$T := \frac{166 \times 10^{-9}}{2} \cdot sec$$

由式(6.3.7)和式(6.3.6)可以获得电缆的电容和电感

$$Ca := \frac{T}{Ro} = 7.8 \times 10^{-10}F$$

$$La := T \cdot Ro = 8.8 \times 10^{-6}H$$

将这些结果与电缆特性测试结果相比，如图7.5.12所示，可以得到

$$Ca\_ := 2 \cdot \frac{1}{2} \cdot 929 \cdot pF = 9.29 \times 10^{-10}F$$

$$La\_ := 8 \cdot 1.05\mu H = 8.4 \times 10^{-6}H$$

图 7.6.9　使用瞬态测试和频率响应测试估计 15m 电缆的要素值

这些结果之间的紧密相关性表明，通过使用来自几个瞬态波形的数据，就可以获得电缆的电感和电容的估计值。

总结瞬态分析中涉及的推理，并确定其在电子设备设计中的重要性是有用的。

电缆的两端之间的任何阶跃电压，都会导致瞬态波前沿着电缆以稍微小于光速的速度传播。在传输过程中，有些能量辐射到环境中，有些以静电的形式临时存储。

电缆和环境之间的静电电荷将以高频信号的形式消失，其频率会迅速衰减（见图 7.6.7）。这意味着电荷中的静态能量和用于产生该电荷的动态能量，都转换成辐射干扰。

导体间的电荷最终将稳定在稳态值，但某些能量转换为差模辐射之前不会转化为稳态值（见图 7.6.5）。

每次电压变化都会发生这种情况。由于任何信号实际上都是连续的一系列阶跃变化，因此，双导体电缆上大部分信号将以 EMI 的形式辐射出去。

如果发送导体和返回导体之间的间隔不受控制，则大部分瞬态能量将转换为不需要的辐射，这有利于秘密监视。

使环境中传输线中的电磁能量损失尽可能小的唯一方法是使用同轴电缆、屏蔽线对或

波导。如果使用未屏蔽的双芯电缆,降低辐射能量水平的唯一方法是利用电阻元件吸收辐射。8.5 节和 8.6 节将介绍实现这一目标的设计技术。

7.7　电容器特性

可以使用电路建模技术来创建诸如电感器、电容器和滤波器之类具有代表性电路模型,如图 7.7.1 所示。

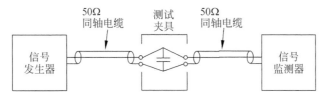

图 7.7.1　特征元件的测试装置

在这种情况下,被测元件是安装在测试夹具中的电容器。夹具使用 50Ω 同轴电缆耦合到信号发生器,类似的电缆也可以将输出信号路由到信号监视器。传递函数分析仪用于输入信号的监视(或者,源可以是信号发生器,监视器可以是示波器或频谱分析仪)。

图 7.7.2 为该结构的一般电路模型。由于发生器的输出阻抗为 50Ω,同轴电缆的特性阻抗为 50Ω,因此源和夹具之间的电缆实际上是透明的。这同样也可以用于夹具和信号监视器之间的输出链接。

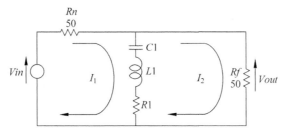

图 7.7.2　通用电路模型的电容特性

由于所有电容器都具有电感和电阻特性,因此待测元件的最简单模型是串联的 LCR 电路。对于此类测试,相关参数是传输阻抗。

$$ZT = \frac{Vout}{I_1} \tag{7.7.1}$$

因此,测试程序将恒定电压可变频率,用于测试夹具,并记录一组点频率处的输出信号幅度。这就是传输阻抗 ZTt 的频率响应,即从测试结果得到的传输阻抗。

编写一个简单程序来计算环路模型的传输阻抗 ZTt 传输的频率响应,两者的响应可以绘制在同一图中。初始猜测值分配给 $C1$、$L1$ 和 $R1$,并把这些参数被作为输入变量。调整 $C1$ 使两条曲线的负斜率紧密相关,调整 $L1$ 对正斜率执行相同操作,调整 $R1$ 对齐最小值。

当两条曲线尽可能紧密相关时,$C1$、$L1$ 和 $R1$ 的新值可以分配给通用电路模型中的相关组件,这就是被测电容器的典型电路模型。该分析过程采用 60nF 电容器的测试数据进行,这是 Roy Ediss[7.1] 进行的许多测试之一。

　　图 7.7.3 为最终的图,图 7.7.4 为典型的电路模型。图 7.7.5 和图 7.7.6 提供了用于创建图形的 Mathcad 工作表副本。

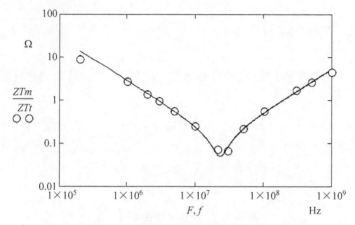

图 7.7.3　测试设置和电路模型的传输阻抗

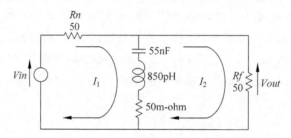

图 7.7.4　Murata 100nF 测试电容下的典型电路模型

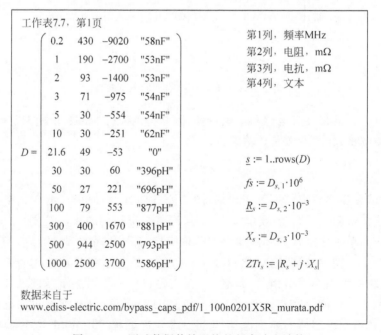

图 7.7.5　测试数据传输阻抗的频率响应计算

工作表7.7，第2页　　　　　　　见图7.7.2

$R1 := 0.050\Omega$　　　　　　　$C1 := 55 \cdot 10^{-9}\text{F}$　　　　　　$L1 := 850 \cdot 10^{-12}\text{H}$

$Rn := 50\Omega$　　　　　　　　$Rf := 50\Omega$

$i := 2..10000$　　　　　　　$\underline{F}_i := i \cdot 10^5$　　　　　　$\underline{V} := \begin{pmatrix} 1 \\ 0 \end{pmatrix} \text{V}$

$$ZTm_i := \left| \begin{array}{l} \omega \leftarrow 2 \cdot \pi \cdot F_i \\[2mm] Z11 \leftarrow Rn + R1 + \dfrac{1}{j \cdot \omega \cdot C1} + j \cdot \omega \cdot L1 \\[3mm] Z12 \leftarrow -\left(R1 + \dfrac{1}{j \cdot \omega \cdot C1} + j \cdot \omega \cdot L1 \right) \\[3mm] Z22 \leftarrow Rf + R1 + \dfrac{1}{j \cdot \omega \cdot C1} + j \cdot \omega \cdot L1 \\[3mm] Z \leftarrow \begin{pmatrix} Z11 & Z12 \\ Z12 & Z22 \end{pmatrix} \\[3mm] I \leftarrow \text{lsolve}(Z, V) \\[2mm] Vout \leftarrow |I_2, Rf| \\[2mm] Iin \leftarrow |I_1| \\[2mm] \dfrac{Vout}{Iin} \end{array} \right.$$

图 7.7.6　电路模型传输阻抗的频率响应计算

第8章

实 践 设 计

业界存在许多旨在改进 EMC 设计的概念和技术,其中许多都得到了分析方法的支持,而有些则没有。

"等电位接地平面"的概念追溯到几十年前,是不可能有这回事的。由于电磁理论的"图像方法"经常用到该概念的基础,因此理解相关性背后的谬误是有用的。8.1 节就是这样做的。设计师应该抵制将结构视为信号和电源的便捷返环路径的诱惑。导电结构的最有效用途是作为屏蔽。

在创建电路模型的过程中,一个重要的推论是信号和返回导体应尽可能地靠近。

8.2 节表明,将信号线尽可能靠近地布线,可以在印制电路板的设计中满足这一要求。它还表明,对于电路板之间和设备之间的信号,最好为每个信号或电源线分配一个返回导线来满足这一要求。

就 EMC 而言,最具反作用的概念之一是"单点接地"。8.3 节说明了这种技术如何产生棘手的问题。相反,大量"地面环路"的存在,导致干扰水平的显著降低。

设备单元接口电路的不当设计会使包含专用返回导体的设计变得无效。8.4 节阐述了互连电缆中电流平衡的必要性,并说明了实现这一目标的几种方法。

8.5 节分析端接传输线来实现最佳传输的事实,该传输线的电阻值等于特征阻抗。如果能有效地传输信号,则由干扰引起的发射是最小的。电路建模证实,具有低发射的结构不易受外部干扰的影响。

无论共模环路的一端开路还是两端短路,都不可避免地会出现反射。电能将暂时存储在该环路中,并以干扰的形式迅速进入环境。8.6 节描述了吸收这种能量并抑制振荡的方法。

8.7 节简要介绍了设备屏蔽的主题,并确定了基本要求,还描述了用于保护建筑物和设备免受雷电间接影响的措施。

本章中描述的每种技术都阐述了信号链路两端的接口电路,提供了信号环路和共模环路的可视性。没有这种可视性,就很难评估和分析干扰耦合特性。

通过定义链路两端的接口电路,确定印制板电路板设计的一个重要特征:接口电路在每块板的内部布线,为板间传输信号的电缆提供缓冲。这意味着接口电路可以设计成处理较高水平的干扰,这些干扰必然存在于较长的导体上。

信号链路的长度是一个重要参数。链路越长,干扰达到其最高峰值的频率越低。由于可用功率与频率的平方成反比,因此最长的链路提供最大的干扰能量。印制电路板上的缓冲电路应该能够吸收经过信号链路的任何不需要的能量。

8.1　接地

使用导电结构作为所有信号和所有电源的通用返环路径,可能是导致 EMC 问题的最常见原因。这可能是由于人们普遍相信等势接地平面的存在,但实际上没有这回事。

接地层是印制电路板和集成电路非常有用的设计特征。但这并不意味着它们是等势面。这也不意味着指定为“地”或“接地”的导体自动成为系统中所有信号的零电压参考点。

所有点都处于零电压表面的概念,可能源于对电磁场理论中使用的图像方法的误解。因此,调查该技术背后的推理是一项有用的练习。

图像求解方法通常考虑与无限长的接地导体平行的无限长的线电荷来实现[3.1]。可以通过用绝缘表面替换接地平面,将图像导体放置在接地平面下方,与实际导体在接地表面上方相同的距离来模拟电场分布。

图 8.1.1 为两个导体在一个平面上布线的结构。在导体 1 的近端和接地平面(导体 3)的近端之间施加稳定的电压,导体 1 的远端是开路的。导体 2 是两端短路接地,描绘中间电压和轮廓线如图 8.1.1 所示。

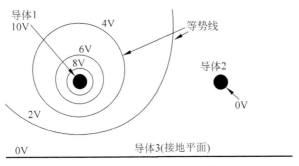

图 8.1.1　地面上的双导体

由于导体 1 和接地平面之间施加的电压是恒定的,所以没有电流在流动。在这种情况下,接地平面确实是等电位表面。没有电流流动,就没有信号,也没有干扰。有用轮廓线不与导体 2 相交,场图是不对称的。

现在,如果导体 1 的远端短路到接地平面,电流以恒定的变化率在导体中流动,并通过接地平面返回。那么,虽然实际电压会有所不同,但轮廓线的图案基本相同。但是,每个十字之间会有电压差。

如果使用镜像方法来创建这个场模式,就是假设导体 1 的镜像携带完全相同的电流。这意味着沿导体 1 产生的电压将由电压平衡镜像导体获得,由于该镜像导体反映平面的影响,因此地面中的电压与导体 1 中的电压幅度相同。

通过用低频正弦曲线施加到导体 1 和导体 3 近端的情况来分析耦合机制,短路导体 2

的近端与地之间的连接可以用电压表示。图 8.1.2 描述的是三个导体的电感特性的电路图,在导体 2 的近端和地面产生正弦电压 $V2$。由于电压表的阻抗很高,流入导体 2 的电流很小,$V2$ 是沿着 $L3$ 的电压,即电感接地平面。

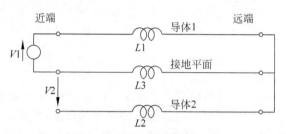

图 8.1.2 地面上双导体的电感特性

如果沿接地平面产生电压,则该导体不应该被视为等势面。

如果电压源的频率增加,则电容耦合变得更大。此外,邻近效应将使导体 3 中的返回电流流过一个受限的横截面,地面阻抗也会增加。图 8.1.2 的简单模型可以很好地用于图 2.7.6 的三 T-网络进行建模,接地平面可以是电场和磁场耦合的源。

接受等电位的概念,不可避免地会产生一定的误解。其中,值得注意的是相信所有与"地面"的连接都是零电压。

在电路图中,通常希望在分离点间定义一个连接点,但不需要在这些分离点之间画一条线,通常是用唯一的符号标识这些点。避免使用类似于电车线路的纵横交错的图,使读者将注意力集中在电路的功能上。最常用的符号是"地面"或"地"。从功能的角度来看,这些点之间的任何电压差,对电路功能的影响均较小。然后假设,从实际角度出发,没有电压差。

但是,只有当相关电路环路所包围的区域非常小时,这种假设才有效。这意味着当使用双层或多层板时,几乎没有问题。在这些组件中,用于链接组件的线与接地平面非常靠近。因此,由差模环路包围的区域总是非常小。在需要的地方,接地平面为电流提供了返环路径。8.3 节将详细介绍有关这方面的设计。

然而,单面板并非如此。当使用这种电路板时,需要使所涉及的环路面积尽可能小。因此,必须使用实线来描绘电路板上的导体。存在隐藏连接链接的符号,在这样的图表上没有标注。

如果发现连接单面板上的两个点的导电迹线遵循长迂回路线,那么所讨论的信号出现干扰问题的可能性显著增加。如果设计师没有这条迹线的可视性,那么就会出现意想不到的干扰问题。

当电子电路基于阀门设计时,组件通常安装在铝制底盘上,电路图将该导体描绘为页面底部的实线。电源线位于页面顶部,说明下一个供电阶段之间最小化相互作用的 R-C 网络。保持每个电路路径的可视性,这使得设计人员能够最小化每个电路的环路面积,无论该环路是承载电源电流,信号电流,还是两者都有。注意确保输出级中的高电流不会影响前端的敏感电路。

如果在单面印制电路板的设计过程中使用这种规范的方法,则可以显著改进该特定电路功能的 EMC。在单面板的情况下,尤其需要这种方法。在连接链路位于设备单元板之间的情况下,这种方法非常重要。如果在设备单元之间链接,则这种方法是必不可少的。

假设在每个电路图中存在等电位导体,其中包括接地符号或其他变量。如果目的是描述电路的功能,那么这可能是合理的,但如果目标是分析 EMC,则完全适得其反。这些符号的存在,意味着每个信号电流的返环路径是不确定的,对电源电流亦是如此。

如果在初始设计阶段电路的一半未定义,则后续阶段(如详细图纸、元件制造、接线和装配)可由执行相关任务的人员自行决定。系统的 EMC 实际上已经失控。当对完成的系统设计进行 EMC 测试时,唯一要做的就是经过每个人的手都希望是最好的。

如果信号和返回导体之间的物理关系是在项目的初始阶段定义的,那么设计人员就可以使用前面章节中描述的所有分析工具以及以下各节中描述的所有技术。在所有后续开发阶段都可以保持这种关系的可视性。

可以得出结论,结构导体不应该用作信号和功率的返回路径。沿着该结构流动的任何电流,将沿该长度产生电压,且该结构上不同位置之间的任何电压都是干扰源。

到目前为止,本节的重点是不应该使用的结构。为了确定应该用什么,有必要回到图 8.1.1。这里,它表明电场的等电位轮廓和磁场的磁力线都不穿透接地平面。屏蔽层下面的任何电路都可以屏蔽上面电磁场的最坏影响。从 EMC 的角度来看,这是一个理想的设计。

出现磁场分布的另一个重要方面是力线不与导体 2 连接。这是因为在该导体和地之间形成了一个环。变压器确保该环路中的电流产生相反的磁场,该磁场精确地平衡从导体 1 发出的场。也就是说,该次级环路倾向于充当屏蔽,以最小化磁场穿透到导体 2 的右侧。

这一方法可以很好地设计法拉第笼,保护建筑物免受雷击影响。因此,还可以推断,即使结构导体不存在不可穿透的表面,它们仍然具有非常有用的屏蔽功能。

如果该结构被设计成导电环路的网络,则任何干扰将在每个环路中产生循环电流,且由这些循环电流产生的场,将平衡进入干扰。这种结构表现为屏蔽,将不需要的电磁场辐射回环境中。

8.2 导体配对

如 8.1 节所示,等电位接地导体的概念,对安装在导电框架(例如车辆、飞机或航天器)上的系统设计人员极具吸引力。可以认为,由于该框架为系统中的所有电流提供了非常方便的返回路径,因此不需要安装增加花费和重量的返回导体。

这种现象通过多层印制电路中接地平面的已知有效性得到加强,其中它似乎表现为等电位表面。由于其原因尚不清晰,因此有必要更详细地回顾一下接地平面的作用。

图 8.2.1 是印制电路板组件的一部分,其中两个相邻迹线连接到两个电压源,并且远端与接地平面短路。

根据第 3 章中阐述的复合导体技术,可以确定印制电路板横截面中的电流分布。

如果假设电压源同时向两个迹线施加 1V 极性相反的阶跃电压,则可以使用第 3 章中阐述的过程,计算所有三导体中的电流变化率,如图 8.2.2 所示。

很明显,左手迹线中的电流是正的,而右手迹线中的电流是负的。而且,每个迹线中的电流变化率不均匀地分布,在外边缘处变化率最大。

然而,图示的最重要特征是每个迹线中的大部分电流通过紧邻的接地平面返回。实际

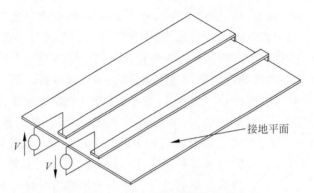

图 8.2.1　地面上的两条打印的轨迹

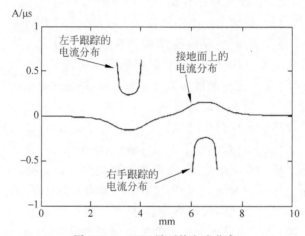

图 8.2.2　PCB 界面的电流分布

上,接地平面是精确达到需要地方的返回路径。

　　这种效果也存在于支撑框架由导电材料构成的系统中。在这样的系统中,可以沿着该框架布置互连电缆,将该结构用作返回导体,如图 8.2.3 所示。

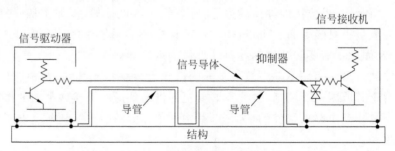

图 8.2.3　利用框架作为返回导体

　　但是,永远不可能匹配印制电路板上实现的紧密耦合。电缆和结构之间不可避免地会出现较大的间隙,且电流环所包围的区域会变得非常大,杂散耦合增加。只有通过最小化电缆和结构之间的间隔,才能降低这种不需要的耦合。如图 8.2.3 所示,添加电缆桥架或电缆管道,有助于实现此目标。实际上,该结构更接近电缆。

即便如此,信号链路仍然容易受到瞬变干扰的影响。电缆越长,干扰程度越高。建议在接口电路中加入抑制器,以防止高压瞬变损坏敏感的半导体器件。

尽管抑制器可以保护设备免受损坏,但它们无法防止干扰脉冲进入处理电路,电路仍可接收不正确的信息,导致数据损坏。

如果在初始设计阶段,为每个信号导线分配一个返回导体,将创建两个独立的环路,即差模环路和共模环路。2.8节对这种配置进行了分析,得出的结论是,信号和返回导体应尽可能紧密地分布在从驱动器到接收机的整个路径上。将两根导线固定在一起比将电缆和结构之间的间距最小化要容易得多。

鉴于这种设置,有许多方法可以最大限度地减少干扰耦合。例如,抑制器可以用共模扼流圈代替,如图8.2.4所示。这显著降低了共模环路中干扰脉冲的幅度,同时对性能的影响较小。

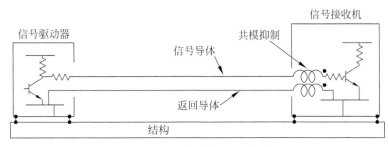

图 8.2.4　分配专用返回导体

此外,通过将信号对靠近结构来减小共模环路的面积是非常有益的。它通常会降低该环路的天线效率。

8.3　地环路

单点地是另一个概念,远远超过其设计难度。这种配置如图8.3.1所示,其中使用三种不同的印制电路板来处理信号。每块电路板都采用电源模块提供15V的稳态电压。

单点接地的目的是防止电源从一个公共导体返回电流。有理由认为,如果没有产生电压的公共导体,则不会产生干扰。如果每个印制电路板得到的电流值恒定,则可能是这种情况。但是,这在实际中从未发生过,每个导体的电流都在不断变化。

由信号电流包围的环路区域非常大。而且,信号和电源电流形成的环路共享一个公共区域。磁通量将与两个环路相连,变压器确保在板之间及承载的信号之间存在高的自感应干扰。也就是说,系统内干扰可能会导致严重的问题。在完成设备进行正式的EMC测试时,如此高的灵敏度并不是一件好事。

图8.3.2提出了如何显著改善性能的思路。对设置的更改包括两个方面:
- 电源导线保持靠近。
- 每个信号导线有一个返回导体。

比较图8.3.1和图8.3.2,可以看出这两种配置的本质区别,后一电路包含接地环路。接地环路可以视为共模环路。类似地,信号环路和电源环路可以被视为差模环路。这

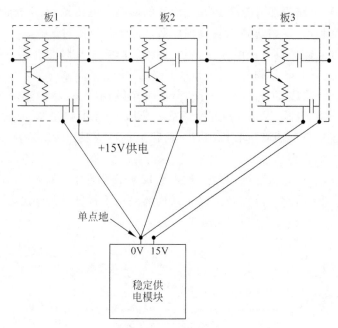

图 8.3.1　单点接地

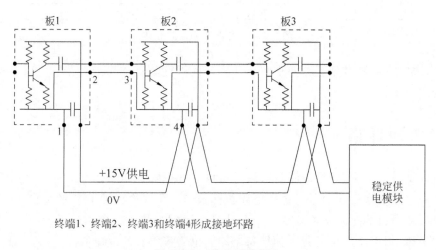

终端1、终端2、终端3和终端4形成接地环路

图 8.3.2　接地环路简介

种配置的一个重要特征是可以最小化每个差模环路的环路面积。

现在的方法对于前面章节中描述的电路分析技术是开放的。根据 4.3 节评估信号链路的方法，可以确定潜在的问题。共模抑制包括在接口电路的设计中。

同样值得注意的是，在多层电路板上，接地平面为相邻表面上的铜迹线承载的信号提供返回电流。这会产生大量的循环电流。图 8.2.2 说明了接地导体确实带有沿相反方向流动的电流的事实，并且发生这种情况的唯一方法是在扁平导电表面中存在环路电流。接地平面实际上是大量的地面环路。

在系统级，接地环路提供的保护非常重要，其中电缆在设备单元之间传递信号。如果每个设备单元都被屏蔽，如图 8.7.1 所示，每根电缆都被屏蔽编织屏蔽，并且如果这些编织线的两端都粘接到它们相互连接的单元上,那么整个系统将被屏蔽。系统内的电路将受到保护,免受外场的影响,辐射发射将被屏蔽屏障衰减。在这种配置中,存在多个接地环路。

无论是在印制电路板上进行连接,将两块板互连,还是将两台设备互连起来都无关紧要,接地环路的是良好 EMC 设计的重要组成部分。

在大型系统中,将电缆尽可能靠近导电结构布线也是一种好的做法。导电构件中的任何高振幅瞬态,例如由于雷击引起的瞬态,将产生电磁场,该电磁场将与沿着与该部件并行的导体耦合。这将导致与电缆串联的每个导体具有基本相同的电压。差分电压将最小,干扰将减少。

8.4 共模抑制

图 8.3.2 的配置完全适用于大多数设备单元内的信号链路。但是,在设备单元链接处可能存在严重的干扰问题,还有在一个单元内存在不需要的瞬态信号的情况。如示波器上的大尖峰且这些尖峰可以通过引入共模抑制电路进行降低。

8.4.1 差分放大器

图 8.4.1 阐述了最简单的方法,即差分放大器。这是一个运算放大器,其反馈和输入网络组成:

$$V3 = V1 - V2 \tag{8.4.1}$$

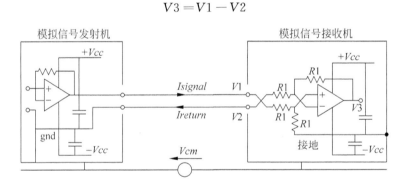

图 8.4.1 差分放大器

也就是说,信号接收机中放大器的输出电压是两个输入端间电压差的函数。同样重要的是信号和返回电流之间的关系,理想情况下,

$$Isignal = Ireturn \tag{8.4.2}$$

如果条件成立,那么任何沿信号导体的电压是沿着导体返回等幅反向电压的平衡值。

在理论上,这意味着发射机和接收机之间的信号传递是不受到共模环路中出现的任何干扰信号影响的。也就是说,源 Vcm 对传输信号无影响。

在实际中,这不是个案,涉及多个因素。在一个封闭的公差范围内,所有四个电阻具有相同的值,为了尽量减少反射,选择 $R1$ 的值与每个导体的特征阻抗相同。在高频率下,抑制水平还取决于两根电缆导体的长度是否相同。如果干扰幅度超过放大器的线性范围,将导致发生信号失真。共模抑制也受放大器带宽的限制。

然而,这些注意事项并没有真正减少差分放大器的作用。它在很宽的频率范围内提供有效的共模干扰保护。可用的带宽从零到放大器的上限,而且一些放大器具有很快的反应速度。

这样的配置是适合于前几章节所描述的技术。图 2.7.6 说明了两单元之间连接时如何建模。

8.4.2 差分逻辑驱动器

图 8.4.2 是在设备不同单元之间传送逻辑信号的一种方式,屏蔽对用来屏蔽信号和返回导体。

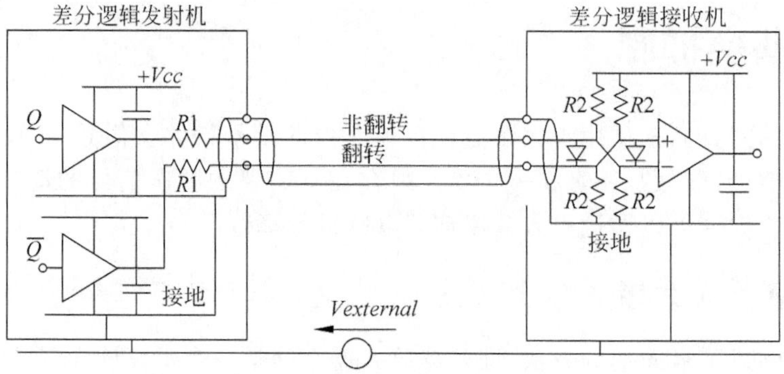

图 8.4.2 差分逻辑信号传输

差分逻辑驱动器中的放大器采用双稳态电路的互补输入馈电。当非反相信号为“高”时,反相信号为“低”; 反之亦然。这两个输入被馈送到差分逻辑接收机的比较器。

在与接收机没有任何连接的情况下,比较器的两个输入端将由两个分压器保持电压为电源电压 *Vcc* 的一半。(这意味着需要在放大器中内置一些滞后。)假设两个设备的供电电压相同,当连接到发射机时,将有一个电流从发射机流向接收导体,并且从接收导体流向发射机的量相等。

导体间的电磁耦合将在瞬态中保持平衡,与模拟信号传输一样,响应只会被有源器件的功能限制。

由于信号电压的反转与否取决于零电势,因此在逻辑信号的变化过程中,单元间需要一个连接,以输送任何形式的暂态电流。需要一个三导体电缆,这非常适合屏蔽双绞线的安装。

应注意,屏蔽层连接到两个设备单元的屏蔽与接地导体。由于这种平衡取决于相等电缆导体的长度以及电阻器的值是否精确匹配,因此,输出信号将始终存在共模电压耦合。

8.4.3 差分模拟驱动

屏蔽对也可用于携带模拟信号。在这种情况下,驱动程序如图 8.4.3 所示。使用这种配置的优点是驱动器的电压输出相对于本地接地是平衡的,接收机的输入电流也是如此。在高频率下,与屏蔽层有显著的共模耦合。由于差模电压和差模电流相对于屏蔽层都是平衡的,因此,共模耦合引起的电压趋于相互平衡。由于完美的平衡是无法实现的,屏蔽层上总会有一些共模电流。

如果单元没有被屏蔽,那么电缆屏蔽层仍将连接电源的返回导体。

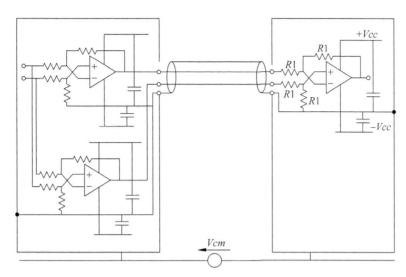

图 8.4.3　差分模拟驱动

8.4.4　共模扼流圈

图 8.4.4 说明了共模扼流圈的使用。变压器 T1 由多匝双芯电缆组成,双股线缠绕在铁氧体磁芯上。就共模电流而言,变压器表现为电感器。

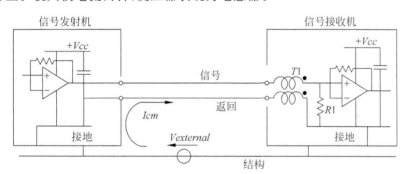

图 8.4.4　共模扼流圈

对于差模信号,两个导体中的电流值等幅反向。由于两个导体的电感几乎相同,因此沿着电缆感应的电压趋于抵消。就差模信号而言,变压器提供的阻抗可以忽略不计。然而,共模和差模信号之间的一些最小耦合必然存在。

由于变压器对差模信号是透明的,因此可以通过插入与结构串联的电感来模拟其对共模环路的影响。

每个导体会有少量焊剂连接另一个导体。在变压器的经典模型中,将存在初级电感和次级电感。重要的是使用双线绕组,将使初级和次级电感最小化。并且,通过电容耦合增强了平衡作用。

由于变压器在共模环路中表现为电感器,因此其有效性将随频率而增大。然而,这也意味着在响应曲线的低频端几乎没有或没有共模抑制。

在响应的上端,电容效应发挥作用,这将限制不需要信号的抑制水平。限制提供给不需要的信号的拒绝水平。谐振的可能性也很明显:变压器在高频时起开路作用。具有电阻性能的"软"铁氧体,可以帮助改善这种效果。因此,识别共模抑制最小频率是一种有用的练习。4.3节完成了这项任务。

共模扼流圈在设备被制造后的最小化噪声影响中是很有用的。可提供分芯铁氧体,这些铁氧体可用于夹紧圆形电缆。

8.4.5 变压器耦合

信号和返回导体之间电流平衡的另一种方法是在线的接收端断开返回导体和地之间的连接。

对于模拟信号,可以使用变压器,如图8.4.5所示。

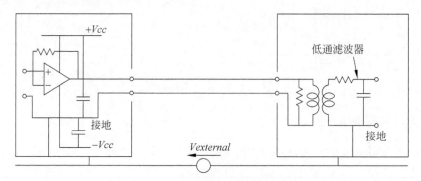

图 8.4.5 接收端的浮动变压器

变压器耦合的问题是信号的带宽是有限的。跨越初级绕组的电阻器可以增加有用带宽。但是,如果链路的目的是传输窄带信号,那么采用变压器是很好的选择。

这种配置可在低频时提供出色的共模抑制性能。然而,干扰抗扰度随频率的降低而降低,主要是由于变压器的绕组间电容决定的。在线的四分之一波长频率处发生谐振,可以放大干扰。

共模环路中对干扰的响应与图4.3.6的曲线非常相似。为避免高频耦合问题,必须确保信号的上频率明显小于电缆的四分之一波长谐振。此外,最好在接收机处采用一个低通滤波器,以将其带宽限制为预期信号的带宽。

8.4.6 中心抽头变压器

变压器也可用于信号传输电路,图8.4.6说明了如何使用中心抽头变压器创建平衡输出。在实际应用中,需要与初级绕组并联的电阻器,以满足变压器的输入阻抗与频率相关的事实。

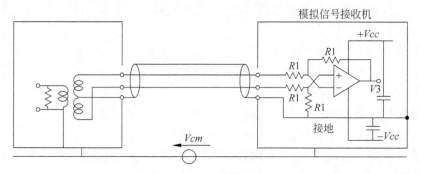

图 8.4.6 变压器驱动

8.4.7　光隔离器

有了逻辑信号,采用光耦合器可以实现返回导体和局部接地之间的隔离,如图 8.4.7 所示,且防止电缆四分之一波长的强干扰是非常有必要的。

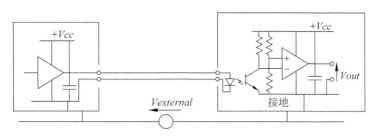

图 8.4.7　逻辑信号的光隔离

8.5　差模阻尼

尽管在低频电路的设计中不经常使用传输线方程,但它们仍然适用于那些频率。在频谱中没有截止点,传输线理论不再有效。

一个重要的概念是特征阻抗。当接收机的输入阻抗等于线的特征阻抗时,获得最佳传输,没有能量的反映。如果源电阻也等于特征阻抗,则两端都没有反射。这是处理射频信号时的标准做法。在图 8.4.1 和图 8.4.2 的配置中,使用特征阻抗设计短路线。

如果线以最大效率工作,那么它也必经历最小损失。由于大部分损耗是由辐射引起的,因此通过正确终止线,将发生最小辐射。

如 2.9 节所述,传导磁化率的转移导纳与传导发射完全相同。因此,该配置也具有最小的易感性。

8.5.1　瞬态阻尼

就其本质而言,逻辑电路在印制电路板的电源线提供的电流中,产生一系列连续瞬态变化。由于平滑电容器位于电路板上的关键位置,因此这些瞬变对电源电压的影响极小。

即便如此,仍然存在对稳定电源模块供电的电缆瞬态电流要求。这会导致沿着电缆导体产生瞬态电压。

在图 8.5.1 中,与 pcb2 相比,pcb1 可以处理相对较高的电流浪涌。产生的电压瞬变可以通过图中所示的源 $V_{transient}$ 进行模拟。就瞬态而言,电感器类似于开路,电容器的类似于短路。因此,电压瞬变通过 120Ω 电阻传递到电缆。类似地,到达 pcb2 的阶跃电压看作 120Ω 的电阻负载。如果电源导体的特征阻抗是 120Ω,那么 pcb2 将没有反射。

如果没有反射,那么电缆中就不会有瞬变。移除这些脉冲将消除潜在的源干扰。

8.5.2　主电源滤波

电容器的特性类似于瞬态短路,意味着 230V、50Hz 电源的带电和中性点之间的任何滤波电容反映线上入射脉冲的所有能量。当设备单元断开时,所有瞬态能量都会反射回主

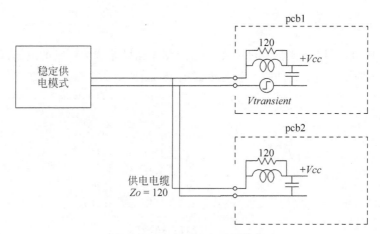

图 8.5.1　印制电路板的瞬态阻尼

电源。

　　从设备审查的角度来看,这是一种"我们不关心"的情况。电容器可以有效抑制进入的干扰。如果每个设备单元都以这种方式受到保护,则瞬态脉冲将简单地沿供电电缆反向返回。这似乎是一个瞬态振铃,最终衰减为零。衰减机制是能量转换为电磁辐射引起的,这意味着开启或关闭任何设备,将不可避免地产生高能量辐射。

　　由于主电源分布在建筑物的任何地方,因此这种瞬态可以干扰附近其他设备的运行。图 8.5.1 的过滤网络可以有效避免这种现象的发生,另一种方法如图 8.5.2 所示。在这种情况下,带电和中性导体可视为差模电源的传输线,中性导体和接地导体将承载共模环路电流。

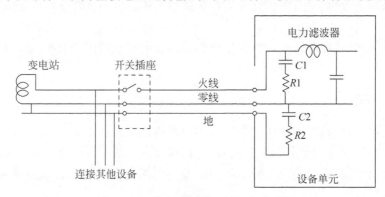

图 8.5.2　带有瞬态阻尼的电力滤波器

　　从电源来的任何快速瞬态电流都通过电容器 C1 传到负载电阻器 R1。如果 R1 的值与供电导体的特征阻抗相等,则不会出现差模反射。类似地,电阻器 R2 吸收共模环路中的任何瞬态功率。

　　在电源滤波器中使用电阻器可以降低从电源电缆发出的高频干扰。尽管不太可能实现完美的阻抗匹配,但可以显著改善反射所有能量的滤波器的性能。

　　尽管主电源线并非可控的阻抗传输线,且沿着它们有许多短截线和分支,但事实上,设备和电源插座之间通常有几米的电缆,电源插座和本地交换机之间的核心电缆长达数十米。首先,这些电缆可以用三 T 电路模型进行近似,就像如图 4.2.4 所示的基本电路模型。[如果模拟主电源的特性没有实际意义,那么线路输入仿真网络(LISN)将不存在。]

7.5 节中描述的测试结果表明,双芯电源电缆具有严格定义的特性,三导体电缆也是如此。设计者完全有可能获得一定长度的这种电缆并进行测量,这些测量定义了每根导体的电感、电容和电阻,并计算出特征阻抗的值。

在已知线的特征阻抗值的情况下,可以为滤波器的电阻定义最佳值。如果要包括这样的电阻,那么它们将抑制待测供电设备的电缆长度瞬变。它们还可以减弱"宽带电力线"造成的干扰。

8.5.3 电磁开关

瞬态脉冲的另一个主要来源是电磁铁,大量的能量被存储在绕组电流中。当电流源关闭时,磁场中的能量转换为高瞬态电压,作为输入到供电导体的阶跃电压。然后,所有能量都转换为电缆中的瞬态振铃。因为其功率以电磁场的形式辐射掉,瞬态的振幅很快下降。

图 8.5.3 说明了如何将这一暂态能量安全吸收。当开关 $SW1$ 关闭时,电源导体和回导体的步进电压传播到线中。如果电阻 $R1$ 等于线的特性阻抗,那么,其边缘将不会有反射存在。如果选择电容,使电流波形严重衰减,则电缆的波形将是一个单脉冲,衰减到一个恒定值,此时高频响应最小。

图 8.5.3 继电器暂态阻尼

更重要的是,当开关断开时,由螺线管电感中的电流存储的大部分能量将被 $R1$ 吸收。存储在线的电容中的大部分能量被 $R2$ 吸收。

事实上,当 $SW1$ 关闭时,触点会弹跳几次。螺线管的输入不是纯阶跃信号。相反,它是一系列具有不同标记/空间比的脉冲,没有办法避免这些干扰。但是,通过使用导体对来承载电源电流,并在每端使用阻尼电阻,可以最小化辐射场的幅度,如图 8.5.3 所示。

如果该结构用来传输返回电流,那么辐射场的振幅会大得多。

8.5.4 商业滤波器

设计人员必须意识到商业过滤器可能会导致意外问题。这些装置需要经过标准测试。信号发生器向器件的输入端提供电压,并测量输出电压。信号发生器的输出阻抗为 50Ω,电压测量设备提供的负载为 50Ω。保持恒定电压,并改变电源频率,可以得出相关的响应曲线,这是制造商数据表中记录的最终曲线。

这些曲线通常在低频处表现为平坦响应,然后形成向下斜率,随着频率上升,衰减增加。不应该假定当滤波器安装在设备中时,它提供的衰减将与制造商的规格相匹配。

通常情况下,滤波器在输入端是一个电容负载。这个电容器与线的电感提供了峰值响应。这个峰值表明,有一个电压增益,并且增益可以高达 20dB。

如果滤波器的目的是从到达设备输入端(或从信号传递到输出端)的信号中去除高频成分,那么这在模拟电缆参数以及在远端电路中分析其性能方面是不可缺少的。

8.5.5 碳的使用

在选择使用哪种组件时,碳是值得考虑的材料,因为它具有相对较高的阻力,可用于抑制反射。例如,碳复合电阻具有最小的电感和电容,因此非常适合用作阻尼电阻。

光子探测器组件上使用的高压同轴电缆是太空望远镜的一部分,在内导体和绝缘体之间有一层碳复合材料,在绝缘体和屏蔽层之间有一层石墨。由于接通和断开条件以及局部放电,电压瞬变可能发生在高压电源中。快速瞬变具有丰富的高频成分。趋肤效应将确保电流的这些分量在相邻的导电表面中流动。由于这些表面由碳材料构成,因此瞬态电流将沿高阻抗路径流动。

飞机的碳材料翼尖与放电路径组成高抗静电放电器,并最小化每个瞬时振幅。

8.6 共模阻尼

如 4.4 节所示,无论采用接地配置还是浮动配置,转移导纳的响应始终存在峰值。通常可以选择一个特定应用的最佳选择。有时,两种配置都不能提供所需的共模抑制水平,因此必须抑制响应中的峰值。

降低这些峰值水平的唯一方法是吸收不需要的能量。虽然,软铁氧体可以吸收其频率范围内电阻区域中的一些能量。但是,在特定的环境中,将预先的电阻装在特定频率范围内的共模环路中,是一种很好的方法。

8.6.1 共模电阻

在共模环路中增加电阻的一种方法是在共模扼流圈上增加第三个绕组,并在端间连接一个低值电阻,如图 8.6.1 所示。由于双线绕组承载共模电流,在该三线绕组中感应的电压与该电流的变化率成比例。此时,"扼流圈"可以视为变压器。由于三线绕组加载电阻器 $R2$,其效果是插入与共模环路串联的电阻。如果三线绕组具有与双线绕组相同的匝数,则插入共模环路的电阻值将为 $R2$。

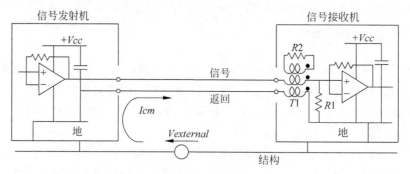

图 8.6.1 共模阻抗

在所有频率下,该电阻对信号电流都是透明的。但是在变压器有效的频率下,该装置用于吸收共模环路中不需要的能量,电阻的值由该环路的特征阻抗决定。阻尼作用在绕组阻抗大于电阻的所有频率下都有效。

这种技术的一个好处是,共模电阻的阻值可以由设计师定义。另一点是,它可以在相当低的频率下使用。

8.6.2 最小化收集

共模电阻的另一种可能用途是防止射频信号由麦克风进入。对于将其带宽限制在音频频带的公共广播系统而言,这将是一个问题且不明显。但是,到达前置放大器的共模信号可以通过前面章节中描述的机制转换为差模信号。混频器电路中的任何非线性都可能解调射频信号。解调的信号与预期音频信号采用完全相同的处理方式。

为了解决这个问题,可以在电缆周围夹住铁氧体磁芯,并且可以将短导线穿入磁芯作为三线绕组,并连接到标准值(例如 100Ω)的电阻器。用于提供与天线模式电流串联的电阻负载。它在环形线圈充当变压器的整个带宽上是有效的,如图 8.6.2 所示。这可能无法消除意外解调的问题,但它会将干扰电平降低到信号无法监测的程度。

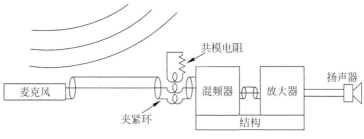

图 8.6.2　天线模式阻尼

重要的是,设备应尽可能靠近电缆的接地端安装,因为在此端电流将达到最大值。变压器的性能取决于电流的变化率。在电缆的麦克风端,没有天线模式电流。如果设备位于麦克风附近,则完全无效。

这种问题的另一种解决方案是使用较短长度的麦克风电缆来改变其四分之一波长频率。这是在教堂的公共广播系统中采用的解决方案,在一个安静的晚上就可以听到微弱的声音。

8.6.3 三轴电缆

另一种在共模环路中吸收功率的方法如图 8.6.3 所示。这种方法在在线测试设备和被测设备之间进行连接时特别有用。在这样的结构中,互连电缆不可避免地靠近地进行布线,且会发生交叉耦合。即使使用同轴电缆,这种干扰的影响也非常明显。特别是在谐振条件下,需要采用额外的屏蔽,且该屏蔽不受谐振的影响。

可以通过在绝缘同轴电缆上滑动编织保护套来组装三轴电缆。该组件由内部和外部传输线组成,其中外部传输线由两个编织物形成。通过将 $r23$ 和 $r33$ 设置为与式(2.10.3)中的相同值,可以计算该外线的电感。可以使用式(2.3.3)确定电容,特性阻抗从式(4.1.7)导出,进而设置 $R2$ 的值。

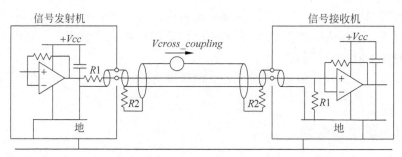

图 8.6.3　三轴电缆

如果编织物通过 $R2$ 连接到每个同轴连接器的壳体,那么内环中的电流的趋势呈现阻尼趋势。

为了在非常高的频率下实现良好的性能,需要在每个端接处将多个电阻组装在环形环中,以最小化电阻元件的电感。

将图 8.6.3 的设置视为干扰源。在这两个单元之间传递的任何高频信号,将沿着同轴电缆的内导体流动,通过屏蔽层返回。沿着该屏蔽层产生很小的电压,使电流由屏蔽层和外屏蔽形成的环路中流动。电阻器 $R2$ 将减小该电流的幅度,并且使该环路中的反射最小化。

通过将测试设备连接到被测设备的任何设置,必然至少有 3 条这样的电缆。不可避免的是,这些将在有限的距离内或者可接触的范围内实现。尽管绝缘材料的外编织可以防止直接接触,但是不能避免电磁耦合。

如果图 8.6.3 的结构为这种杂散耦合的受害者,那么这种耦合的影响可以通过与外部屏蔽串联的源电压 $Vcross\_coupling$ 来表示,使电流在外环中流动。由于电阻器 $R2$ 限制了该电流的幅度,所以沿着内屏蔽层产生的电压将非常小。

这意味着测试装置电缆之间的信号耦合引起的干扰将非常小。将阻尼电阻器引入屏蔽/屏蔽环,改进屏蔽水平,可以通过外屏蔽简单地短接到连接器壳体的方法实现。

8.6.4　变压器缠绕

图 8.6.4 给出了另外一种吸收不用能量的方法。

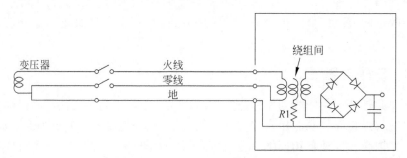

图 8.6.4　绕组间屏蔽吸收能量

一些变压器的结构,在初级绕组和次级绕组之间具有中间绕组。一端保持开路,另一端通常连接到结构。绕组之间的电容耦合可以使任何瞬态干扰短路接地,并最小化初级和次级绕组之间的瞬态电流幅度。

然而,在传输线末端存在电容器意味着它可以有效地短路,这条线肯定会引起谐振。这些频率的干扰电流被放大,就像调谐电路一样。

通过插入与绕组间串联的电阻器可以避免这种情况,可以抑制任何谐振峰。

8.6.5　共模滤波器

图 8.6.5 给出了一种吸收长电缆获得的射频功率的方法,以电子点火装置(EED)的点火线为例。在正常操作下,稳态电压输入点火线。由于 EED 通常是低电阻器件,高电流通过使设备热量足够大以至点火装置。

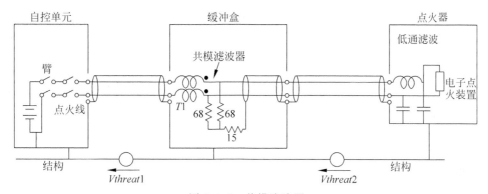

图 8.6.5　共模滤波器

在其他条件下,任何干扰电流和器件的无火电流之间存在安全裕度。该系统在电磁环境极其恶劣的条件下安装,例如当其位于高功率发射机附近时。

通过使用差模电源,在线路的点火端安装低通滤波器,用双绞线屏蔽层提供屏蔽,起到相当程度的保护作用。然而,点火线仍然倾向于在某些频率下谐振,并且在这些频率下,保护层可能受到损害。

缓冲盒的目的是确保即使在最恶劣的环境条件下也不会发生由于谐振引起的高峰。在这种最坏情况下,控制单元和缓冲盒之间的共模环路中出现高威胁电压 $Vthreat1$。由于变压器 $T1$ 充当共模电流的电感,因此极大地限制了共模电流。

缓冲盒和点火器之间也存在威胁电压 $Vthreat2$。这在由屏蔽层和结构形成的环路中产生电流。屏蔽层中的电流沿其电阻产生电压,且该小电压在由屏蔽层和点火线形成的共模环路中作为电压源出现。由于缓冲盒中的电阻器与其终止导体的特征阻抗匹配,因此没有谐振。为了平衡点火线两个导体中的电流,电阻器网络采用桥接电路。

这就是一个点火电路可以安全地用于比较恶劣的环境下的原因。

8.6.6　变压器耦合电阻

除了闪电脉冲,最强大的干扰主要是来自于主电源。尽管这个电源在低频工作,负载在开关打开或关闭时产生了瞬态高频电磁场。

当任何负载接通时,图 8.6.6 中的杂散电容($C1$ 和 $C2$)中的充电电流会出现初始瞬变。在电机电感的线上,在沿线的所有不连续处都会出现这种现象。除了进入环境之外,这些不需要的能量无处可去。当机器关闭时,存储在电感器和电容器中的能量只能以干扰的形式消耗。

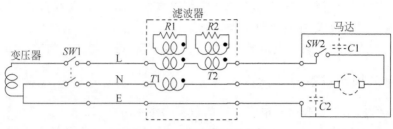

图 8.6.6 变压器耦合电阻

在这种情况下,变压器耦合电阻可以取得很好的效果。图 8.6.6 为一个滤波器,其唯一功能是吸收不需要的瞬态能量。这种能量可以来自马达开关电流或来自电源上其他开关负载产生的瞬变。一个电阻吸收差模干扰,另一个电阻最小化共模电流。

变压器 T1 是三线结构,T2 是双线结构。电阻器 R1 的值近似等于与共模环路的特性阻抗,而 R2 与差模环路的特性阻抗相同。每个变压器的互感由电阻器有效的最低频率决定,该电路可以降低由重载负载中的瞬态开关引起的环境污染。

它可用于防止电源开关盒中剩余电流检测的误跳闸。如果在负载端的带电导体和接地导体之间存在大电容,则可能在接通时发生这种跳闸。

8.7 屏蔽

关于 EMC 的书都有关于屏蔽的部分,因此不需要在这里对该主题进行广泛的讲解。但是,应用前面章节中学到的经验,检查结构的屏蔽特性是很有用的。

任何电磁场对导体的作用是沿着该导体感应电流。如果辐射频率很高,那么大部分电流将集中在导体表面上:趋肤效应占主导地位。

使用偶极子天线,该电流通过传输线传输到接收机。如果导体是方形的平坦表面,例如设备面板,则电流传播到正方形的边缘。由于电流的不连续性,其中一部分被反射回来;其中一部分继续沿着边缘向下流动,并沿着面板的相对面返回。

在导体中流动的任何瞬态电流将产生辐射场。也就是说,面板充当转发器并将大部分瞬态能量辐射到环境中。由于电流在面板的两侧流动,所以辐射在所有方向上。就屏蔽而言,这样的面板效率非常低。

如果屏蔽是球形的,那么内表面和外表面之间将没有直接路径。在导体的外表面,任何外部场的一部分将被反射回环境中,但是一部分被材料吸收。在导体的内表面处,一部分能量被反射回外表面,一部分能量传播到由球体包围的体积中。外部和内部功率水平之间的比率为材料的屏蔽效果。

这种屏蔽作用同样可以防止内部产生的场辐射到环境中。这意味着如果表面没有间隙,那么导电表面可以在所有频率下为电磁能量的传播提供有效屏蔽。

8.7.1 设备屏蔽

在实际情况中,外壳的结构类似于盒状结构而不是球状体。面板和框架之间有接头,面板上的孔用于通风,通过间隙可以看到仪表、指示灯和屏幕显示,还有更多的孔用于电位器、开关、按钮和键盘的安装。

这意味着任何电流都会受到多次不连续和多次反射的影响。由于电流密度在不连续处会大幅度增加,因此,可以在紧邻槽的导电表面产生"热点"。在谐振条件下,这些槽可以作为偶极子天线。

处理结构部件之间间隙的方法是使用卷边接缝或导电垫圈。用于提供仪表和显示器可见度的横切面可以用导电玻璃覆盖,玻璃的导电表面 RF 边缘连接到屏蔽层。通风孔可以通过截止频率以下的波导保护,所有这些技术都在参考文献[8.1]中详细描述。

大多数电子设备的目的是处理连接器和电缆到达和离开的信号。如果电缆未屏蔽,则它们获得的任何干扰都将直接传输到屏蔽外壳中,这将导致屏蔽失效。

一种选择是过滤屏蔽墙处的信号,另一种选择是用屏幕编织物护套保护电缆,并将该编织物直接或通过适当连接器的壳体与 RF 的屏蔽体键合。这种结构确保大部分干扰电流通过电缆屏蔽层流到外壳的外表面。

保持任何屏蔽完整性的方法如图 8.7.1 所示。

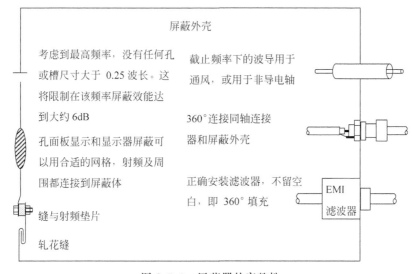

图 8.7.1 屏蔽器的完整性

可以设计具有 100dB 或更高屏蔽效能的外壳。但是,这只能通过测试来实现。在没有这种测试的情况下,最好对屏蔽有效的频率进行限制。

可以通过军械委员会[8.2]提供的指导原则来确定。本质上,程序是检查设备,并测量屏蔽中最大间隙的长度 $Lgap$。截止频率是:

$$f_{\text{limit}} = \frac{300 \times 10^6}{4 \times Lgap} \tag{8.7.1}$$

低于此频率,可以假设屏蔽效能为 20dB,即电压或电流比为 10:1。在此频率之上,最好假设屏蔽效能为零。在评估任何特定信号链路的 EMC 时,该方法可以采用第 2～6 章中描述的分析技术,然后调用屏蔽因子,这将是一个最差的例子。

如果结构不符合图 8.7.1 的指导原则,但仍然提供一些屏蔽措施,因为导电环中会吸收入射辐射能量的循环电流,与防波堤保护港内船只的方式相同。第 3 章描述了一种方法,研究人员将该方法成功用于定位飞机结构中雷击间接影响最小的区域。这说明可以安全铺设电缆的路线,且该种方法适用于任何结构组件。

如第 7 章所述,对实际性能进行测试,可以将更精确的结果分配给提供给任何特定信号链路的屏蔽层。

其他计算屏蔽效能的技术可参见参考文献[1.5]。

8.7.2　建筑物的屏蔽

保护建筑物和结构免受闪电的影响是一项更艰巨的任务,但方法基本相同。

图 8.7.2 为已经开发的保护措施。外屏蔽不是包围建筑物的连续导电表面,而是由笼状导电连接网络组成。屋顶上的避雷针提供了任何直接撞击连接点以及沿外壁向下延伸到埋在地下的导体网状网络的垂直导电路径。连接导体提供垂直建筑物之间的水平路径。

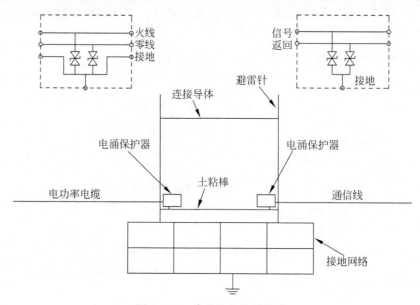

图 8.7.2　建筑物的防雷保护

天线模式瞬态电流的本质是它在导体的外表面上流动。水平链路的目的是使下行链路能够共享电流。这使得任何特定导体中的瞬态电流的幅度最小化,并且最小化其产生的脉冲磁场。这些链路的存在,保证瞬态闪电在建筑物的外表面上流动。也就是说,避雷针组件以与屏蔽相同的方式起作用,大部分电流沿着避雷针流入地球。它也将通过其他导体从建筑物流出。因此,可以预期一部分由电力线的接地导体承载。

导体中的高瞬态电流不可避免地在其他导体之间产生高瞬态电压,存在电弧放电的风险,这可能发生在地面和高处。

为防止损坏通信电缆,可在进入建筑物的位置安装电涌保护装置,这些通常是金属氧化物变阻器组件。

在低于预定阈值电压下,变阻器的特性类似于一对背靠背齐纳二极管。如果超过阈值电压,则电流迅速增加,并发生雪崩击穿。一些器件能够处理 40kA 量级的极高电流,虽然时间很短,但足以在雷电浪涌下存活。在雷电瞬变期间,反应时间足够快,以防止电压瞬变超过被保护设备的耐电压能力。

流入电信线路的电流受天线的电感和电阻的限制。电缆的作用将一小部分雷电电流带离建筑物,并且希望在雷电发生后继续发挥其正常功能。

类似的电涌保护装置可以安装在电缆进入建筑物的位置。虽然电力电缆的"接地"导体承载大部分流入电缆的电流。但是,电磁耦合在接地导体和带电导体之间以及接地导体和中性导体之间产生高瞬态电压。当发生这种情况时,电涌保护装置部件变为导通状态。这有两个影响:中性导体将一些瞬态电流带离建筑物,且导体间的瞬态电压保持在绝缘体可承受的水平。

如果雷击电信电缆或建筑物外的电力电缆,相关的电涌保护装置将采取措施确保建筑物内的电气设备安全。浪涌保护装置的制造商[8.3]详细描述了用于保护建筑物免受雷击影响的方法。

图 8.7.2 所示的措施可以防止雷击、人身伤害、火灾和结构损坏等。防止电气和电子系统的损坏,需要进一步的措施,例如主配电板和设备之间的其他浪涌抑制装置。也可以安装防雷保护区,例如屏蔽室。

应该注意,电涌保护装置只能提供保护以免受损坏。它们不能防止干扰扰乱设备的正常运行。

为防止干扰引起的扰乱,本章介绍的一种或多种其他技术需要设计在系统中。

8.7.3　碳的应用

如果表面具有高导电性,则一些辐射被反射,但大多数传输到不希望其存在的空间中。如果表面有诸如碳的电阻材料,则许多不需要的电磁能量被转换成热量。

用于此目的的碳的例子有:
- 用于线路消声室碳复合材料块。
- 在建筑物的安全层添加沥青层。
- 在飞机结构中,用于吸收大量辐射能量的碳复合材料。
- 静电放电器具有碳尖端,可在结构与环境之间产生电压降,将放电电流限制在安全水平。
- 由碳复合材料制成的燃料管可防止静电电压的积聚。
- 车辆轮胎中的碳与柏油碎石地面接触,可防止车辆产生静电。

研究计划用于正在开发设备使用的材料以检查是否可以利碳的性质是一项很有用的工作。

第9章

系统设计

第2章和第3章使用电磁理论的概念来创建电路模型,用电路理论模拟相邻电路间的电磁耦合,由此产生的数学简化是有代价的。假如系统的动作和反应是瞬时的,也就是说,模拟的最大频率波长必须大于正在测试的器件最大尺寸的10倍。

第4章介绍如何使用分布式参数的概念来缓解这个限制。即便如此,模拟的最大频率波长必须大于电缆部分的最大尺寸的10倍。这意味着模拟的最大频率不再受电缆长度的限制。

第5章扩展了应用程序,以分析电缆和环境之间的耦合。通过假设最坏情况分析来实现简化。在分析EMC时,这是可以接受的,其标准是确保实际干扰始终小于预测干扰。

第6章的瞬态分析揭示电磁耦合许多未知的特征,并且提供对这些现象的更好的理解方法。

由于电缆组件都进行了许多测试,因此,建模过程是可行的。第7章介绍了一些相关测试,将每个测试的结果与模型的结果进行关联,纠正模型中的缺陷。与纯粹基于理论的方法相比,这是一种更加严格的方法。即便如此,每个等式都可以从教科书的理论中得到。

第8章确定了几种可用于最小化耦合进出信号链路干扰的技术。可以用一些简单的规则来确定这些技术中使用的基本概念,9.1节将会列出这些规则。在项目的初始阶段实施,这些规则应确保项目或者工程以经济有效的方式实现系统的EMC。

在前面的所有章节中,从基本构建块构建电路模型,并研究这些模型以处理日益复杂的耦合机制。将这些模型研究到可以合理准确预测实际硬件性能的程度,可以逆转该过程并描述自上而下的方法。这是9.2节的目标。

9.3节认为接口电路的功能为印制电路板上信号处理功能与电线和电缆信号分配功能之间的缓冲器。第8章提供了各种接口电路的详细信息。

在信号链路中,电流和电压以及附近的电场和磁场之间建立了一组清晰的关系,以满足EMC的要求。也就是说,设计系统应满足这些要求。9.4节建立威胁环境与受害电路的干扰水平之间的关系。9.5节根据形式要求规定设计潜在干扰源与最大辐射干扰水平之间的关系。

开始项目设计之前,每个工程师都要做好充分的准备。9.6节确定此处描述方法的实现所需的计划。特别是,建议提供足够的在线测试设备以满足项目的需要,并利用个人计算机安装数学软件。应描述可能造成那些信号链路问题的方法以及在系统的初始开发期间表征这些链路的方法。最后,它指出处理 EMC 问题的最佳方法是创建一个电路模型,并根据 9.1 节的指导原则对其进行检查。

9.1 设计准则

尽管该方法一直是创建模拟电磁场耦合行为的电路模型,但每个模型中使用的基本参数都是从电磁理论中推导出来的,第 2～6 章中使用的所有方程都是可追溯的。第 7 章表明,物理器件的实际性能与其电路模型的响应之间存在明显的相关性。

可以从前面章节的分析和评估中提炼出一些简单的指导原则。如果按照这些原则,将保证正在开发的系统满足所有 EMC 要求。

9.1.1 屏蔽器的结构

可能第 8 章最重要的结论是设计者应该避免使用该结构作为信号和功率的便捷返回路径。

结构组件的每个导体都具有电感特性。任何变化的电流都会沿着导体长度产生电压。如果设计的结构在不同位置之间存在电压,那么该结构不能视为等电位表面。使用该结构作为返回导体的每个信号和每条电源线可以保证干扰系统中的所有其他信号。

8.1 节更详细地解释了这一点,并进一步说明将结构设计为导电环路网络更好。任何干扰场都将导致电流在环路中循环,并且由循环电流产生的场将倾向于平衡入射辐射的影响。这样的设计建立一种基本的屏蔽结构。8.7 节提供了有关屏蔽设计的更多信息。

9.1.2 返回导体

每个导体都充当天线,任何电信号都可以视为一系列小(或大)的步进脉冲。沿任何导体传播的瞬态步进脉冲将产生向各个方向扩散的电磁波。如果另一导体并排布线,则电磁波将产生沿第二导体相反方向流动的电流。也就是说,第二导体用作接收天线。两个导体越接近,捕获的电流越多。

如果指定第二导体承载返回电流,则导体对充当传输线。电磁波沿着中间空间行进,由导体对引导。7.5 节和 7.6 节中描述的测试说明了这种效果。

如果返回导体遵循不同的路径,则发送和返回导体之间的耦合将会减小,而差模电流和共模电流之间的耦合增加。信号链路将发出更多干扰,且其干扰的敏感性将会增加。2.8 节描述电路模型的参数受电缆组件横截面中导体相对位置的影响。

通过使信号链路的发送和返回导体尽可能靠近来操作两个重要目标,提高链路的效率(损耗更少),且使干扰水平最小化,改进 EMC 和提高效率是相辅相成的。

由于作为发射机电缆的转移导纳与定义其易感性的转移导纳相同,因此两个导体的布线也将降低信号链路的敏感性。

9.1.3　接地环路

在绝大多数信号链路中,使用 8.4 节中描述的任何技术来实现共模抑制都是不切实际的。输出信号和输入监视器均以印制电路板的零伏导体为参考,不是采用图 8.3.1 的结构或单点接地构成导电路径,而是使用将返回导体连接到线路两端的局部结构。这将构成多个接地环路,每个环路承载共模电流。由外部干扰引起的共模电流产生的电磁场将连接任何信号链路的两个导体,并平衡干扰信号。

利用图 8.3.2 所示的结构,由信号导体产生的场将引起沿返回导体相反方向流动的电流。7.5 节中的测试说明了这一事实。随着频率的增加,共模环路中流过的电流越来越少。

在印制电路板中,接地平面用作一组返回导体,每个返回导体位于相关的信号导体下方。图 8.2.2 说明了电流可以在接地平面中以相反方向流动的事实。为此,电流必须在接地平面的环路中流动。接地平面充当多个接地环路。

如果正在测试的链路携带窄带宽、低频的信号,那么有时需要将返回导体与接收端的结构隔离。然而,浮动配置用于放大四分之一波长频率处的干扰信号。在这种配置中,必须确保接口电路不影响该范围内的频率,可以通过使用带宽过滤来完成。

如果实施单点接地配置,则系统将可能出现最差的 EMC 特性。8.3 节为所使用的接地环路与单点接地概念结构之间的本质区别。

9.1.4　电流平衡

与发送导体相邻的返回导体,提供了平衡电流的机会。如果返回导体中的电流大小相等但方向与发送导体中的电流方向相反,则接口处的总电流将为零;也就是说,共模电流为零,不会产生干扰。

在实践中从未实出现这种情况,但这是一个目标,8.4 节中描述的电路有助于最小化干扰。

9.1.5　差模阻尼

反射回传输线的差模能量消失的唯一方法是通过电磁辐射,最好将接口电路上的差模反射降至最低。换句话说,匹配的传输线设计最适合低排放。

由于传导磁化率的传递导纳与传导发射的传导导纳相同,因此,匹配的传输线设计具有最佳的低磁化率。

理想情况下,线路两端的终端应与线路的特征阻抗相同,通常在 $50 \sim 200\Omega$ 的范围内。开路和短路终端将导致信号的 100% 反射。电感或电容负载将导致任何信号中瞬态步进的 100% 反射。

8.5 节描述了阻尼差模反射的各种方法。

9.1.6　共模抑制

从传导磁化率的角度来看,不希望共模环路中产生电流,但一些电流将不可避免地出现在差模环路中。从传导发射的角度来看,共模环路中的电流也是不希望的,因为它们都不可避免地作为干扰重新出现。

防止不需要的能量辐射到环境中或耦合到共模环路中的唯一方法是吸收它,即将其转换成热能。

能够吸收电能的部件是软铁氧体(特别是当它们在电阻最大的频率范围内工作时)、钢芯变压器和扼流圈,以及其他表现出热损失的铁磁材料。镍有时用于涂覆铜导体,使其损耗更大。

可以使用8.6节中描述的技术之一在共模环路或天线模式环路中插入定义的电阻值。这些对于降低电源中的高电流长持续时间的瞬态幅度特别有用,通常由电涌抑制器处理。

碳是选择组件和材料时值得考虑的材料。8.5.5节和8.7.3节提供了其使用示例。

9.1.7 系统评估

前面介绍的建模技术描述了如何创建电路模型以模拟信号链路的干扰耦合机制。在大多数结构中,仅从工程角度检查电路模型就可以评估设计的充分性。如果发现任何风险,可以在开发过程的早期阶段修改设计。

可以在产品开发的早期阶段鉴别关键信号链路。这种可行性研究的目标是确定后续阶段应该进行的任务,以确定详细设计并分析这些链接的性能。在9.2节中描述了实现这种评估的方法。

9.1.8 基准测试

确定了关键信号链路,并对每个链路的性能进行了预测,下一步通过对其进行基准测试,来检查其实际性能。

第7章专门讨论了基准测试,包括检查方法和分析方法。可以创建具有代表性的电路模型,用于评估链路和预测EMC测试室中的正式测试结果。

这些分析的报告将是设计评审的重要依据。

9.2 图表关系

任何控制EMC的计划都必须涉及系统自上而下的视图,这需要系统地使用图表。对于框图,电路图和接线图的创建是正常设计过程的一部分,因此扩展该技术的使用以评估系统的EMC特性是合乎逻辑的。

本节旨在提供整个过程视图,并指出满足EMC要求所涉及的一些设计注意事项。由于有许多书籍都提供有关电子设备设计的详细指导,因此此处不包括有关设计其他方面的信息。

9.2.1 电路图

如图9.2.1所示的电路。射极跟随器将模块识别为音频放大器的输出级,音频放大器将驱动电流提供给扬声器。重点仅在于模块的电路,关于互连电缆的信息很少,而且没有其他模块中的电路信息。

在该特定图中没有给出组件值,因为该图仅为示意图。如果已定义器件值,则可以分析此模块的性能。具有集成电路增强(SPICE)的仿真程序专门用于处理此类任务。设备设计

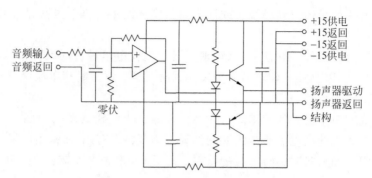

图 9.2.1　音频功率放大器电路图

人员需要做的就是在计算机屏幕上绘制电路,定义元件值,向输入端子添加电压源,并调用其中一个分析选项。非常重要的是,SPICE 软件能够分析系统的瞬态行为和频率响应。

虽然 SPICE 可用于模拟印制电路板上极其复杂电路的特性,但该设备需要付出代价。前面的章节表明,干扰耦合的分析是假设"参考"或"接地"导体之间存在电压。SPICE 分析复杂器件的功能是基于连接到参考导体的所有点都处于零伏特的假设。鉴于这样的假设,尝试使用这种软件来分析复杂设备中的干扰耦合是没有意义的。

8.2 节表明,尽管沿接地平面存在电压,但同时存在的环流,因此平面可以视为等电位面。对具有接地平面的印制电路板上的复杂电路的 SPICE 分析,可以得到该电路可靠的模拟特性。使得该软件成为有价值的分析工具。"集成电路增强"表示软件的预期应用,即小型模块的分析。

在特定示例中,正在处理的信号在音频范围内,高达约 20kHz。在此频率下,四分之一波长超过 3.5km。由于印制电路板上的最大尺寸约为 10cm(对应于 7.5GHz 的四分之一波长频率),因此天线模式干扰不太可能对安装在板上的电路产生直接影响。

尽管高电平的射频(RF)干扰可能通过输入(或输出)连接器传播,但接口电路的设计应使放大器工作范围之外的所有信号都严重衰减。这可能是最重要的预防措施。

值得注意的是,晶体管和二极管结中的电压和电流之间的关系的非线性,可以导致 RF 信号得到调制。如果 RF 信号的中心频率位于滤波器的频率响应曲线的倾斜部分,则情况也是如此。应注意选择不能响应正在处理的信号带宽范围内的高频 RF 信号的晶体管和二极管。

还建议通过使用接地平面或通过将承载每个信号的轨迹及其返回电流紧密地连接在一起,使电路板上的信号环路尽可能小。

考虑到这些预防措施,可以合理地假设电路板上的元件之间不存在内部干扰。通过忽略认为无关的效果,SPICE 软件计算可以很好地分析极其复杂的电路板性能。

尽管 SPICE 分析的主要目的是模拟系统功能,但仍可以根据 9.1 节的指导原则评估和分析电路板上关键信号链路的干扰耦合特性。

9.2.2　布线图

然而,当考虑设备的模块间布线时,假设所有与参考节点的连接都处于零电压,不再具有任何有效性。图 9.2.2 的接线图给出了特定的印制电路板如何与设备的其他模块互连,以及如何组装设备单元,以构建一个功能正常的系统。

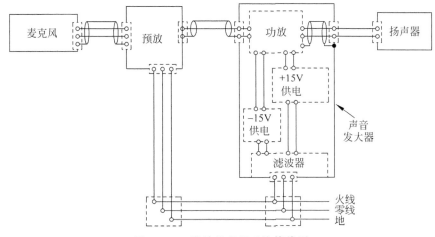

图 9.2.2　简单的音频系统接线图

　　在该系统中,在各个单元之间承载信号和电力的电缆比连接印制电路板上的不同元件的印刷电路迹线长得多。由于每个信号链路的接口电路设计用于在互连电缆和电路板上的信号处理电路之间提供缓冲,因此,可以假设电缆得到的干扰与印制电路轨迹获得的干扰可以分开处理。

　　5.3 节的分析表明,在定义长度的电缆中可以感应的最大威胁电压与频率的倒数成比例。图 5.3.7 说明了这种关系,也就是说,电缆越长,可以感应的电压越高。

　　图 5.3.7 还说明了这样一个事实,即随着电缆长度的增加,可以感应出最大电压的频率会降低。对于长电缆,接口电路的设计应保证信号处理电路上传递的信号时,威胁电压在可接受的限度内。这种设计几乎肯定包括低通滤波器,确保衰减电平随着频率的增加而增加。

　　因此,关注焦点转移到互连电缆的设计上。

　　任何外部电磁场都会与电缆连接,并导致天线模式电流流过每个裸露导体的外表面。同样,电缆中的差模电流产生的任何天线模式电流都会以辐射干扰的形式远离系统。

　　对于这样的系统,假设导体上的每个点处于相同的电压不再有效。有必要将信号环路的耦合表示为三 T-网络,如图 2.7.6 所示。

9.2.3　方框图

　　最好以系统的方式处理问题。由于大多数电子系统比这里描述的简单公共广播系统复杂得多,通常的做法是通过方框图说明每个设备单元的功能,如图 9.2.3 所示。

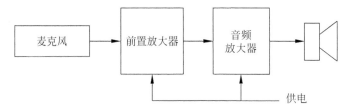

图 9.2.3　简单的音频系统方框图

这样的图表为设计者提供不同单元之间关系的整体视图,并且在项目的初始可行性研究期间创建。在开发阶段,许多详细的设计还没有确定,其中包括控制系统 EMC 的详细信息。

9.2.4　界面图

由于存在识别每个处理模块之间传输信号框图,可以将注意力集中在每个信号链路上,且该功能由接口图执行,如图 9.2.4 所示。它可以鉴别从前置放大器到功率放大器发送信号所涉及的所有导体和所有元件。通过将图的范围限制为涉及信号与其环境之间的干扰耦合的元件,可以避免不必要的复杂性。

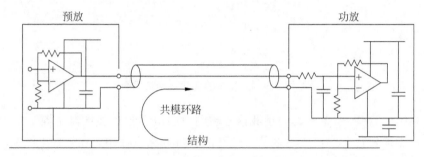

图 9.2.4　前置放大器和功率放大器相联系的接口图

方框图的基本功能是集中处理信号模块(如图 9.2.1 中的音频功率放大器)。通过为每个信号链路创建接口图,可以使用相同的框图将注意力集中在信号链路上,即框图的线上,而不是框。

接口图标识了电缆导线,连接器和电缆两端的电路,并指出了结构如何互连每端的"接地"参考导线。它标识共模环路和差模环路。它精确定义了发射机电路如何与电缆连接,以及接收端缓冲器的精确设计方式。

该图清楚地阐明了用三个导体将信号从系统中的一个位置传送到另一个位置。在这种情况下,它是同轴电缆的内导体,电缆屏蔽层和结构。差模电流由信号和返回导体(在这种情况下,同轴电缆的内导体和屏蔽层)形成的环路承载,共模电流由返回导体和结构形成的环路承载。在这种情况下,该结构为连接两个设备单元的所有其他导体的组合效果。

从 EMC 设计的角度来看,该图表可能是最重要的。设计人员能够决定使用何种类型的电缆:线对、同轴电缆、屏蔽线对、多导体器件或其他电缆。也可以使用第 8 章中描述的任何接口电路,或者定义一个全新的接口。还可以决定是否用整个屏蔽层屏蔽电缆或沿着导管布线。

查看接口图的任何人,都可以获得与 EMC 相关链接功能的完整图片。如果信息包含在几张图纸中,每张图纸都有大量的接地符号,会让人一头雾水。

9.2.5　电路模型

在图 9.2.4 的接口图中,差分模式电流承载的信号更容易受到干扰而不是引起干扰。因此,共模环路中的任何电流都可以归类为干扰源。就 EMC 分析而言,任务是定义它将如何影响信号。评估这两个环路之间的耦合可以用如图 9.2.5 所示的电路模型来实现。因此,下一步为电路模型的创建。

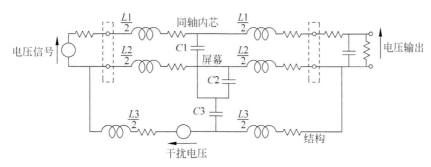

图 9.2.5　前置放大器和功率放大器之间的电路模型

用于信号链路的电路模型可以是模拟干扰耦合机制的电路模型,可以分析易感性和发射特性。

在许多情况下,仅仅创建电路模型,以评估信号链路的特性。可以像有经验的设计师查看功能模块的电路图一样,查看这些模型的优缺点。

在链路检查中,差模和共模环路之间的唯一耦合是屏蔽层的传输阻抗。知道该阻抗的频率响应特性是很有用的。如果此信息可用,则可以推导出电路模型的元件值。2.10 节详细介绍了同轴电缆的建模方法。

当谐振条件出现,并且屏蔽层中的电流达到高振幅时可能存在问题。如在该示例中,差模信号的带宽被限制为音频频率,因此没有问题。音频放大器接口应该有一个低通滤波器,以有效拒绝高频分量。

9.2.6　器件值获取

电路模型的元件的初始值可以从对线束的物理特性中得到。

共模环路基本上由 4 部分组成:前置放大器和音频放大器之间的同轴电缆,电源干线电缆向音频放大器供电,一段短干线电缆,主干线为前置放大器供电,该装置的磁特性如图 9.2.6 所示。

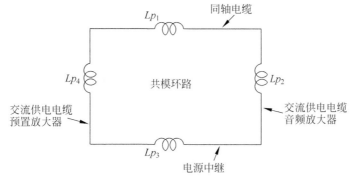

图 9.2.6　共模环路电感

环路每个部分的部分电感可以由多个并联的导体组成的复合导体得到。3.1 节阐述了如何推导出单个复合导体的电感。对 4 个部分电感器的导出值求和,得到环路电感值(图 9.2.5 电路模型中的 $L3$)。

由于电容 $C3$ 的值与电感 $L3$ 密切相关,因此也可以定义该参数。关于 L 和 C 之间二元性,2.3 节提供了相关的公式。

正确端接同轴电缆,共模和差模环路共用的阻抗是屏蔽层的传输阻抗。如前所述,如果有关此参数的频率响应信息可用,则可以创建模型,这些信息可以从制造商的数据表中得到。

在了解同轴电缆两个导体直径的情况下,可以定义差模环路 $L1$ 的每米电感。由于电缆的特性阻抗(第一近似值)等于电感和电容之比的平方根,因此可以从电路模型中导出 $C1$ 的值。

如果信号链路更复杂(例如,如果导体构成具有整个屏蔽层的多导体电缆的一部分),则可以使用第 3 章中描述的技术来确定耦合参数。

或者,用一组基准测试数据构建模型。通过对原型设备进行测试,或者用 9.6.6 节中描述的"代表性电路模型"库数据构建模型。

每个接口的元件值由设计人员设计或在每个设备单元的相关图纸中指定。

9.2.7　信号链接分析

针对此特定结构的 EMC 测试,最合适的方法是传导敏感性测试。变压器将一组已知频率已知电压注入共模环路,并监测差模电流的幅度,有效的电路结构如图 4.4.4 所示。

在了解电路模型元件值的情况下,可以在开发的初始阶段预测信号链路对这种测试的响应。

9.2.8　测试链接

如果模拟结果表明可能发生干扰问题,那么该链路的基准测试可以包含在产品的开发程序中。将测试结果与模型的响应关联,创建精确的电路模型,得到该特定链路的性能。

这种方法将使系统在第一次正式 EMC 测试时,具有高度的可信度。通过避免修改生产标准设备,并重新进行资格测试,可以显著节省成本,还可以避免影响新产品上市过程中的固有延迟。

9.3　印制电路板

现有书籍详细介绍了印制电路板的详细设计,因此本部分无须重新进行介绍。但是,有几点值得一提。

8.7 节介绍了保持设备屏蔽完整性的方法。在每种情况下,目的都是为了防止外场侵入,并防止内部场进入环境,如图 8.7.1 所示。

相同的概念可以应用于印制电路板的设计。如果电路板和外部布线之间的每个接口仅限于一个信号的发送或接收,则该接口可以充当电路板与布线所承载的干扰之间的缓冲器。8.4～8.6 节的设计可以实现这个目的。

正确设计的缓冲器通过互连电缆将到达的干扰信号衰减到可接受的范围内。这要求不能干扰信号处理电路的正常功能,或者不应该发生损坏,并且系统应该能够在干扰事件之后恢复。缓冲器包括滤波器组件,以将信号带宽限制为预期信号功能所需的带宽。

对于多层板,接地平面可以屏蔽外场。如果供电线也由平面构成,则屏蔽会非常有效。即使电路板是单面的,相邻电路板的存在也会有一定程度的保护。

尽管可以通过印刷电路轨迹直接获得干扰,但是每个接口处存在缓冲器,则通过电缆到达的干扰可以单独处理,以评估电路板本身的性能。威胁信号的频率会有很大差异,在此类评估期间,9.1节的指导原则可以继续使用。在系统级适用的概念,在板级仍然适用。

"复合导体"的概念可以用于分析电路板上相邻轨迹之间的耦合,或电路板上信号链路与本地环境之间的耦合。第3章介绍了该技术,图8.1.1和图8.2.1给出了实用的说明。

"噪声"和"安静"电路的隔离概念,通常在印制电路板上实现。如果电路板的一部分用于安装逻辑电路,而另一部分用于安装模拟元件,那么对每组元件设置独立的接地层,并不是一个好的办法。接地层应覆盖整个电路板,为每个信号走线提供正确的返回路径。电路板上任何接地平面分离,都会破坏返回电流的路径,增加干扰的可能性。

由于印制电路板上的布线比外部使用线短得多,因此出现问题的频率会高得多。由于威胁等级随着频率而降低,因此遭受来自远距离源的干扰(除非电路板完全暴露在环境中)。这意味着在非常高的频率下,干扰问题主要是由于附近电路板的放射发射造成的。嗅探器可以用来检测高电平排放源[9.1]。

8.4～8.6节重点描述设计接口电路的方法。最重要的是,应该同时考虑电缆组件两端的电路设计。有关电路设计的书籍[9.2-9.4],可以为电路的设计提供指导,而《EMC设计技术》[1.10]中有一章很好地阐述了印制电路板的电路设计。

9.4　易感性要求

可以根据威胁环境和受干扰电路可接受的功能行为来定义易感性要求。例如,1%的最大误差设计比10%更难。

虽然在许多EMC法规中定义了广泛的测试规范,但通常应该可以根据频率响应曲线来定义威胁环境。表9.4.1定义了某些英国军事装备可以承受的环境频率特性[9.5]。

表 9.4.1　军事设备运营承受的磁场强度

频　率	平均场强（V/m）	频　率	平均场强（V/m）
10～100kHz	10	10～30MHz	200
100～500kHz	10	30～100MHz	200
500kHz～1.6MHz	10	100～200MHz	60
1.6～5MHz	560	200～700MHz	70
5～10MHz	380	700MHz～1GHz	60

从表中可以清楚地看出,对军事装备的最严重威胁在于 $100\text{kHz}\sim100\text{MHz}$。这是图9.4.1中描述的范围。

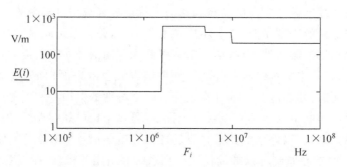

图 9.4.1　军事威胁的例子,100kHz~100MHz

在 5.5 节中,得到了外部干扰的功率密度与信号链路中感应的差模电流关联的方法。Mathcad 工作表可以计算该链路中感应电流对恒定功率密度场的频率响应。电场强度与功率密度的关系为:

$$E = \sqrt{Z_0 \cdot S} \tag{9.4.1}$$

图 5.5.9 的响应也可以解释元件对恒定电场强度场的响应。由于合同通常根据不同强度定义威胁环境,因此,必须将此参数作为变量进行考虑。

在了解待测的结构长度的基础上,根据共模环路中引起的电压来,定义威胁是一件简单的事情。图 9.4.2 说明了信号链路为 15m 情况下,该电压随频率的变化情况。这与 5.5 节中描述的链路长度相同,双导线电缆布局在导电结构上。计算结果由工作表 9.4 的第 1 页给出,如图 9.4.3 所示。值得注意的是,威胁电压峰值超过 10kV。

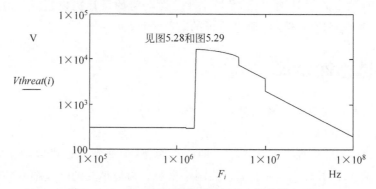

图 9.4.2　15m 链路共模环路中产生的威胁电压

5.5 节中给出了一个代表性电路模型,可以模拟共模环路和差模环路之间的耦合,并导出工作表来计算信号电路中干扰电流的幅度。通过将威胁电压 Vthreat 应用于最主要的环路,可以计算电流 $Iout$,响应如图 9.4.4 所示。

通过将工作表 5.5 的第 1、2 和 3 页添加到工作表 9.4 来进行计算(见图 5.5.3、图 5.5.6 和图 5.5.7)。

这个图清晰地表明,关键的频率范围是 1.5~10MHz。因此,接口电路的设计,屏蔽和信号处理的设计需要在这个频率范围内保护系统的功能。

上面的例子仅用于阐述的目的,如何设计系统与系统的易感性有关。

值得注意的是,这是一个最坏情况的分析。在实际应用中,由于结构提供的屏蔽以及干

工作表9.4，第1页　　表9.6.2中的数据

$$c := 299.8 \cdot 10^6 \text{m/s}$$

$$l := 15\text{m} \qquad\qquad \text{电缆长度}$$

$$f_q := \frac{c}{4 \cdot l} = 4.997 \cdot 10^6 \text{Hz}$$

$$n := 100 \qquad N := 20 \cdot n \qquad i := 1..N$$

$$F_i := i \cdot \frac{fq}{n}$$

$$data = \begin{pmatrix} 0.01 & 10 \\ 0.1 & 10 \\ 0.1 & 10 \\ 0.5 & 10 \\ 0.5 & 10 \\ 1.6 & 10 \\ 1.6 & 560 \\ 5 & 560 \\ 5 & 380 \\ 10 & 380 \\ 10 & 200 \\ 30 & 200 \\ 30 & 200 \\ 100 & 200 \\ 100 & 60 \\ 200 & 60 \\ 200 & 70 \\ 700 & 70 \\ 700 & 60 \\ 1000 & 60 \end{pmatrix}$$

$$\text{fnd}(thres) := \begin{vmatrix} j \leftarrow 1 \\ \text{while } |data_{j,1}| \leq thres \\ j \leftarrow j+1 \\ k \leftarrow j-1 \\ data_{k,2} \end{vmatrix}$$

$$\text{E}(i) := \begin{vmatrix} f \leftarrow F_i \\ thres \leftarrow f \times 10^{-6} \\ \text{fnd}(thres) \end{vmatrix} \qquad \text{见图9.4.1}$$

$$\text{Vthreat}(i) := \begin{vmatrix} f \leftarrow F_i \\ \lambda \leftarrow \dfrac{c}{f} \\ Va \leftarrow \text{E}(i) \cdot \dfrac{\lambda}{\pi} \\ Vb \leftarrow Va \sin\left(2 \cdot \pi \cdot \dfrac{l}{\lambda}\right) \\ Vb \leftarrow Va \text{ if } l > \dfrac{\lambda}{4} \end{vmatrix} \qquad \begin{array}{l}\text{基于图5.3.6的函数}\\\text{显示在图9.4.2中}\end{array}$$

图 9.4.3　15m 电缆威胁电压的计算

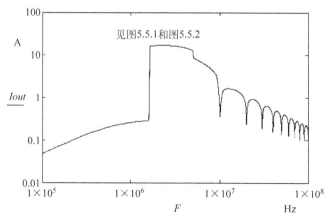

图 9.4.4　差模环路电流的频率响应

扰重新辐射回环境,威胁等级将明显降低。但是这是电路建模方法的规则,任何错误都应该预防。

9.5 辐射要求

与敏感性要求一样,对控制电气设备的发射特性有许多正式要求,可以利用军事要求来进行说明。表 9.5.1 是英国国防标准中针对信号和二次电力线[9.6]定义的辐射要求的副本。

表 9.5.1 DCE02B 的辐射要求

频 率	电流(dBμA)	频 率	电流(dBμA)
20Hz	130	500kHz	20
2kHz	130	150MHz	20
50kHz	50		

该测试使用夹在被测电缆周围的电流互感器,并连接到电流测量装置。表格第二列中的值定义了特征点。图 9.5.1 说明了这一特征。它定义了测量辐射的上限。

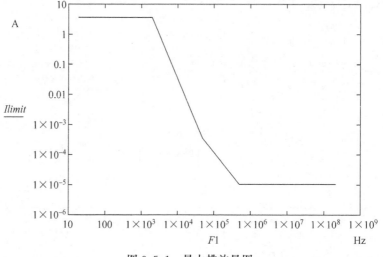

图 9.5.1 最大排放量图

创建此图表很简单,只需将表格第 2 列中的 dBμA 值转换为安培值,并以适当的频率绘制这些值。因为有些读者可能不熟悉 dBμA 和 A 之间的关系,图 9.5.2 再现了工作表 9.5 的第一部分。

如图 9.5.1 所示的辐射要求可以与任何给定信号链路的预测响应进行比较,例如图 9.5.3 所示的链路。

这个特定的链接可以作为一个例子,因为它是前一节中进行敏感性分析的链接。

可以通过复制工作表 5.5 的页面 1,2 和 3(图 5.5.3、图 5.5.6 和图 5.5.7)分析此链接的辐射特性,将它们添加到工作表 9.4,并进行一些小的修改来实现。基本上,这些变化是:

• 将辐射电阻 $Rrad$ 的值设置为零(仅在分析易感性时,需要插入 50Ω 电阻与结构串联);

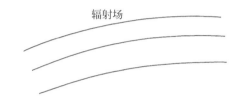

工作表9.5，第1页

$$\text{Amps}(dBmicroA) := \begin{vmatrix} dBA \leftarrow dBmicroA - 120 \\ \\ y \leftarrow \dfrac{dBA}{20} \\ \\ A \leftarrow 10^{y} \end{vmatrix}$$

$$data := \begin{pmatrix} 20 & 130 \\ 2000 & 130 \\ 50 \cdot 10^{3} & 50 \\ 500 \cdot 10^{3} & 20 \\ 200 \cdot 10^{6} & 20 \end{pmatrix}$$

$Fl := data^{\langle 1 \rangle}$　　　$dB := data^{\langle 2 \rangle}$

$i := 1..\text{rows}(data)$　　　$Ilimit_{i} := \text{Amps}(dB_{i})$

图 9.5.2　工作表 9.5 的第 1 页

图 9.5.3　辐射场估计电平

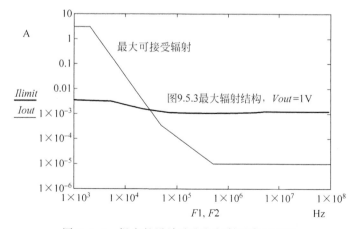

图 9.5.4　提出的设计响应与辐射需求的比较

- 在模型环路 2 中设置电压源为零(当模拟辐射时,假设共模回路中没有电压源)。
- 将环路 1 中的电压源 $Vout$ 设置为 1(假设电压源位于差模回路)。

从该分析可以清楚地看出,未完成的结构不符合 50kHz 以上频率的要求。但是,这种分析是最糟糕的情况,设计可以通过以下方式解决:

- 将信号的带宽和幅度限制为预期重要的信号;
- 采用第 8 章中描述的一种或多种技术。

9.6 规划

9.6.1 性能要求

通常采用针对正在开发的特定系统的 EMC 测试制定要求。几个集团分别制定了独立的要求:在军事、飞机、航天器、汽车、船舶、商业等领域,不同的国家有不同的规定。通常的情况是,参与设计产品的制造商已经制定了一整套监管文件。如果没有,那么有几家咨询公司专门提供建议。《国际电磁兼容期刊》[9.7]列出了许多此类组织。

有时,外部 EMC 要求不足以满足安全性或可靠性的要求。在这种情况下,可能需要内部 EMC 要求。

一旦定义了 EMC 要求,目标就是设计的设备要满足这些要求。所有其他测试完成后,正常程序是执行正式的 EMC 测试。如果在正式测试过程中,许多结果不合规,则需要修改设备并重新进行测试。这可能是一个昂贵的过程,因为在这个阶段将完成所有的制造图纸,编写所有的制造过程,购买所有的元件。此外,无法保证修改后的设备符合要求。

本书前面的章节表明,可以在测试要求和设备的详细设计之间建立明确的相关性。使 EMC 的处理与频率响应、功能性能、质量、尺寸、可靠性和成本等要求一致。因此,EMC 要求的分析和测试,可以集成到正常的设计过程中。

9.6.2 在线测试设备

需要两种必要的设备作为通用测试设备的补充:电流互感器和电压互感器。尽管这些传感器可以在市场上得到,但它们是为满足正式的法规要求,而不是根据正在开发的设备量身定制的。它们也很贵。

第 7 章阐述了可以在室内安装的简单,低成本设备的设计,制造和校准详细信息。这些特定器件用于覆盖 20kHz~20MHz 的频率带宽。通过使用更大的设备或更小的设备,可以向下扩展覆盖范围。7.1 节和 7.2 节中描述的器件在环形线圈上使用 10 匝绕组,以确保测试设备反射到待测环路中的阻抗尽可能小。

一些商用变压器只需在初级绕组上转一圈即可扩展频率范围。

如 7.3 节所述,制造一套三轴电缆是一项值得的工作。重要的是,测试设备不会与被测设备产生虚假耦合。

在开发过程中,这些设备的使用不局限于在线测试,它们还可用于试验和故障排除期间的测试。在购买新设备之前,在线测试检查 EMC 的可用性,可以在集成到系统之前得到对 EMC 评估。

9.6.3 软件

任何参与电子设备设计的单位都拥有许多专门用于设计和制造过程的个人计算机。安装在这些计算机上的 SPICE 软件可以分析印制电路板上电路的性能。

这种软件基于节点分析和零伏特参考节点。如果假设与参考平面的所有连接均为零伏特，则可以分析极其复杂的电路板。然而，这个假设伴随着隐藏的假设，即没有干扰。

这并不意味着 SPICE 软件无法分析干扰耦合，该软件完全可以分析第 2 章的任何集总参数模型。此外，这些模型可以与复杂印制电路板的模型结合使用。如果用户意识到此类软件的局限性，则可以从练习中收集有价值的信息。

但是，总会出现 SPICE 不适用的情况，因此必须使用 Mathcad 等数学软件。这种类型的软件具有以下优点：计算不限于电路模型。因为，本书中的许多工作表都可以重复。如果两种类型的软件都安装在同一台计算机上，则它们可以交换数据。

9.6.4 关键信号的链接

在任何复杂系统中，有必要选择高易感性或高辐射的关键信号链路，以确定选择使用的标准很有用。

最明显的标准是长度。式(5.1.15)表明偶极子接收机接收的功率与波长的平方成正比。如果将测试的链路看作一个单极子，其结构作为另一个单极，如图 5.3.1 所示，那么当实际长度等于干扰信号的四分之一波长时，可接收最大功率。

如果电缆沿着结构布线，那么图 5.3.7 的响应可以为不同频率下的干扰电平提供指导。

就易感性而言，最关键的链路通常（但不总是）是那些携带极低电平信号的链路，例如来自远处传感器的信号。

就辐射而言，最关键的链路是那些带有最高瞬态电流的链路，电源属于这一类，因为它们包含开关模式转换器。在不同设备之间传输快速数字信号，也可以产生高电平辐射。

在项目的早期阶段设计一个框图，以确定设备的主要结构，并定义其功能。由于块之间的链路可能是最长的，并且承载最重要的信号，因此，这种图可用于确定最关键的链路。

9.6.5 关键频率

经验表明，辐射和易感性是由一系列的峰值和谷值特性构成。由于 EMC 要求通常是根据不应超过的限制来定义的，因此在响应达到峰值时总是超出这些限制。对干扰耦合机制的分析需要关注这些峰值以及它们出现的频率和幅度。

由于峰值出现在与线的四分之一波长频率的倍数相对应的频率上，并且由于四分之一波长频率是信号链路长度的函数，因此不难对关键性进行初步估计以确定关键的频率。图 5.5.8 阐述了图 5.5.1 的结构。

功率和频率之间的关系确保在高于相应四分之一波长频率的频率下可用的功率较少。如果假设威胁等级随频率恒定，则发生第一次谐振的频率可能是最关键的。即便如此，一些 EM 环境在非常高的频率下，具有非常高的电平。因此，在评估时，考虑整个频率范围非常重要。

9.6.6 特性

虽然本书描述的方法可根据制造商的数据,创建任何特定类型的电缆耦合的电路模型,但总是存在不确定性。例如,相对介电参数和辐射电阻通常是未知变量(除非必须提供能够从尺寸和材料特性准确预测介电参数和辐射电阻的场求解器)。

如果待测链路由不同类型的电缆构成的,或者如果终端的影响不确定,则可以使用代表性装备上的测试结果,创建代表性电路模型。

但是,没有必要表明系统中的每个信号链路。特定类型电缆的代表性电路模型可以应用于该类型的每根电缆。由于电缆的 L、C、R 和 G 参数与长度成比例,因此可以使用长电缆上的测试来定义短电缆的特性。

进行这样的测试时,应保证横截面沿整个长度是均匀的,且终端的影响是最小的,在低频范围内测试长电缆的特性可用于预测其高频响应。7.5 节中描述了一个测试例子。

在这些测试中发现电缆的铺设方式,或者是否有陡峭的弯折似乎并不重要。这些功能可能会导致场分布中的局部热点,但对整体响应没有任何影响。

另外一点是当两根导线绞合在一起形成双芯电缆并随后分开时,两根导线的长度不同。每米匝数越多,差异越大。如果长度不同,那么阻抗也不一样。如果阻抗不同,则共模和差模信号之间的耦合必须增加。指定每米的多匝数并不是一个好主意。还有其他方法可以实现导体之间的紧密间隔,例如带状电缆。

电容器实际上是将开路传输线卷成小体积。就像传输线一样,它们具有电感特性。与传输线不同,只有一个谐振频率,如图 7.7.3 所示。这是由于相邻匝之间的电容耦合造成的。元件内的干扰似乎抵消了正常传输线可能出现的较高频率谐振。

可以设计测试来测量每个"组件内部元件"的值,如图 7.7.4 所示。通过 50Ω 电缆输入信号,并通过另一条 50Ω 电缆监视输出,可以在测量范围内测量该元件频率响应中的峰值或零点。可以用电路模型模拟元件。对该模型的分析可以根据理论曲线评估测量的响应曲线。调整模型的元件值使实际测量结果和模拟响应重合。最终结果是元件的代表性电路模型,在测试的频率范围内有效。

通过创建代表性电路模型库来模拟信号链路和元件,可以模拟系统中的任何信号链路。这基本上是 SPICE 软件使用的方法,但可以满足 EMC 的需求。

在前几页中列出了几个代表性电路模型的例子,如表 9.6.1 所示。这些电路模型可以由表 9.6.2 中的一小组通用电路模型获得。

表 9.6.1　代表电路模型

描　　述	图	描　　述	图
屏蔽对例子	3.3.4	电缆的瞬态辐射	6.6.5
交叉耦合例子	4.3.3	电压变换器	7.1.6
辐射测试装置	4.4.3	电流变换器	7.2.7
易感性测试装置	4.4.5	待测电缆	7.5.12
简化的暴露电缆	5.4.3	村田 100nF 电容	7.7.4
结构的辐射耦合	5.5.4		

表 9.6.2　通用电路模型

描　　述	图
三导体信号链路	4.2.4
隔离导体	5.2.2 和 7.4.4
隔离电缆	5.2.8 和 7.5.5
暴露电缆和结构	5.3.2
简化的暴露电缆和结构	5.4.1
瞬时辐射	6.6.1

9.6.7　基本方法

由于存在大量的监管测试规范,因此尝试编制此类法规列表毫无意义。无论如何,相关的一套法规取决于所评估的设备类型。但是,这些要求有一个共同的因素:它们都指定使用电子设备进行测试。本书的前几章已经表明,始终可以在两个独立电路之间创建耦合机制模型。因此,始终可以将被测设备的性能与正式测试结构的性能联系起来。

在评估未审查产品的 EMC 时,正式要求不是唯一要考虑的因素。系统内的交叉耦合将不可避免地出现问题。也不保证符合正式要求的产品,在其使用寿命期间不会遇到干扰问题。

无论是否是标准设计程序,对于待检查的系统执行故障模式,效果和关键性分析(FMECA)都是有用的,花一些时间评估 EMI 引起的可能问题是值得的。"EMC 期刊"[9.8]的每一期的"香蕉皮"一节都提供了一些可能出错的令人吃惊的例子。

在处理与电磁干扰有关的任何问题时,电路设计人员应创建一个待查的链路接口图,如图 9.2.4 所示,并使用 9.1 节的准则评估其特性。即使是最复杂的链接,此任务也花费不到一天的时间。

如果这不能立即确定问题的原因,则该图可用于创建和评估链路的电路模型。初步评估的结果,可以确定是否存在简单的解决方案或是否需要更详细的分析。设计原型结构测试以在实施修改之前检查解决方案是否可行。

目标应该是在不过度设计保护措施的情况下,高度确信待测系统可以满足规定的要求。当设计基于电路建模的结果而不是基于设计评审会议上的意见时,这样做要容易得多。

如果需要进一步开发以改进关键元件的设计,那么通过电路建模方法获得的信息,可以用作三维场求解器的更复杂分析的基础。

附录A

Mathcad 工作表

就电路建模而言,Mathcad 软件消除了大部分包含在程序开发过程中的单调乏味内容。它可以处理计算电路元器件的值,分析电路模型的响应,分析测试数据以定义待测装置的响应,并显示一幅关于模型和硬件响应的图形。这可以在同一个工作表上完成,也就是说,不需要调用记录在独立文件上的子例程。而且,计算中使用的公式与电路理论的教科书中的公式显示方式一致。

在编程语言中,方程如下所示:

$$x = (-B + SQRT(B ** 2 - 4 * A * C))/2 * A$$

使用 Mathcad 软件,相同的等式与参考书中的相同:

$$x = \frac{-b + \sqrt{b^2 - 4 \cdot a \cdot c}}{2 \cdot a}$$

这使程序更容易阅读和理解。Mathcad 软件也避免了需要使用严格的过程来编写程序。如果程序员出现语法错误,软件拒绝接受输入,并提供一条消息,说明是什么错误。

在工作表上,方程式可以从左到右,从上到下进行设置。文字可以书写在页面的任何位置。

毫无疑问,还有其他软件包提供相同的功能。但是,为了保证表达的一致性,这里使用的是 Mathcad。

由于该软件已有十多年的历史,可能很多读者已经使用了该软件。如果没有,可以相当容易地修改工作表的程序,并将其转化为其他软件可以使用的程序包。

Mathcad 中的一些符号具有特殊含义:

$a := b + c$ 'a' 定义了 a 和 c 的和

$a = 2$ 'a' 的值为 2

如果 equals 符号是粗体字,则软件作为 boolean equal 操作,并返回 0 或 1。编程操作如图 A.1 所示。

编程操作符类似于函数,接收输入变量并返回一个输出。此输出是要声明的最后一个变量。在上面的例子中,它是 num 除以 $denom$ 的比率。该程序可以返回变量、向量

$$root(a, b, c) = \begin{vmatrix} discr \leftarrow b^2 - 4 \cdot a \cdot c \\ num \leftarrow -b + \sqrt{discr} \\ denom \leftarrow 2 \cdot a \\ \\ \dfrac{num}{denom} \end{vmatrix}$$

图 A.1 简单的 Mathcad 程序

或数组。

函数中定义的局部变量在外部不可见。但是，变量在程序函数上面的工作表中声明的函数内可见。

软件中包含许多内置功能。就电路建模而言，最重要的是 lsolve(M,v)。参数 M 是方阵，而 v 是一个向量。M 包含尽可能多的v 元素一样的行。这个函数返回一个解向量 x 使得 $Mx=v$。

该软件的另一个有用特性是它可以区分 f 运算符是复数或者是变量 f。它可以定义为通过键入字符 '1j' 定义为虚部。它在工作表上显示为 j。

也可以将文本与变量混合使用。这可以很好地定义适合每个变量的单位。为了避免工作表混乱，通常限制在定义变量或显示最终结果的位置。

有了这些信息，理解本书中 Mathcad 工作表中的程序应该没有任何问题。书中描述的 Mathcad 工作表是从实际工作表的副本手工复制的，可能在转录过程中引入了错误。读者将文本复制到他或她自己的计算机上，就会引入错误。为了防止此类错误蔓延的可能性，原始 Mathcad 文件的副本可以从 www.designemc.info 的 zip 文件夹中下载。这些文件可以在安装了 Mathcad 15.0（或更高版本）软件的任何计算机上运行。

前几页中描述的技术可用于模拟任何信号链路的干扰耦合特性。每个电气或电子系统都有它的自己特定的干扰问题。个别设计师应该可以进行测试并创建他们自己的关键链路的电路模型。这样的信息可以共享。Mathcad 用户可以访问 PlanetPTC，这是一个支持 PTC 的动态平台，客户和产品开发专业人士积极参与交流思想。

但是，使用哪种软件进行计算并不重要。任何电路模型的关键特征是它定义一系列简写方法方程式。可以描述硬件、测试、模型，并在单个报告中说明结果。有许多论坛和许多社区可用于发布此类报告。

附录B

MATLAB

把 Mathcad 工作表翻译成 MATLAB M 文件是一个相当简单的任务。因此,对于 MATLAB 用户而言,理解本书中的 Mathcad 工作表的功能,并不困难,但是可能有一些令人费解的问题。

MATLAB 有 5 个窗口:命令窗口、命令历史、当前文件夹、工作区和编辑器。程序是在编辑器窗口中的文本文件,在运行之前需要将它保存到一个文件中,在命令窗口中执行输入和输入命令的任务。所有的变量和它们的计算值都可以在单独的工作区中去访问,当前文件夹保存命令窗口可访问的文件,并且记录命令历史的所有操作记录。如果进行了计算,生成图形图像,则该图将在单独的图形窗口中显示。

对于 Mathcad,只有一个窗口,即工作表。变量和表达式可以定义在页面的任何地方和混合文本,同样计算被记录在实验室的笔记本中。在页面左侧没有数字的列表。当然,有一个基本法则。命令的顺序必须从左至右,顶部为底部。通过调用菜单命令来创建和修改图形。在工作表中的空白部分,单击来调用"运行"命令。这意味着定义、表达式、函数、数值结果、图表和解释性文本,都可以在工作表上显示。工作表中的任何一部分都可以被复制并粘贴到微软 Word 文档中。Mathcad 工作表的副本可以支持丰富的格式(.rrf),详细内容可查阅 www.designemc.info。

Mathcad 和 MATLAB 处理数组和向量,相关的操作有类似的表达。例如,A_{ij} 在 Mathcad 工作表和 $A(i,j)$ 在 MATLAB 中的意思一致。$V(k):=0$ 转换成 $V=\text{zeros}(k,1)$,$\text{lsolve}(Z,V)i$ 转换成 $\text{linsolve}(Z,V)$,等等。同样地,$\ln(f)$ 可以转变为 $\log(f)$,$|x|$ 转变为 $\text{abs}(x)$,$\sqrt{x}$ 转变为 $\text{sqrt}(x)$,等等。

在 Mathcad 中,所有向量是列向量;在 MATLAB 中,向量可以定义为行向量或列向量。

在 Mathcad 函数语句中,在工作表中的参数在函数计算时可见。在 MATLAB 中则不是,函数使用的变量包含一系列输入变量。

在 Mathcad 中,函数构成工作表的一部分。而在 MATLAB 中,这些函数都是作为单独的文件存储。这意味着那些 MATLAB 的 M 文件,调用特殊函数是必须使相关函数的子文件在相同的文件夹中。

　　如果对计算的任何工作表有疑问,熟悉 MATLAB 的读者可以很容易地利用等效的 M 文件阐明其目的。每个 Mathcad 工作表可以翻译成一个或多个 MATLAB 文件,并存储在一个压缩文件夹中。这个文件夹可以从 www.designemc.info 下载。

　　在本书的前面,工作表的每一页以一个图形的形式呈现,这些数字是用图表和描述性的文字交叉进行的。为了简化 Mathcad 工作表和 MATLAB 文件的关系,每个工作表中的文本在 PDF 格式的文件中全部可用,这些文件也可在上述网站下载。

附录C

混合方程

很可能工程师们对 4.1 节的混合方程并不熟悉，甚至那些对电磁理论有经验的人也不熟悉这些方程。如果对这些方程具有异议，设计师会对后面的数学内容失去信心。既然如此，我们给出式(4.1.4)和式(4.1.5)的有效性证明。

更可能的是，电路设计人员从来没有见过它们。本节提供了简单的公式推导，明确指出两个导体线具有的属性：电感、电阻、电容和电导。通过定义环路参数变量，有效避免了等电位接地概念的使用，这基本上是 1959 年在格拉斯哥大学黑板上抄的一套讲稿。

图 C.1 阐述了电压和电流如何影响传输线的长度。

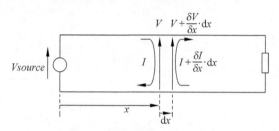

图 C.1　传输线的电流和电压

为了导出的传输线方程，采用以下定义：

$R=$单位长度电阻：Ω/m

$L=$单位长度电感：H/m

$C=$单位长度电容：F/m

$G=$单位长度电导：S/m

电压和电流是 x 和 t 的函数，对于 dx：

$$(R + j\omega L)dx \cdot I = V - \left(V + \frac{\delta V}{\delta x}dx\right) = -\frac{\delta V}{\delta x}dx \qquad (C.1)$$

$$(G + j\omega C)dx \cdot V = I - \left(I + \frac{\delta I}{\delta x}dx\right) = -\frac{\delta I}{\delta x}dx \qquad (C.2)$$

然后：

$$\frac{\delta V}{\delta x} = -(R + j\omega L) \cdot I \tag{C.3}$$

$$\frac{\delta I}{\delta x} = -(G + j\omega C) \cdot V \tag{C.4}$$

与式(C.3)不同的是：

$$\frac{\delta^2 V}{\delta x^2} = -(R + j \cdot \omega \cdot L) \cdot \frac{\delta I}{\delta x} = (R + j \cdot \omega \cdot L) \cdot (G + j \cdot \omega \cdot C) \cdot V \tag{C.5}$$

与式(C.4)不同的是：

$$\frac{\delta^2 I}{\delta x^2} = -(G + j \cdot \omega \cdot L) \cdot \frac{\delta V}{\delta x} = (R + j \cdot \omega \cdot L) \cdot (G + j \cdot \omega \cdot C) \cdot I \tag{C.6}$$

在式(C.5)中，用 γ^2 代替$(R + j \cdot \omega \cdot L) \cdot (G + j \cdot \omega \cdot C)$，得到：

$$\frac{\delta^2 V}{\delta x^2} = -\gamma^2 \cdot V \tag{C.7}$$

这种关系可以得到：

$$V = C \cdot e^{\gamma x} + D \cdot e^{-\gamma x} \tag{C.8}$$

可以对式(C.8)求两次微分，定义这种关系的另一种方法是：

$$V = A \cdot \cosh(\gamma \cdot x) + B \cdot \sinh(\gamma \cdot x) \tag{C.9}$$

这是因为：

$$V = A \cdot \left(\frac{e^{\gamma x} + e^{-\gamma x}}{2}\right) + B \cdot \left(\frac{e^{\gamma x} - e^{-\gamma x}}{2}\right)$$

$$= \frac{A + B}{2} e^{\gamma x} + \frac{A - B}{2} e^{-\gamma x} = C \cdot e^{\gamma x} + D \cdot e^{-\gamma x}$$

从式(C.3)和式(C.9)可以得出：

$$I = -\frac{1}{R + j \cdot \omega \cdot L} \cdot \frac{\delta V}{\delta x} = -\frac{L}{R + j \cdot \omega \cdot L} \cdot [A \sinh(\gamma \cdot x) + B \cosh(\gamma \cdot x)]$$

由于

$$\frac{(R + j \cdot \omega \cdot L)}{\gamma} = \frac{R + j \cdot \omega \cdot L}{\sqrt{(R + j \cdot \omega \cdot L)(G + j \cdot \omega \cdot C)}} = \sqrt{\frac{R + j \cdot \omega \cdot L}{G + j \cdot \omega \cdot C}} = Zo$$

然后：

$$I = -\frac{1}{Zo}[A \sinh(\gamma \cdot x) + B \cosh(\gamma \cdot x)] \tag{C.10}$$

图C.2为传输线的边界条件。

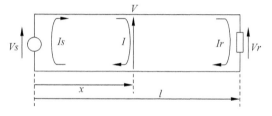

图C.2 传输线——边界条件

从图 C.2 可知,边界条件为:

$$V = Vr, \quad \text{当 } x = l \text{ 时}$$
$$I = Ir, \quad \text{当 } x = l \text{ 时}$$

在接收端,式(C.9)和式(C.10)中的 x 可以由 l 代替

$$Vr = A\cosh(\gamma \cdot l) + B\sinh(\gamma \cdot l) \tag{C.11}$$
$$-Zo \cdot Ir = A \cdot \sinh(\gamma \cdot l) + B \cdot \sinh(\gamma \cdot l) \tag{C.12}$$

式(C.11)乘以 $\sinh(\gamma \cdot l)$,式(C.12)乘以 $\cosh(\gamma \cdot l)$,得:

$$Vr \cdot \sinh(\gamma \cdot l) = A \cdot \cosh(\gamma \cdot l) \cdot \sinh(\gamma \cdot l) + $$
$$B \cdot \sinh(\gamma \cdot l) \cdot \sinh(\gamma \cdot l) \tag{C.13}$$
$$-Zo \cdot Ir \cdot \cosh(\gamma \cdot l) = A \cdot \sinh(\gamma \cdot l) \cdot \cosh(\gamma \cdot l) + $$
$$B \cdot \cosh(\gamma \cdot l) \cdot \cosh(\gamma \cdot l) \tag{C.14}$$

从式(C.13)中减去式(C.14),得:

$$Vr \cdot \sinh(\gamma \cdot l) + Zo \cdot Ir \cdot \cosh(\gamma \cdot l) = B \cdot (\sinh^2(\gamma \cdot l) - \cosh^2(\gamma \cdot l)) = -B$$

所以:

$$B = -Vr \cdot \sinh(\gamma \cdot l) - Zo \cdot Ir \cdot \cosh(\gamma \cdot l) \tag{C.15}$$

相似地:

$$A = Vr \cdot \cosh(\gamma \cdot l) + Zo \cdot Ir \cdot \sinh(\gamma \cdot l) \tag{C.16}$$

把 A 和 B 代入式(C.9)中,得:

$$V = [Vr \cdot \cosh(\gamma \cdot l) + Zo \cdot Ir \cdot \sinh(\gamma \cdot l)] \cdot \cosh(\gamma \cdot x) - $$
$$[Vr \cdot \sinh(\gamma \cdot l) + Zo \cdot Ir \cdot \cosh(\gamma \cdot l)] \cdot \sinh(\gamma \cdot x)$$
$$= Vr[\cosh(\gamma \cdot l) \cdot \cosh(\gamma \cdot x) - \sinh(\gamma \cdot l)\sinh(\gamma \cdot x)] + $$
$$Zo \cdot Ir[\sinh(\gamma \cdot l)\cosh(\gamma \cdot x) - \cosh(\gamma \cdot l)\sinh(\gamma \cdot x)]$$

所以:

$$V = Vr \cdot \cosh[\gamma \cdot (l-x)] + Zo \cdot Ir \cdot \sinh[\gamma \cdot (l-x)] \tag{C.17}$$

相似地,把 A 和 B 代入式(C.12)中,得到:

$$I = Ir \cdot \cosh[\gamma \cdot (l-x)] + \frac{Vr}{Zo} + \sinh[\gamma \cdot (l-x)] \tag{C.18}$$

在发送端,$x = 0$,$V = Vs$,$I = Is$。把这些值代入式(C.17)和式(C.18)中,得到:

$$Vs = Vr \cdot \cosh(r \cdot l) + Zo \cdot Ir \cdot \sinh(r \cdot l)$$
$$Is = \frac{Vr}{Zo} \cdot \sinh(r \cdot l) + Ir \cdot \cosh(r \cdot l) \tag{C.19}$$

这里传播常数是:

$$\gamma = \sqrt{(R + j \cdot \omega \cdot L) \cdot (G + j \cdot \omega \cdot C)} \tag{C.20}$$

并且特性阻抗是:

$$Zo = \sqrt{\frac{R + j \cdot \omega \cdot L}{G + j \cdot \omega \cdot C}} \tag{C.21}$$

值得注意的是,在这个推导中,参数 R、L、G 和 C 的单位分别是 Ω/m、H/m、S/m 和 F/m,所有教材中的传输线方程均采用了单位长度参数的概念。即使这样,本附录是本书中唯一采用这些参数的地方。4.1 节阐述了传输线的特性分析,可以与实际电阻、电感、电容和电导相结合。

定　义

本书中用的定义如下,它们与文中出现的位置不一定相同。

天线模电流——电缆导体中的单向电流,它们在电缆与环境之间流动。

缓冲电路——信号链路的导体和设备单元处理电路之间的接口的电路。

电路方程——电路模型中的电压与电流有关的一组方程。

电路模型——一种遵循电路原理的模型,模拟了待测装置的特性。

电路参数——电路模型中的参数。

共模电流——电缆和结构形成的环路电流。

共模增益——当差分模式输入为零时,缓冲电路的输出电压与共模输入电压之比。

共模排斥——差模增益与共模增益之比,经常以分贝表示。

复合导线——一组平行排列的元导体,可以仿真实际导体中的电流或电压。

传导发射——差模环路中的电压源感应共模环路中的电流,见图4.4.1。

传导敏感度——共模环路中的电压源感应差模环路中的电流,见图4.4.5。

干扰环路——干扰电压源所在的环路。

电流变换器——一种监视导体周围磁场和正比于传感器中电流总和的传感器。

延迟线模型——一种模拟传输线差模特性的电路模型。

差模电流——由信号和返回形成的环路中的电流。

差模增益——共模输入电压为零时,缓冲电路的输出电压与差模输入电压之比。

分布参数——来自于单位长度参数的参数。

大地——在交流电分布网络中携带故障电流的导体,总是与导电结构连接。

元导体——复合导体中的一小部分导体。

EMC——电磁兼容是指设备或系统在其电磁环境中符合要求运行并不对其环境中的任何设备产生无法忍受的电磁干扰的能力。

EMI——电磁干扰。

EUT——待测试设备。

浮动结构——在一个(或两个)终端,从结构中分离出信号链路的布线结构。

通用电路模型——包括接口电路元件以及电缆耦合元件,但不指定元件值的一种模型。

地——导电结构的另一个名称。在这本书中所描述的术语"地"和"结构"是可以互换的。

接地结构——信号链路的返回导体连接到每个端的局部结构的布线结构。

环路方程——从原始方程,并将环路电压和环路电流联系起来的一组方程。

环路参数——从原始参数或部分参数获得的参数,环路参数可通过电气测试设备测量。

集总参量——表示长导体电阻、电容或电感的相关特性。该术语也适用于电路元件。

部分电容——复合导体的电容,或一段环路的电容。

部分电流——导体中流动的一部分电流。

部分电感——复合导体的电感,或一环路的电感。

部分感应器——部分电压或者电流的感应器。

部分参数——作为天线的复合导体的特性参数,这个术语也用来区分传输线中的事件和反射电流。

部分电压——电路环路中的一部分电压。

单位长度参数——用 Ω/m、H/m、F/m 或者 S/m 定义的电阻、电感、电容或电导。

原始电容——将一个隔离的导体上的电压与电场所包含的能量关联起来的元件。

原始电流——多导体部件中单导体的单向电流。

原始方程——将原始电压原始电流关联的一组方程。

原始电感——将一个导体上的电流与磁场所包含的能量关联起来的元件。

原始参数——与导体相关联天线的参数。

原始电压——由于电磁耦合产生导体电压。

辐射发射——由与 EUT 附近接收天线连接的设计测量的一种测试。

辐射电阻——天线在谐振条件下的最大电流时的表现电阻。

辐射灵敏度——位于 EUT 附近的天线作为干扰源的一种测试。

相对介电常数——信号链路的平均介电常数与自由空间介电常数的比值。

相对磁导率——信号链路的平均磁导率与自由空间磁导率的比值。

代表性(典型)电路模型——一种模拟特定信号链路的干扰耦合机制的电路模型。

返回导体——完成环路携带的差模电流(在返回/结构环路中带有共模电流)。

信号导体——这是专门分配传输差模电流的导体。

信号链路——在一个特定的系统中,将信号从一个位置传送到另一个位置的导体和接口电路。

SPICE——集成电路仿真程序。

结构——结构中导电元件。可以称为"地"或"接地平面"。

威胁环境——设备在最坏情况下外部辐射的功率密度的频率响应。它可以由一个结构的瞬态电流或电压的波形定义。

时间步长分析——用于预测电路模型中的电流和电压的方法,为该模型中的任何电流或电压发生改变后的离散时间。

传递导纳——当没有其他的电压源时,受害者环路中的电流与导管环路中电压的比。

传输阻抗——输出环路中出现的电压幅值与输入环路电流幅值的比值。用屏蔽电缆,
　　　　　　这是屏蔽层的阻抗。

受害者环路——携带的信号被视为容易受到干扰的环路。

虚拟导体——模拟电缆和环境之间耦合的镜像导体。

电压变换器——它使用磁场耦合诱导的待测环路中的电压,并可以测量诱导的电压的
　　　　　　传感器。

参 考 文 献

第 1 章

1.1 Williams, T. EMC for Product Designers (Section 1.1.1). 2nd edn. Jordan Hill, Oxford: Newnes; 1996. p. 4. ISBN: 0-7506-2466-3.

1.2 Europe EMC guide. The International Journal of Electromagnetic Compatibility. Retrieved from http://www.interferencetechnology.eu.

1.3 Armstrong, K.: EMC design of SMP and PWM power converters. EMC Journal. 2011, March: p. 28.

1.4 Williams, T. EMC for Product Designers. 4th edn. Jordan Hill, Oxford: Newnes; December 2006. ISBN: 0-750-68170-5.

1.5 Tesche, F., Ianoz, M., Karlsson, T. EMC Analysis Methods and Computational Models. NewYork, NY, USA: John Wiley & Sons, Inc., 1997. ISBN: 0-471-15573-X.

1.6 Defence Standard 59-411, Part 5, Issue 1, Amendment 1. Electromagnetic Compatibility. Part 5. Code of Practice for Tri-Service Design and Installation. (Section 8.9. Single Point Reference Connection). Glasgow, UK: Ministry of Defence; January 2007. p. 29.

1.7 Shepherd, J., Morton, A. H., Spence, L. F. Higher Electrical Engineering (Section 7.28. Equivalent Phase Inductance of a Three-Phase Line). Pitman, London, UK: Pitman Publishing Limited; 1985. pp. 234-235. ISBN: 0-273-40063-0.

1.8 Shepherd, J., Morton, A. H., Spence, L. F. Higher Electrical Engineering (Section 7.16. Equivalent Phase Capacitance of an Isolated Three-Phase Line). Pitman, London, UK: Pitman Publishing Limited; 1985. pp. 216-219. ISBN 0-273-40063-0.

1.9 Burrows, B. J. C. The computation and prediction of induced voltages in aircraft wings. CLSU memo 18. April 1974. Culham Lightning, Units 13/15, Nuffield Way, Abingdon.

1.10 Armstrong, K. EMC Design Techniques for Electronic Engineers. Armstrong/Nutwood, UK: Nutwood UK Limited, Cornwall, UK; 2010. ISBN: 978-0-9555118-4-4. Retrieved from http://www.emcacademy.org/books.asp.

1.11 Paul, C. R. Introduction to Electromagnetic Compatibility. 2nd edn. Hoboken, NJ, USA: Wiley-Interscience; January 2006. ISBN: 978-0-471-75500-5.

第 2 章

2.1 Skitek, G. G., Marshall, S. V. Electromagnetic Concepts and Applications (Section 2.5. Electric Field Intensity of a Line of Charge). Englewood Cliffs, N. J., USA: Prentice Hall; 1982. ISBN: 0-13-248963-5.

2.2 Page, L., Adams, N. I., Principles of Electricity: Inductance of Straight Conductors. New York, USA: D Van Nostrand; 1958. p. 325.

2.3 Skitek, G. G., Marshall, S. V. Electromagnetic Concepts and Applications (Section 8.3. Magnetostatic Field Intensity from the Biot-Savart Law: Magnetic Field due to a Filamentary Current Distribution of Finite Length). Englewood Cliffs, USA: Prentice Hall; 1982. ISBN 0-13-248963-5.

2.4 Skitek, G. G., Marshall, S. V. Electromagnetic Concepts and Applications (Section 12.12. SkinEffect, and High and Low Loss Approximations). Englewood Cliffs,USA：Prentice Hall；1982. ISBN 0-13-248963-5.

第 3 章

3.1 Skitek,G. G. , Marshall, S. V. Electromagnetic Concepts and Applications（Section 7. 4. Image Solution Method：Capacitance between two Cylindrical Conductors）. Englewood Cliffs, USA：Prentice Hall；1982. ISBN0-13-248963-5.

第 4 章

4.1 Skitek,G. G. , Marshall, S. V. Electromagnetic Concepts and Applications（Section 12. 2. General Equations for Line Voltage and Current）. Englewood Cliffs,USA：Prentice Hall；1982. ISBN0-13-248963-5.

第 5 章

5.1 Skitek,G. G. ,Marshall,S. V. Electromagnetic Concepts and Applications（Section 14. 4. The Half-Wave Dipole）. Englewood Cliffs,USA：Prentice Hall；1982. ISBN 0-13-248963-5.

5.2 Ordnance Board Pillar Proceeding P101（Issue 2）. 'Principles for the design and assessment of electrical circuits incorporating explosive components. （Annex. E. Appendix 1. The Radio Frequency Environment）'. p. E1-3. Bristol,UK.

第 6 章

6.1 Savant,C. J,Jr. ,Roden,M. S. ,Carpenter,G. L. ,Electronic Design-Circuits andSystems（Appendix A. SPICE. Section A. 2. 4. 3 Transient Analysis）. 2nd edn. Redwood City,California：The Benjamin-Cummings Publishing；1991. ISBN 0-8053-0292-1.

第 7 章

7.1 Ediss Electric Ltd. Totton, Hampshire, UK：Ediss Electrical Ltd. , Retrieved from http://www. ediss-electric. com.

第 8 章

8.1 Gnecco,L. T. The Design of Shielded Enclosures. Woburn,MA,USA；Newnes；2000. ISBN0-7506-7270-6.

8.2 Ordnance Board Pillar Proceeding P101（Issue 2）. 'Principles for the design and assessment of electrical circuits incorporating explosive components. （Annex. E. Appendix 1. Section 28：Shielding Assessment）'. p. E1-14. Bristol,UK.

8.3 Thomas & Betts Limited. A Guide to BS EN 62305：2006. Protection against Lightning. Nottingham,UK：Thomas & Betts Limited；2008.

第 9 章

9.1 'EMC probes'. Magnetic Sciences. Retrieved from http://www. magneticsciences. com/EMCProbes. html.

9.2 Horowitz,P. , Hill, W. The Art of Electronics. 2nd edn. Cambridge, CB2 1RP, UK：Cambridge University Press；1989. ISBN 0-521-37095-7.

9.3 Savant,C. J,Jr. ,Roden,M. S. ,Carpenter. G. L. ,Electronic Design-Circuits and Systems. 2nd edn. Redwood City,California. The Benjamin Cummings Publishing；1991. ISBN 0-8053-029-1.

9.4 Ludwig,R. , Bretchko, P. RF Circuit Design-Theory and Applications. Upper Saddle River, New

Jersey: Prentice Hall; 2000. ISBN 0-13-122475-1.

9.5　Defence Standard 59-411, Part 2, Issue 1, Amendment 1. 'Electromagnetic Compatibility. Part 2. The Electric, Magnetic & Electromagnetic Environment. Table 18. Front Line and Operational Support Equipment Field Strength'. Ministry of Defence; January 2008. p. 28.

9.6　Defence Standard 59-411, Part 3, Issue 1, Amendment 1. 'Electromagnetic Compatibility. Part 3. Test Methods and Limits for Equipment and Sub Systems. Appendix B. 2. DCE02. B Conducted Emissions Control, Signal and Secondary Power Lines. 20 Hz-150MHz. Figure 51. DCE02-Limit for Air Service Use'. Ministry of Defence; January 2008. p. 84.

9.7　The International Journal of Electromagnetic Compatibility. 1000 Germantown Pike, F-2 Plymouth Meeting, PA 19462, USA: ITEMTM. www. interferencetechnology. com.

9.8　The EMC Journal. Eddystone Court, De Lank Lane, St Breward, Bodmin, Cornwall, UK. Nutwood UK Ltd. www. theemcjournal. com.

图 书 资 源 支 持

感谢您一直以来对清华大学出版社图书的支持和爱护。为了配合本书的使用，本书提供配套的资源，有需求的读者请扫描下方的"书圈"微信公众号二维码，在图书专区下载，也可以拨打电话或发送电子邮件咨询。

如果您在使用本书的过程中遇到了什么问题，或者有相关图书出版计划，也请您发邮件告诉我们，以便我们更好地为您服务。

我们的联系方式：

地　　址：北京市海淀区双清路学研大厦 A 座 701

邮　　编：100084

电　　话：010-83470236　010-83470237

资源下载：http://www.tup.com.cn

客服邮箱：tupjsj@vip.163.com

QQ：2301891038（请写明您的单位和姓名）

用微信扫一扫右边的二维码,即可关注清华大学出版社公众号。

科技传播·新书资讯

电子电气科技荟

资料下载·样书申请

书圈